W0193569

Risikomanagement kompakt

In 7 Schritten zum aggregierten Nettorisiko des Unternehmens

von
Prof. Dr. Franz J. Sartor
Dipl.-Kffr. Corinna Bourauel

Oldenbourg Verlag München

Prof. Dr. Franz J. Sartor studierte nach einer Banklehre an der FH Koblenz sowie an der Universität Duisburg-Essen Unternehmensführung, Controlling und Finanzierung und promovierte an der Universität Stuttgart-Hohenheim am Lehrstuhl für Kreditwirtschaft.
Seit 1998 ist er Professor an der Fachhochschule in Köln und lehrt dort Betriebswirtschaftslehre, insbesondere Corporate Finance, Finanzanalyse sowie Kredit- und Immobilienfinanzierung.
Zuvor war er in verschiedenen Führungspositionen bei der Deutschen Bank tätig und leitete dort zuletzt das „Strategische Controlling" in Frankfurt.

Dipl.-Kffr. Corinna Bourauel ist Unternehmensberaterin bei der Jakoby Zwack GmbH und im Geschäftsbereich Prozessoptimierung und Organisationsentwicklung tätig.
Nach Abschluss ihrer Banklehre sowie weiterer Beratertätigkeit bei der Kreissparkasse Köln studierte sie an der Fachhochschule Köln Betriebswirtschaftslehre mit den Schwerpunkten Management & Controlling sowie Investition & Finanzierung.
Im Rahmen ihrer Diplomarbeit bei Prof. Dr. Franz J. Sartor beschäftigte sie sich speziell mit der Aggregation von Risiken anhand der Monte-Carlo-Simulation sowie der Ermittlung des Gesamtrisikos in Unternehmen.

Bibliografische Information der Deutschen Nationalbibliothek

Die Deutsche Nationalbibliothek verzeichnet diese Publikation in der Deutschen Nationalbibliografie; detaillierte bibliografische Daten sind im Internet über http://dnb.d-nb.de abrufbar.

© 2013 Oldenbourg Wissenschaftsverlag GmbH
Rosenheimer Straße 145, D-81671 München
Telefon: (089) 45051-0
www.oldenbourg-verlag.de

Lektorat: Anne Lennartz
Herstellung: Constanze Müller
Titelbild: signelements.com
Einbandgestaltung: hauser lacour
Gesamtherstellung: Grafik & Druck GmbH, München

Dieses Papier ist alterungsbeständig nach DIN/ISO 9706.

ISBN   978-3-486-70810-3
eISBN   978-3-486-71773-0

Vorwort

Das Thema Risikomanagement wurde schon in vielen guten Beiträgen und informationsreichen Büchern behandelt. Gleichwohl haben noch immer viele Unternehmen – insbesondere mittelständische Betriebe – einen enormen Nachholbedarf auf diesem Gebiet. Die Ursachen hierfür sind vielfältig: Sie reichen von der Scheu des Implementierungsaufwandes, der Befürchtung, bei Einführung im Unternehmen ein personalintensives bürokratisches Gebilde ohne großen Nutzen zu schaffen, bis hin zur Frage, wie die konzeptionelle Gestaltung und die notwendigen Umsetzungsschritte erfolgen sollen.

Vor diesem Hintergrund besteht die Zielsetzung dieses Buches darin, in einer kompakten Gesamtübersicht aufzuzeigen, durch welche aufeinanderfolgenden Schritte ein Risikomanagement in einem Unternehmen implementiert werden kann.

Das Buch ist dazu wie folgt aufgebaut:

Nach der Einleitung werden in **Kapitel 2** wesentliche Grundlagen des Risikomanagements behandelt. Thematisiert werden dazu die Begriffe Risiko und Risikomanagement sowie die Systematisierung und Kategorisierung von Risiken. Daran anschließend werden Gegenstand und Notwendigkeit des Risikomanagements erläutert; insbesondere werden hierzu auch die gesetzlichen und regulativen Vorgaben zum Risikomanagement vorgestellt. Im letzten Abschnitt dieses Kapitels wird die organisatorische Gestaltung des Risikomanagements im Unternehmen dargestellt. Dabei stehen neben der Eingliederung des Risikomanagements in die Unternehmensorganisation auch die entsprechenden Akteure mit ihren Aufgaben sowie die Notwendigkeit einer Dokumentation des Risikomanagements im Vordergrund der Betrachtung.

Aufbauend auf diesen Grundlagen wird in **Kapitel 3** der gesamte Risikomanagementprozess im Unternehmen dargestellt. Vorab werden seine Rahmenbedingungen in Form einer Risikostrategie sowie die risikopolitischen Grundsätze des Unternehmens betrachtet. Danach wird in 7 Schritten gezeigt, wie das aggregierte Nettorisiko des Unternehmens ermittelt wird.

Schritt 1: Festlegung der Risikotragfähigkeit im Unternehmen.
Die Risikotragfähigkeit des Unternehmens umfasst Substanzwerte und -reserven, von denen sich ein Unternehmen im Schadenfall trennen kann, ohne seine Existenz zu gefährden. Die Risikotragfähigkeit bestimmt damit die Höhe des potenziellen Gesamt-Nettorisikos, das ein Unternehmen tragen kann und bildet daher den Ausgangspunkt des Risikomanagementprozesses.

Schritt 2: Identifizierung von Risiken.

Um die Risikosituation eines Unternehmens vollständig zu erfassen, müssen im Unternehmen möglichst alle Risiken identifiziert werden, die Einfluss auf die Unternehmensziele sowie den Unternehmenserfolg haben. In diesem Zusammenhang werden mögliche Verfahren und Methoden zur Risikoidentifizierung betrachtet sowie Ansatzpunkte zur Kategorisierung von Risiken vorgestellt.

Schritt 3: Bestimmung der Risikorelevanz.

Die identifizierten Risiken führen zu einem Risikoinventar, das im Hinblick auf eine Bestandsgefährdung des Unternehmens sowohl bedeutende als auch unbedeutende Risiken gleichermaßen umfasst. Daher ist eine erste grobe Selektion der identifizierten Risiken nach Risikokriterien und -klassen bezüglich einer möglichen Schadenrelevanz für Unternehmen sinnvoll und stellt zugleich sicher, dass im weiteren Prozess nicht zu viel Aufwand für eher unwichtige Risiken aufgewendet wird. Dazu wird in diesem Schritt die Bildung von Relevanzkriterien und -klassen als Grundlage für eine spätere qualitative Relevanzeinschätzung beschrieben.

Schritt 4: Bewertung von Risiken.

Im Rahmen der Risikobewertung werden die Auswirkungen der identifizierten Risiken auf die Unternehmung bzw. auf die Unternehmensziele untersucht, um das Ausmaß der Bestandsgefährdung festzustellen. In diesem Abschnitt werden dazu qualitative und quantitative Methoden vorgestellt sowie Alternativen zur übersichtlichen Darstellung von Risiken aufgezeigt. Danach wird die Vorgehensweise zum Aufbau eines Frühwarnsystems erläutert, das mit einem zeitlichen Vorlauf wichtige Hinweise über den Eintritt oder über die Veränderung des Risikoumfangs mittels Frühwarnindikatoren liefern kann.

Schritt 5: Ermittlung des aggregierten Bruttorisikos.

Die bewerteten Einzelrisiken stellen Bruttorisiken dar, d.h. Risiken bei denen noch keine Maßnahmen zur Risikosteuerung ergriffen worden sind. Durch die Aggregation dieser Risiken wird die Gesamt-Risikoposition des Unternehmens sichtbar. Dazu werden in Schritt 5 neben der Notwendigkeit sowie den Zielen der Risikoaggregation, verschiedene Verfahren zur Aggregation von Risiken vorgestellt und kritisch gewürdigt.

Schritt 6: Steuerung von Risiken.

Das in Schritt 5 ermittelte Gesamt-Bruttorisiko des Unternehmens kann durch aktive und passive Risikosteuerungsmaßnahmen reduziert werden. Hieraus ergibt sich ein verbleibendes „Restrisiko" (=„Nettorisiko"), das vom Unternehmen selbst zu tragen ist. In diesem Schritt werden entsprechend aktive und passive Maßnahmen zur Risikosteuerung vorgestellt sowie gezielt eine Risikosteuerung in Form von Versicherungen betrachtet.

Schritt 7: Ermittlung des aggregierten Nettorisikos.

Nach Berücksichtigung der vom Unternehmen getroffenen Risikosteuerungsmaßnahmen kann die Gesamt-Netto-Risikoposition des Unternehmens bestimmt werden. Dazu werden die im Unternehmen verbleibenden Restrisiken analog zur Bestimmung der Gesamt-Brutto-Risikoposition zu einer Gesamt-Netto-Risikoposition aggregiert. Des Weiteren werden mögliche Konstellationen aufgezeigt, mit deren Hilfe beurteilt werden kann, inwiefern die zuvor in Schritt 1 ermittelte Risikotragfähigkeit ausreichend ist, den verbleibenden Nettorisikoumfang des Unternehmens zu tragen und damit den Fortbestand des Unternehmens zu gewährleisten.

Schritt 8: Risiken überwachen und kommunizieren.

Im letzten Schritt wird die Risikoüberwachung vorgestellt. In dieser Phase erfolgt eine laufende Beobachtung der einzelnen Schritte des Risikomanagementprozesses. Es erfolgt ein Abgleich zwischen der ermittelten Netto-Risikoposition und der zuvor in Schritt 1 festgelegten Risikotragfähigkeit. Erfasste Risikoveränderungen sind zu kommunizieren und führen gegebenenfalls zu einer Aktualisierung der im Risikomanagement folgenden Prozessschritte. Hierdurch wird der Regelkreis des Risikomanagementprozesses geschlossen und zugleich wieder angestoßen, sofern die Ergebnisse aus der Risikoüberwachung dazu Anlass geben.

Im Anschluss an die Vorstellung der einzelnen Prozessschritte wird die Umsetzung des Risikomanagementprozesses im Rahmen eines internen Projektes erläutert. Ebenfalls werden häufige Defizite bei der Etablierung eines Risikomanagementsystems dargestellt sowie Ansatzpunkte gegeben, um die Qualität eines Risikomanagementsystems bestimmen zu können. Im letzten Abschnitt dieses Kapitels werden mögliche Software-Tools vorgestellt, die bei der Umsetzung des Risikomanagementprozesses im Unternehmen hilfreich sein können.

In **Kapitel 4** erfolgt die praktische Fundierung des Risikomanagementprozesses am Beispiel eines fiktiven Industrieunternehmens, der „Kölner Maschinenbau AG". Anhand dieses Fallbeispiels soll gezeigt werden, wie im Rahmen des Risikomanagementprozesses die Risikoaggregation mittels Monte-Carlo-Simulation dazu genutzt werden kann, den Gesamtrisikoumfang eines Unternehmens zu bestimmen.

Unter Zugrundelegung von ausgewählten Geschäfts- und Jahresabschlusszahlen des Unternehmens wird dabei zunächst die Risikotragfähigkeit des Unternehmens festgelegt sowie die bestehenden Risiken des Unternehmens identifiziert und hinsichtlich ihrer Relevanz für eine weitere quantitative Risikobewertung priorisiert. Im Anschluss daran werden die relevanten Risiken mit der Unternehmensplanung verknüpft sowie ein Rechenmodell gebildet, um die Auswirkungen der einzelnen Risiken auf die Gewinn- und Verlustrechnung der Kölner Maschinenbau AG mittels Monte-Carlo-Simulation simulieren zu können. Nach Abschluss der Simulation erfolgt eine Sensitivitätsanalyse, um gezielt Risikosteuerungsmaßnahmen für die Kölner Maschinenbau AG einleiten zu können. Unter deren Berücksichtigung wird abschließend auch die Netto-Risikoposition des Unternehmens ermittelt und ausgewertet.

Um die Komplexität des Fallbeispiels in Grenzen zu halten, wurden die Anzahl der Risiken und die Maßnahmen zur Risikoreduzierung in engen Grenzen gehalten sowie bei der Risikoaggregation von vereinfachenden Annahmen ausgegangen. Gleichwohl hoffen die Verfasser, durch das Fallbeispiel weitere Anregungen zum Risikomanagement zu geben.

Das Buch basiert auf einer herausragenden Diplomarbeit der Co-Autorin, auf den Inhalten von Vorlesungen, die der Autor an der Fachhochschule Köln hält, sowie Erkenntnissen aus Praxiskontakten und Beratungsprojekten im Bereich des Risikomanagements. Es richtet sich insbesondere an Fach- und Führungskräfte aus Unternehmen, die sich mit dem Auf- und Ausbau eines Risikomanagements befassen, aber auch an Studierende, die sich in kompakter Form einen ganzheitlichen Überblick über dieses Thema verschaffen möchten.

Die Zielsetzung einer kompakten Darstellung bedingt, dass verschiedene Aspekte und Spezialprobleme des Risikomanagements nur kursorisch behandelt werden können. Zur Vertiefung dieser Punkte wird auf weiterführende Literatur verwiesen.

Möge dieses Buch die gesetzten Zielsetzungen erfüllen und dazu beitragen, Anregungen und Hilfestellungen bei der Implementierung eines erfolgreichen Risikomanagementkonzeptes in Unternehmen zu liefern. Unser Dank gilt allen, die das Buch durch wichtige Hinweise und konstruktive Kritik begleitet haben, insbesondere aber unseren Familien für die vielfältige Unterstützung.

Für Anregungen, Kritik und weiterführende Informationen zu diesem Buch sind wir dankbar; sie können diese gerne an corinna.bourauel@web.de oder an fjsartor@gmx richten.

Dipl.-Kffr. Corinna Bourauel
Prof. Dr. Franz J. Sartor

Inhaltsverzeichnis

Abbildungsverzeichnis

Abkürzungsverzeichnis

Abs.	Absatz
AG	Aktiengesellschaft
AktG	Aktiengesetz
BEA	Bureau d'Enquêtes et d'Analyses pour la sécurité de l'Aviation civile
BilReG	Bilanzrechtsreformgesetz
bspw.	beispielsweise
bzw.	beziehungsweise
Cov	Kovarianz
d.h.	das heißt
DCGK	Deutscher Corporate Governance Kodex
Diss.	Dissertation
DRS	Deutsche Rechnungslegungs Standards
DRSC	Deutsches Rechnungslegungs Standards Committee
DVaR	Deviation Value at Risk
E	Erwartungswert
EBIT	earnings before interest and taxes
EBT	earnings before taxes
EKB	Eigenkapitalbedarf
e.V.	eingetragener Verein
etc.	et cetera
f	Wahrscheinlichkeitsfunktion
f.	folgende
ff.	fortfolgende
GmbH	Gesellschaft mit beschränkter Haftung
HGB	Handelsgesetzbuch
Hrsg.	Herausgeber
i.d.R.	in der Regel
IAS	International Accounting Standards
IDW	Institut der Wirtschaftsprüfer
IFRS	International Financial Reporting Standards
IT	Informationstechnologie

KonTraG	Gesetz zur Kontrolle u. Transparenz im Unternehmensbereich
log.	Logarithmus
LPM	Lower Partial Moment
Max.	Maximum
mind.	mindestens
n	Anzahl der Versuche
p	Erfolgswahrscheinlichkeit/Eintrittswahrscheinlichkeit
RAC	Risk Adjusted Capital
RM	Risikomanagement
S.	Seite
SH	Schadenshöhe
SOX	Sarbanes-Oxley Act
T€	Tausend-Euro
Tab.	Tabelle
u.a.	unter anderem
Univ.	Universität
usw.	und so weiter
Var	Varianz
VaR	Value at Risk
vgl.	vergleiche
vs.	versus
z.B.	zum Beispiel

Symbolverzeichnis

%	Prozent
$\sum$	Summe
$\sqrt{}$	Wurzelfunktion
€	Euro
μ	Mittelwert bzw. Erwartungswert
σ	Standardabweichung bzw. Volatilität
σ^2	Varianz
§	Paragraf
$\int$	Integral
$>$	Größer-als-Zeichen
$<$	Kleiner-als-Zeichen
$\geq$	Größer-gleich-Zeichen
$\leq$	Kleiner-gleich-Zeichen

1 Einleitung

Unternehmen mussten sich schon immer mit der Unsicherheit zukünftiger Entwicklungen auseinandersetzen. Gleichwohl hat die Auseinandersetzung mit betrieblichen Risiken und damit die Implementierung eines systematischen Risikomanagements in Unternehmen in den letzten Jahren erheblich an Bedeutung gewonnen.

Ursächlich hierfür sind zum einen die in den letzten Jahren sowohl in ihrer Anzahl als auch in ihrer Dynamik erheblich gestiegenen Risiken, welche die Erfolgspotenziale der Unternehmen gefährden. Zum anderen zwingen aber auch gesetzliche Vorschriften und regulative Vorgaben die Unternehmen, sich mit der Einführung eines Risikomanagementsystems auseinanderzusetzen. Bestimmte Branchen – wie z.B. Banken und Versicherungen – sind insbesondere nach der Finanzmarktkrise hiervon besonders betroffen.

Das Ziel der Unternehmen besteht primär darin, bestandsgefährdende Entwicklungen frühzeitig zu erkennen, um rechtzeitig entsprechende Maßnahmen zur Steuerung und Bewältigung der Risiken einzuleiten.

Unter bestandsgefährdenden Risiken sind solche zu verstehen, welche die Vermögens-, Finanz- und Ertragslage wesentlich beeinflussen und in Folge zur Zahlungsunfähigkeit oder Überschuldung führen können. Die wertmäßige Grenze dieser Bestandsgefährdung wird als Risikotragfähigkeit definiert und ist eine betriebsindividuelle, vom Management zu treffende Festlegung, die insbesondere von Betriebsgröße, Eigenkapitalausstattung und Finanzreserven des Unternehmens abhängt. Bestandsgefährdende Risiken können sich im Zeitablauf verändern, so dass in periodischen Abständen Überprüfungen erforderlich sind, die zu einer Erhöhung oder Reduktion der Risikotragfähigkeit oder zu einem unveränderten Wertansatz führen.

Im Hinblick auf die Sicherung des Fortbestandes eines Unternehmens ist vor allem zu beachten, dass der Gesamtumfang der Risiken die Risikotragfähigkeit eines Unternehmens nicht überschreitet, das heißt ein Unternehmen insgesamt nicht mehr Risiken eingeht, als es mit dem ihm zur Verfügung stehenden Kapital tragen kann.

Risikomanagement wird in diesem Buch als kontinuierlicher Prozess im Sinne eines Regelkreises in sieben Schritten dargestellt. Diese systematische Einführung gibt insbesondere kleineren und mittleren Unternehmen, welche die Einführung eines Risikomanagements erwägen, eine nützliche Handlungshilfe für die schrittweise Implementierung eines solchen Systems.

Dabei stellt sich insbesondere das Problem eine Gesamtrisikoposition, bestehend aus den jeweils im Unternehmen vorhandenen Einzelrisiken, unter Berücksichtigung von Wechselwirkungen zu ermitteln.

Die Ermittlung des Gesamtrisikoumfangs eines Unternehmens erfolgt im Rahmen des Risikomanagementprozesses mittels Risikoaggregation. Da die Zusammenführung von Einzelrisiken zu einer Gesamtrisikoposition methodisch aufwändig ist, wird sie in der Praxis des Risikomanagements häufig vernachlässigt oder mit ungeeigneten Verfahren durchgeführt. Deshalb wird der Risikoaggregation in diesem Buch besondere Beachtung geschenkt.

2 Grundlagen des Risikomanagements

2.1 Risiko

2.1.1 Risikobegriff

Ausgangspunkt und zentrales Element im Risikomanagement ist der Begriff des Risikos.[1] Bereits im 16. Jahrhundert wurde das Wort „Risiko" als kaufmännischer Terminus aus dem italienischen ris(i)co (heute rischio) ins Deutsche entlehnt.[2] Es bezeichnete die Gefahr im Handelsgeschäft und gleichzeitig etwas allgemeiner das Wagnis, d.h. die Ungewissheit über den Ausgang eines erwarteten Handels.[3] Dessen weitere Herkunft hingegen gilt als nicht sicher.[4] Beispielsweise kann es etymologisch auf das spanische Wort „risco" zurückgeführt werden, das mit Klippe übersetzt wird und als Gefahr für Schiffe gesehen wurde. Als wahrscheinlicher wird eine Ableitung aus dem früh-romanischen rixicare = streiten, widerstreben gesehen. Risiko hätte in diesem Fall den unkalkulierbaren Widerstand im Kampf bezeichnet und wäre von dort aus verallgemeinert worden. Eine Entlehnung aus dem Arabischen ist ebenfalls möglich.[5]

Umgangssprachlich wird unter dem Risikobegriff häufig die Gefahr gesehen, dass ein erzieltes Ergebnis vom erwarteten Ergebnis negativ abweicht.[6] In einem moderneren Sprachgebrauch hingegen liegt der Schwerpunkt nicht auf der Schaden- oder Verlustgefahr, sondern es wird allgemein von einer Zielwertabweichung gesprochen, bei der auch die Chance als positive Abweichung vom erwarteten Ergebnis berücksichtigt wird.[7]

In der wirtschaftswissenschaftlichen Literatur existieren verschiedene Auffassungen über den Begriff und die Definition des Risikos.[8] Einige Autoren führen diese Begriffsvielfalt auf die individuelle und subjektive Wahrnehmung des Risikos zurück.[9] Andere sehen den Grund in der kontextbezogenen Verwendung des Risikobegriffs oder in seiner weiten Verbreitung.[10]

---

[1] Vgl. Wolf (2003), S. 37.
[2] Vgl. Kluge (2002), S. 767.
[3] Vgl. Keller (2004), S. 61.
[4] Vgl. Kluge (2002), S. 767.
[5] Vgl. Kluge (2002), S. 767 / Romeike (2004), S. 102.
[6] Vgl. Hölscher (2002), S. 5.
[7] Vgl. Pauli (2009), S. 1.
[8] Vgl. Romeike (2004), S. 102.
[9] Vgl. Keitsch (2004), S. 4.
[10] Vgl. Rücker (1999), S. 29 / Fasse (1995) / Wencke Schroeder (2005), S. 35 / Schulte (1998), S. 11.

Zusammenfassend kann festgehalten werden: In der Betriebswirtschaftslehre gibt es keine allgemein anerkannte und verbindliche Definition des Risikobegriffs.

In der Literatur lassen sich jedoch im Wesentlichen zwei Grundrichtungen der Risikodefinitionen erkennen.[11] Einerseits wird zur Bestimmung des Risikobegriffs ursachenbezogen auf die Unsicherheit der Zukunft und den Informationsstand eingegangen. Andererseits wird das Risiko von seiner ökonomischen Wirkung her bestimmt.[12]

Abbildung 2.1 gibt einen schematischen Überblick über eine mögliche Klassifikation der Risikodefinitionen in ursachen- und wirkungsbezogene Begriffsauffassungen.[13]

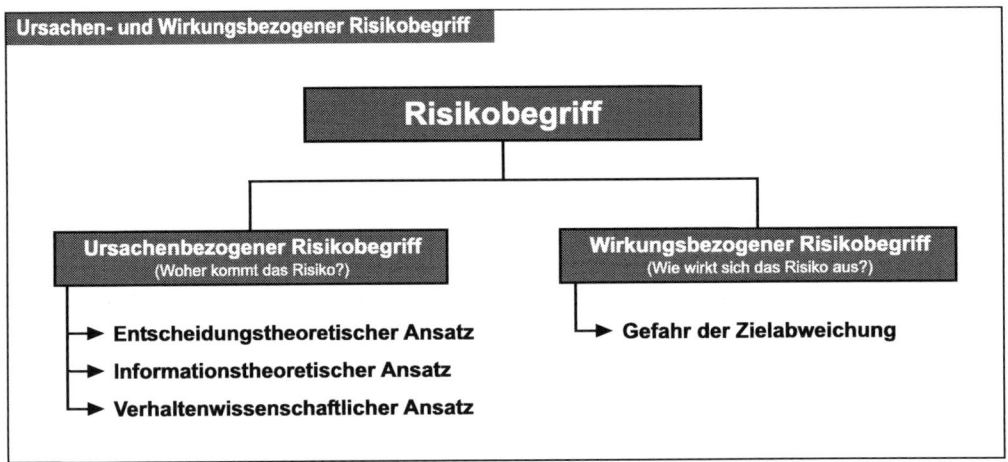

Abbildung 2.1: Ursachen- und wirkungsbezogener Risikobegriff[14]

Die **ursachenbezogenen Begriffsdefinitionen** verknüpfen den Risikobegriff mit betrieblichen Entscheidungssituationen[15] und stellen die Untersuchung der Risikoursachen in den Vordergrund.[16] Als Grund betrieblicher Risiken wird die Informationsbasis gesehen, die dem Handelnden für seine Entscheidungen zur Verfügung steht. Innerhalb dieser kausalen Begriffsauffassung lassen sich drei Strömungen erkennen.[17]

---

[11] Vgl. Schulte (1998), S. 11 / Siemens; Dahms (2009), S. 4 / Braun (2004), S. 22 / Zepp (2007), S. 23.

[12] Vgl. Siemens; Dahms (2009), S. 4 / Braun (2004), S. 22 / Schulte (1998), S. 11.

[13] Vgl. Wolf (2003), S. 37 / Braun (1984), S. 22 / Fasse (1995), S. 45 ff., Imboden hingegen unterscheidet in extensive, entscheidungsbezogene und informationsorientierte Fassungen, vgl. Imboden (1983), S. 40 ff.; Hermann hingegen teilt neben den entscheidungs- und informationsorientierten Risikodefinitionen noch in die zielorientierten Definitionen ein; vgl. Hermann (1996), S. 7.

[14] Eigene Darstellung in Anlehnung an Fasse (1995), S. 45 ff.

[15] Vgl. Fasse (1995), S. 45 / Kupsch (1973), S. 26 ff. / Imboden (1983), S. 45 ff.

[16] Vgl. Siemens; Dahms (2009), S. 4.

[17] Vgl. Fasse (1995), S. 44.

- Im Rahmen der **Entscheidungstheorie** erfolgt eine Abgrenzung zwischen Risiko, Unsicherheit und Ungewissheit. Unsicherheit wird hierbei als eine Möglichkeit des Abweichens vom erwarteten Wert definiert und kann dabei sowohl positiv (Chance) als auch negativ (Gefahr) ausfallen. Die Unsicherheit beinhaltet als Überbegriff sowohl die Ungewissheit als auch das Risiko.[18] Risiko im Sinne der Entscheidungstheorie liegt vor, sofern dem Entscheidungsträger objektive oder subjektive Wahrscheinlichkeiten für das Eintreten möglicher Umweltzustände bekannt sind;[19] andernfalls spricht man von Ungewissheit.[20] Die Ursache und das Ausmaß des Risikos messen sich an der Fähigkeit des Handelnden, Umweltentwicklungen mit absoluter Sicherheit vorherzusehen.[21]

- Der **verhaltenswissenschaftliche Ansatz** hingegen sieht die Risikoursache in der subjektiv empfundenen Ungewissheit bezüglich der Einschätzung einer Handlungssituation durch den Entscheidungsträger.[22] Welche Handlungsalternative gewählt wird, hängt letztlich von der individuellen Risikobereitschaft des Entscheidenden ab, d.h. davon, ob seine Einstellung eher risikofreudig, -neutral oder -scheu ist.[23]

- In der **Informationstheorie** besteht das Risiko darin, dass dem Entscheidungsträger nicht alle Informationen zur korrekten Abbildung der Realität vorliegen, die aber zur Beurteilung einer Entscheidungssituation notwendig wären.[24] Demnach ist der Status der unvollkommenen Information entscheidend für das Risiko. Dieser kann weiter in die drei Komponenten Unvollständigkeit (keine erschöpfende Informationsgrundlage), Unbestimmtheit (zu geringer Informationsgehalt) und Unsicherheit (kein vollständiges Abbild der Realität) unterschieden werden.[25]

An der Begriffsbestimmung der beiden ersten Ansätze ist der unterstellte Zusammenhang der Risiken mit Entscheidungen zu kritisieren. Auch wenn das Risiko fast allen ökonomischen Entscheidungen immanent ist, so können Risiken durchaus unabhängig von Entscheidungen auftreten.[26] Eine derartige Verbindung zwischen Entscheidungen und Risiken wird in der Informationstheorie nicht unterstellt.[27]

---

[18] Vgl. Gleißner (2008), S. 8.
[19] Vgl. Runzheimer (1998), S. 72.
[20] Vgl. Wolf; Runzheimer (2009), S. 29.
[21] Vgl. Wolf; Runzheimer (2009), S. 29.
[22] Vgl. Fasse (1995), S. 51.
[23] Vgl. Fasse. S. 51 / Runzheimer (1998), S. 83 Risikofreudige Personen ziehen etwa eine unsichere Alternative aufgrund potenzieller Chancen einer sicheren und ansonsten vergleichbaren Möglichkeit ohne Chance vor. Analog dazu kennzeichnet sich Risikoaversion. Risikoneutralität liegt im Falle eines ausgeglichenen Chancen-Risiko-Profils vor.
[24] Vgl. Fasse (1995), S. 46.
[25] Vgl. Braun (1984), S. 35 f.
[26] Vgl. Braun (1984), S. 25 / Wolf (2003), S. 38.
[27] Vgl. Wolf (2003), S. 38.

Die **wirkungsbezogenen Begriffsbestimmungen** setzen an den mit einem Risiko verbundenen Auswirkungen bzw. Konsequenzen an[28] und beschreiben das Risiko allgemein als die Möglichkeit einer Zielverfehlung.[29]

In der Literatur wird die Zielabweichung häufig als Schaden- und/oder Verlustgefahr konkretisiert.[30] Der Risikobegriff wird insoweit eingeengt, als er lediglich die ungünstigen, d.h. negativen Zielverfehlungen umfasst.[31] Risiken, die ausschließlich eine Schadengefahr darstellen, werden als reine (oder asymmetrische)[32] Risiken bezeichnet. Dagegen werden Risiken, die neben dem Verlustpotenzial auch Chancen in sich bergen, als spekulative (analog symmetrische) Risiken bezeichnet.[33] Um das Verhältnis von Risiko und Chance bestimmen zu können, wird die Existenz von Zielen, die als Bewertungsgrundlage dienen, bei den wirkungsbezogenen Ansätzen vorausgesetzt.[34]

In diesem Sinne fassen Gleißner/Romeike Risiko als Streuung um einen Erwartungs- oder Zielwert auf, das im Unternehmen nur in direktem Zusammenhang mit der Unternehmensplanung interpretierbar ist. Mögliche Abweichungen von geplanten Zielen, d.h. sowohl negative („Gefahren") als auch positive Abweichungen („Chancen") stellen Risiken dar.[35]

Diese Risikoauffassung verdeutlicht, dass unternehmerische Tätigkeiten sowohl Risiken im Sinne einer negativen Entwicklung (Risiko im engeren Sinne) als auch Risiken im Sinne von Chancen beinhalten (Risiko im weiteren Sinne). Die Basis dieser Auffassung bildet das unternehmerische Handeln, welches im Kern daraus besteht, Chancen zu nutzen und dabei gleichzeitig Risiken einzugehen.[36] Auch nicht genutzte Chancen können zu Risiken führen.[37] Des Weiteren können sich positive und negative Abweichungen durchaus auch gegenseitig kompensieren, was bei der Risikoaggregation zur Ermittlung des Gesamtrisikoumfangs ein wichtiger Aspekt ist.[38]

Abbildung 2.2 veranschaulicht das Risiko als mögliche Planabweichung und unterscheidet dabei zur Verdeutlichung gleichzeitig Risiken im Hinblick auf ihre Wirkung:

---

[28]   Vgl. Imboden (1983), S. 45.
[29]   Vgl. Rücker (1999), S. 30.
[30]   Vgl. Kupsch (1973), S. 26.
[31]   Vgl. Braun (1984), S. 23 / Hölscher (1987), S. 6 / Rücker (1999), S. 30.
[32]   Vgl. Kremers (2002), S. 37.
[33]   Vgl. Weber; Weißenberger; Liekweg (1999), S. 15 / Bitz (2000), S. 15.
[34]   Vgl. Schulte (1998), S. 11.
[35]   Vgl. Gleißner; Romeike (2005), S. 27.
[36]   Vgl. Weber; Weißenberger; Liekweg (1999), S. 9.
[37]   Vgl. Wolf (2003), S. 40.
[38]   Vgl. Gleißner (2008), S. 8.

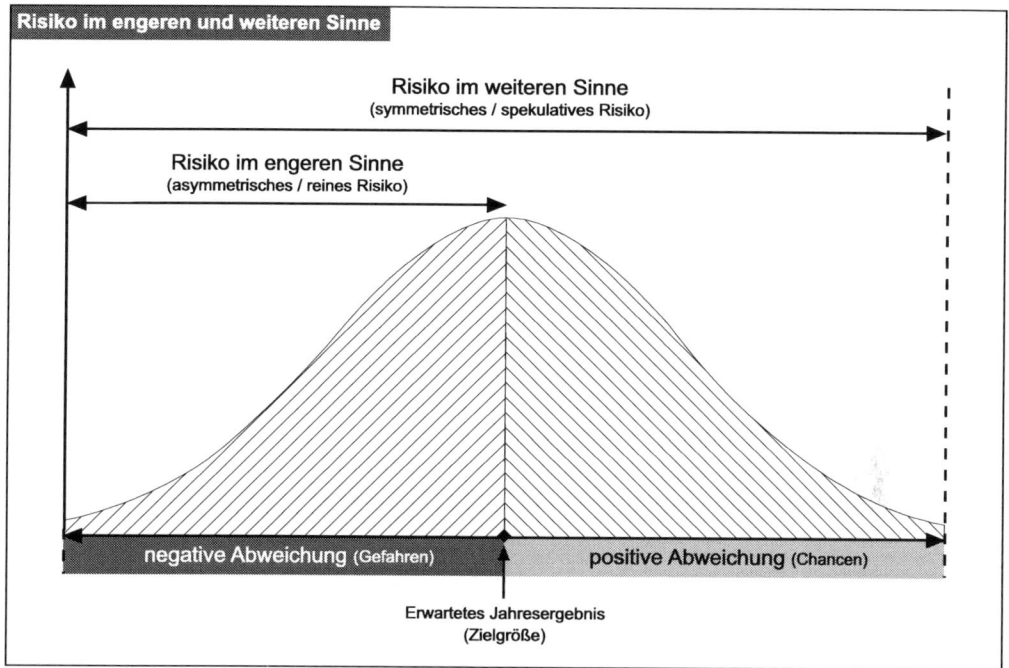

Abbildung 2.2: Risiko im engeren und Risiko im weiteren Sinne

Da bei jeder unternehmerischen Aktivität Chancen und Risiken untrennbar miteinander verbunden sind[39] und somit das Eingehen von Risiken für den wirtschaftlichen Erfolg unerlässlich ist,[40] ist es ökonomisch sinnvoll, sowohl positive als auch negative Abweichungen vom erwarteten Ergebnis zu berücksichtigen.[41]

Im Rahmen dieses Buches wird Risiko daher im Sinne des spekulativen Risikobegriffes verstanden. Dabei wird das Risiko im engeren Sinne als eine mögliche negative Abweichung vom geplanten Ziel gesehen, während Chance als eine mögliche positive Abweichung vom geplanten Ziel verstanden wird. Die ursachen- und wirkungsbezogenen Auffassungen des Risikobegriffs schließen einander nicht aus.[42] Risiken lassen sich sowohl durch ihre ursachen- als auch wirkungsbezogene Komponente kennzeichnen.[43]

Einerseits entstehen Risiken bei Entscheidungssituationen.[44] Dabei führt die generelle Unsicherheit des Handelnden über Entscheidungsprämissen und/oder die unvollkommene Infor-

---

[39] Vgl. Pauli (2009), S. 3.

[40] Vgl. Bitz (2000), S. 19 / Pauli (2009), S. 3.

[41] Vgl. Gleißner (2008), S. 8 / Mensch (1991), S. 32 ff.

[42] Vgl. Zepp (2007), S. 27 / Rücker (1999), S. 30.

[43] Vgl. Rücker (1999), S. 30.

[44] Vgl. Zepp (2007), S. 27.

mation zum Risiko.[45] Andererseits resultieren Risiken aus externen Umwelteinflüssen und treten somit auch unabhängig von Entscheidungssituationen auf.[46] Des Weiteren werden Risiken durch den jeweiligen Planungshorizont[47] sowie durch das Vorliegen von Wahrscheinlichkeiten für ihr Eintreten[48] charakterisiert.

2.1.2   Risikosystematisierung

Neben der bereits dargestellten Abgrenzung zwischen reinen und spekulativen Risiken können unternehmerische Risiken nach weiteren Kriterien systematisiert und jeweils in verschiedene Risikoarten untergliedert werden.[49]

Abbildung 2.3 gibt einen Überblick über ausgewählte Systematisierungsansätze von Risiken:

Unterscheidungskriterium	Risikoarten
Art der Zielabweichung	symmetrische vs. nicht symmetrische Risiken
Entscheidungsebene	strategische vs. operative Risiken
Aggregationsgrad	Einzelrisiko vs. Gesamtrisiko (aggregiertes Risiko)
Zeithorizont	einmalige vs. kontinuierliche Risiken
Beeinflussbarkeit	endogene (interne) vs. exogene (externe) Risiken
Quantifizierbarkeit	qualitative vs. quantitative Risiken
Berücksichtigung von Sicherungsmaßnahmen	Netto- vs. Bruttorisiken
Auswirkung auf monetäre Größen	Erfolgsrisiken vs. Liquiditätsrisiken
Verschiedene Unternehmensbereiche	Leistungswirtschaftliche vs. finanzwirtschaftliche Risiken

Abbildung 2.3: Risikosystematisierung nach Unterscheidungskriterien[50]

In Abhängigkeit von der Entscheidungsebene können **strategische** und **operative** Risiken unterschieden werden. Strategische Risiken beziehen sich auf die Realisierung von langfristigen globalen Zielen und deuten auf Fehler der strategischen Unternehmensführung hin.[51] Operative Risiken hingegen beziehen sich eher auf mittel- bis kurzfristige Ziele sowie Entscheidungen einzelner Unternehmensbereiche und somit auf die operative Unternehmensführung.[52]

---

[45]   Vgl. Ehrmann (2005), S. 31 / Wolf; Runzheimer (2009), S. 30 / Wolf (2003), S. 40 / Neubürger (1989), S. 29.

[46]   Vgl. Zepp (2007), S. 27.

[47]   Vgl. Gleißner; Meier (2001), S. 18 → Je länger das Unternehmen in die Zukunft blickt, umso größer werden die möglichen Abweichungen = Risiken.

[48]   Vgl. Diederichs; Form; Reichmann (2004), S. 189.

[49]   Vgl. Mikus (2001), S. 8.

[50]   Quelle: Eigene Darstellung in Anlehnung an Schierenbeck; Lister (2002), S. 332 / Mikus (2001), S. 7 ff.

[51]   Vgl. Mikus (2001), S. 8 / Wolf (2003), S. 41.

[52]   Vgl. Mikus (2001), S. 8.

Je nach Verdichtungsgrad wird zwischen **Einzelrisiken** und **aggregierten** Risiken unterschieden. Bei einem aggregierten Risiko handelt es sich um einen Risikoverbund beziehungsweise ein Konglomerat, das sich aus diversen Einzelrisiken zusammensetzt.[53] Dabei können mehrere Aggregationsebenen gebildet werden.[54] Ein Einzelrisiko hingegen kann nicht in weitere Risiken zerlegt werden und stellt somit die eigentliche Ursache einer Zielabweichung dar. Bei der Ermittlung einer Gesamtrisikoposition entspricht jedoch die Summe aller Einzelrisiken in der Regel nicht der Größe des jeweiligen Risikoaggregats, da Verbundeffekte, wie beispielsweise Korrelationen, berücksichtigt werden müssen.[55] Je konkreter ein Risiko bestimmt wird, desto geringer ist sein Aggregationsgrad.[56]

Darüber hinaus können Risiken nach dem Zeithorizont in **einmalig** auftretende Ereignisse und **kontinuierliche** Entwicklungen systematisiert werden.[57]

Im Hinblick auf ihre Beeinflussung sind **endogene** (interne) und **exogene** (externe) Risiken zu unterscheiden. Während erstgenannte aus unternehmerischen Entscheidungen resultieren, werden exogene Risiken durch unerwartete externe Umweltentwicklungen ausgelöst und unterliegen somit nicht dem Einfluss eines Entscheidungsträgers.[58]

Ebenso lassen sich Risiken nach ihrer Quantifizierbarkeit in **qualitative** und **quantitative** Risiken unterscheiden, wobei sich Erstere im Gegensatz zu quantitativen Risiken nur schwer in Bezug auf ihre monetären Auswirkungen messen lassen. Die Quantifizierbarkeit der einzelnen Risiken entscheidet über den Einsatz verschiedener Erfassungs-, Analyse- und Steuerungsmethoden und ebenfalls über die Anwendung verschiedener Instrumente im Hinblick auf die Bewertung.[59]

Je nach Anwendung von Sicherungsmaßnahmen können **Brutto-** und **Nettorisiken** unterschieden werden. Die Summe aller Risiken (vor bestehenden Sicherungsmaßnahmen), denen ein Unternehmen unterliegt, wird als Bruttorisiko bezeichnet. Dieses kann mittels Maßnahmen, die vom Management angestoßen werden, entweder vermieden, vermindert oder durch Überwälzung reduziert werden. Die verbleibenden Risiken sind Nettorisiken, die vom Unternehmen nun getragen bzw. gemanagt werden müssen.[60]

Erfolgs- und **Liquiditätsrisiken** unterscheiden sich in ihrer Auswirkung auf monetäre Unternehmensgrößen. Da Risikoeintritte Veränderungen der Zahlungsströme nach sich ziehen,

---

[53] Vgl. Farny (1978), S. 19 f.

[54] Vgl. Hermann (1996), S. 23. Beispielsweise können gleichartige Risiken, wie z.B. Zinsänderungsrisiken, Teilbereiche oder aber eine bewertete Gesamtrisikoposition über alle Risiken hinweg betrachtet werden.

[55] Vgl. Farny (1978), S. 20.

[56] Vgl. Hölscher (2006), S. 345.

[57] Vgl. Burger; Buchhart (2002), S. 4.

[58] Vgl. Burger; Buchhart (2002), S. 3 / Fasse (1995), S. 69.

[59] Vgl. Burger; Buchhart (2002), S. 4.

[60] Vgl. Siemes; Dahms (2009), S. 12.

hat dies unmittelbare Wirkungen auf die Liquidität eines Unternehmens. Andererseits können sich Risikoeintritte auch auf die Erfolgsrechnung eines Unternehmens auswirken, z.B. auf den Jahresüberschuss. In letzter Konsequenz kann die Erfolgsdimension eine Überschuldung zur Folge haben. Die Liquiditätsdimension dagegen kann im Extremfall zu einer Zahlungs-unfähigkeit führen.[61]

Eine weitere Abgrenzungsmöglichkeit besteht zwischen **leistungs- und finanzwirtschaftlichen** Risiken. Leistungswirtschaftliche Risiken entstehen im Zusammenhang mit dem Leistungsprozess eines Unternehmens, der sich aus der Beschaffung der Produktionsfaktoren, der Produktion selber und dem Absatz der Produkte zusammensetzt.[62] Zu diesen Risiken zählen beispielsweise Marktrisiken, Sachrisiken, Personenrisiken, Rechtsrisiken oder politische Risiken.[63] Neben den Risiken aus dem betrieblichen Leistungsprozess resultieren in einem Unternehmen auch Risiken aus dem Finanzprozess. Diese unterscheiden sich beispielsweise im Hinblick auf die möglichen Risikomanagementmaßnahmen von denen des Leistungsprozesses. Zu den finanzwirtschaftlichen Risiken gehören z.B. Zinsänderungs-, Aktienkurs-, Währungs- oder Ausfallrisiken.[64]

Die Risikosituation eines Unternehmens ist offensichtlich sehr vielschichtig charakterisiert. Trotz dieser Vielfalt ist es für Unternehmen unverzichtbar eine klare Strukturierung und Systematisierung der Risiken vorzunehmen,[65] da eine quantitative Messung oder qualitative Bewertung der Risiken nur bei einer klaren Abgrenzung und Zuordnung der Risiken durchgeführt werden kann.[66]

2.1.3   Risikokategorisierung

Die Kategorisierung von Risiken, d.h. das Zusammenfassen von gleichartigen, organisatorisch oder funktional ähnlichen Risiken,[67] ermöglicht der Unternehmung, speziell auf die einzelnen Risikokategorien zugeschnittene Instrumentarien zur Risikohandhabung und -steuerung einzusetzen.[68] Hinsichtlich einer möglichen Gliederung der vielfältigen Risiken existieren in der Literatur unterschiedliche Kategorisierungsvorschläge.

Im Rahmen dieses Buches werden die verschiedenen Risiken, denen ein Unternehmen ausgesetzt ist, drei übergeordneten Risikoarten zugeordnet: Dabei handelt es sich um Finanzrisiken, operationelle Risiken und Geschäftsrisiken, die in Abbildung 2.4 dargestellt werden.

---

[61]   Vgl. Hölscher (2002), S. 6 / Kremers (2002), S. 50.
[62]   Vgl. Kremers (2002), S. 47.
[63]   Vgl. Hölscher (2002), S. 6.
[64]   Vgl. Hölscher (2002), S. 6.
[65]   Vgl. Schierenbeck; Lister (2002), S. 332 / Romeike; Finke (2003), S. 167.
[66]   Vgl. Romeike; Finke (2003), S. 167.
[67]   Vgl. DRSC (2001), Nr. 9.
[68]   Vgl. Schierenbeck; Lister (2002), S. 331.

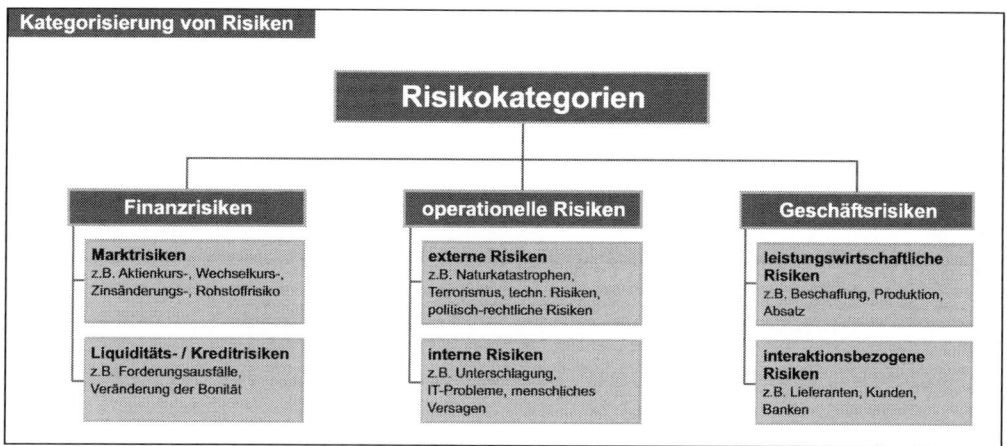

Abbildung 2.4: Risikokategorien

Resultierend aus möglichen Abweichungen der Marktpreise, z.B. bei Aktien, Währungen, Rohstoffen und Zinsen, von ihren erwarteten Werten, werden Marktrisiken in diesem Zusammenhang als Gefahr einer möglichen Veränderung der Vermögenslage eines Unternehmens gesehen. Kreditrisiken stellen hingegen die Gefahr möglicher Wertverluste von bestehenden Forderungen eines Unternehmens dar, beispielsweise hervorgerufen durch Forderungsausfälle aus Lieferungen und Leistungen.[69]

Die operationellen Risiken werden durch externe und interne Ereignisse charakterisiert. Alle einmaligen bzw. unsystematischen Ereignisse, die von außen auf ein Unternehmen Einfluss nehmen können, werden den externen operationellen Risiken zugeordnet. Darunter fallen z.B. Naturereignisse, Gerichtsprozesse oder Terrorismus. Dagegen handelt es sich bei den internen operationellen Risiken um alle einmaligen bzw. unsystematischen Ereignisse, die von internen Quellen verursacht werden. Beispielhaft seien Unterschlagung, IT-Probleme, Arbeitsunfälle oder menschliche Fehler zu nennen.[70]

Zu den Geschäftsrisiken gehören zum einen die leistungswirtschaftlichen Risiken, die sich aus Beschaffung, Produktion und Absatz ergeben, als auch die interaktionsbezogenen Risiken. Die leistungswirtschaftlichen Risiken werden im Unternehmen als Gefahr möglicher Vermögensverluste interpretiert, die primär aus unerwarteten Schwankungen der Mengen, Preise und Margen resultieren.[71] Zu den interaktionsbezogenen Risiken zählen alle Risiken, die sich aus dem Umgang mit wichtigen Interaktionspartnern des Unternehmens (z.B. Kunden, Lieferanten, Banken) ergeben. Hierzu zählen beispielsweise Rechts-, Haftungs-, und Garantierisiken aber auch Risiken, die durch den Verlust einer Geschäftsbeziehung entstehen können (z.B. Großkundenverlust).

---

[69] Vgl. Merbecks; Stegemann; Frommeyer (2004), S. 82.
[70] Vgl. Meyer (2008), S. 36.
[71] Vgl. Merbecks; Stegemann; Frommeyer (2004), S. 82.

Auch andere Kategorisierungen der Risiken sind in der Praxis anzutreffen: So wählen manche Unternehmen die Geschäftsprozesse oder die Aufbaustruktur der Unternehmensorganisation als Ausgangspunkt für ihre Risikokategorisierung.

Da viele Risiken sehr komplex sind und ihre Eigenschaften häufig in Abhängigkeit vom jeweiligen Blickwinkel des Betrachters variieren, ist eine Risikokategorisierung nicht immer eindeutig. So könnte man in unserer Darstellung beispielsweise die Geschäftsrisiken auch unter die internen Risiken subsumieren. Unabhängig von möglichen Überschneidungen ist sie aber für das Risikomanagement sinnvoll, da sie die Komplexität der Risikostruktur vermindert und als Basis die Handhabung der Risiken für das Unternehmen erleichtert.[72]

2.2   Risikomanagement

2.2.1   Risikomanagementbegriff

Das Risikomanagement hat seinen Ursprung im angloamerikanischen Sprachraum und wurde in den 50er Jahren unter „Risk Management" als Management der versicherbaren Risiken bekannt.[73] Aufgabe des Risikomanagements mit dieser engen Zielsetzung war es, den Umfang der Versicherungsleistungen sowie die Höhe der zu zahlenden Prämien zu optimieren. Dabei wurden ausschließlich die versicherbaren (reinen) Risiken betrachtet.[74]

Das heutige Risk Management betrachtet dagegen in seiner weiten Fassung alle unternehmerischen, quantitativen und qualitativen Risiken sowohl operativer als auch strategischer Art. Der Fokus liegt dabei nicht auf den versicherbaren Einzelrisiken, sondern auf der Optimierung der Gesamtrisikoposition, um die angestrebten Unternehmensziele erreichen zu können.[75]

Der Auffassung vom Risikomanagement als eine systematische, aktive, zukunfts- und zielorientierte Steuerung der Gesamtrisikoposition eines Unternehmens wird in den weiteren Ausführungen gefolgt.[76] Risikomanagement ist damit eine begleitende Führungsfunktion und ein wichtiger Bestandteil der Unternehmensführung.[77] Es umfasst die gesamte Unternehmenspolitik unter der bewussten Berücksichtigung der ihr innewohnenden Chancen und Risiken.[78]

---

[72]   Vgl. Fiege (2006), S. 102 ff.

[73]   Vgl. Fiege (2006), S. 51.

[74]   Vgl. Mikus (2001), S. 10.

[75]   Vgl. Wolf (2003), S. 46 / Denk; Exner-Merkelt; Ruthner (2008), S. 31.

[76]   Vgl. Denk; Exner-Merkelt; Ruthner (2008), S. 30.

[77]   Vgl. Ehrmann (2005), S. 34 / Wolf (2003), S. 46.

[78]   Vgl. Brühwiler (1994), S. 6.

Risikomanagement verfolgt die Zielsetzung, Risiken bereits vor Eintritt der Risikowirkung zu antizipieren und durch präventive Eingriffe aktiv zu steuern. Hierdurch erfolgt eine effiziente, frühzeitige Erkennung und Abwendung von bestandsgefährdenden Entwicklungen, so dass die Existenz des Unternehmens dauerhaft sichergestellt werden kann.[79]

2.2.2 Notwendigkeit des Risikomanagements

„Nichts geschieht ohne Risiko – aber ohne Risiko geschieht auch nichts."[80]

In den letzten Jahrzehnten haben sich die Risiken für Industrie- und Handelsunternehmen rasant erhöht.[81] Vor allem die zunehmende Globalisierung der Märkte und damit einhergehend auch die höhere Wettbewerbsintensität durch das Auftreten neuer Konkurrenten haben zu einer Verschärfung der industriellen Risikolage beigetragen.[82] Weitere wesentliche Einflussfaktoren, die zu dieser verschärften Situation geführt haben, sind unter anderem Entwicklungen wie die zunehmende Deregulierung der Märkte, der Wandel von Verkäufer- zu Käufermärkten, der verstärkte Einsatz moderner Informations- und Kommunikationstechnologien, der Wunsch nach flexiblen und deutlich verkürzten Lieferfristen sowie steigende Serviceansprüche der Kunden.[83]

Diese und weitere Entwicklungen eröffnen den Unternehmen nicht nur aussichtsreiche Chancen, sondern bergen auch entsprechende Risiken.[84] Risikomanagement trägt dazu bei, dass diese Risiken bewusst von den Unternehmen eingegangen und kontrolliert werden.[85]

Das Ziel ist jedoch nicht die vollständige Beseitigung der Unternehmensrisiken oder die vermeintliche Schaffung absoluter Sicherheit durch eine restriktive Risikopolitik, sondern das bewusste Eingehen und Kontrollieren von Risiken unter Nutzung der vorhandenen Ertragschancen.[86] Risiken werden bestenfalls bereits vor Eintritt der Risikowirkung antizipiert und durch präventive Eingriffe aktiv gesteuert, so dass eine effiziente, frühzeitige Erkennung und Abwendung von bestandsgefährdenden Entwicklungen erfolgt, um die Existenz des Unternehmens dauerhaft sicherzustellen.[87]

Laut einer Umfrage des Verbandes der Vereine Creditreform e.V. bei 56 Insolvenzverwaltern aus dem Jahre 2004 ist die primäre Ursache für die Insolvenz eines Unternehmens darin zu sehen, dass das Management nicht in der Lage war, die entstandenen Risiken adäquat zu

---

[79] Vgl. Seidel (2005), S. 11 / Pauli (2009), S. 6.

[80] Vgl. Keitsch (2007), S. 1.

[81] Vgl. Romeike; Hager (2009), S. 81.

[82] Vgl. Strohmeier (2007), S. 76.

[83] Vgl. Romeike; Hager (2009), S. 81.

[84] Vgl. Romeike; Hager (2009), S. 81.

[85] Vgl. Seidel (2005), S. 11.

[86] Vgl. Burger; Buchhart (2002), S. 153 / Seidel (2005), S. 11.

[87] Vgl. Seidel (2005), S. 11 / Pauli (2009), S. 6.

bewältigen.[88] Daher kann die Entwicklung der aktuellen Unternehmensinsolvenzzahlen als ein Indiz dafür gesehen werden, dass der bewusste und kontrollierte Umgang mit Risiken in der betrieblichen Praxis häufig vernachlässigt wird bzw. unzureichend ist.[89]

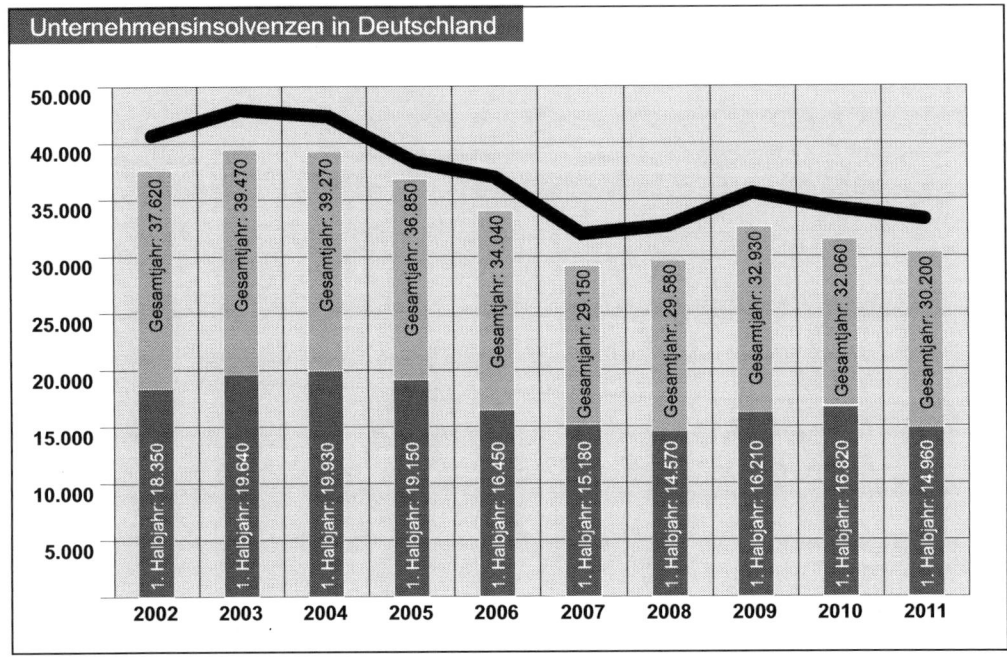

Abbildung 2.5: Entwicklung der Unternehmensinsolvenzen in Deutschland[90]

Abbildung 2.5 zeigt die Entwicklung der Unternehmensinsolvenzen in Deutschland seit dem Jahre 2002. Nachdem die Zahl der Unternehmensinsolvenzen im Jahr 2003 mit über 39.000 Fällen ihren Höhepunkt erreicht hatte, sank diese Zahl bis zum Jahre 2007 stetig ab auf 29.150. Infolge der jüngsten Finanzkrise stiegen die Insolvenzzahlen bis zum Jahre 2009 wieder auf 32.930 an. Aufgrund der guten Konjunktur sind die Unternehmensinsolvenzen in den folgenden beiden Jahren wieder stetig auf 30.200 im Jahr 2011 abgefallen. Dennoch ist die aktuelle Zahl der Insolvenzen trotz überdurchschnittlich hoher Wachstumsraten beim Bruttoinlandsprodukt (BIP) höher als in den Jahren 2007 und 2008.

Die Insolvenz, d.h. die Zahlungsunfähigkeit der Unternehmen, hätte bei rechtzeitigem Handeln und der Kenntnis über die jeweiligen Unternehmensrisiken vielfach verhindert werden können. Dennoch kann ein funktionsfähiges Risikomanagementsystem nicht als Garantie für die Vermeidung von Unternehmenskrisen und daraus möglichen Unternehmensinsolvenzen

---

[88]   Vgl. Creditreform (2004), S. 18: 71,4 % der Befragten gaben Managementfehler als Ursache für die Insolvenz an.

[89]   Vgl. Seidel (2005), S. 11 f.

[90]   Zahlen: http://www.creditreform.de/Deutsch/Creditreform/Aktuelles/Creditreform_Analysen/Insolvenzen_Neugruendu ngen_Loeschungen/1_unternehmensinsolvenzen.jsp.

angesehen werden.[91] Die Ursachen hierfür können in vielen unternehmensstrategischen, erfolgs- und finanzwirtschaftlichen Fehlentwicklungen früherer Jahre liegen.

Nachfolgende Kennzahlen gelten in der Praxis als wichtige Indikatoren für die Insolvenzgefährdung einer Unternehmung.

Indikatoren für die Insolvenzgefährdung		
Kennzahl	**Formel**	**kritischer Wert**
Dynamischer Verschuldungsgrad	(Verbindlichkeiten ./. liquide Mittel) / Cash-Flow	≥ 6
Eigenkapitalquote	Eigenkapital / Bilanzsumme	≤ 10 %
Cashflow-Marge	Cashflow / Umsatz	≤ 2 %
Umsatzrendite	Gewinn vor Steuern / Umsatz	≤ 1 %

Abbildung 2.6: Indikatoren für die Insolvenzgefährdung einer Unternehmung

2.2.3 Gesetzliche und regulative Vorgaben des Risikomanagements

Als Folge zunehmender Unternehmenskrisen sind in den letzten Jahren gesetzliche und regulative Vorgaben entstanden bzw. verschärft worden, welche die Implementierung eines organisatorisch verankerten Risikomanagements in Unternehmen stark begünstigt haben.

Dazu gehören im Wesentlichen das Kontroll- und Transparenzgesetz im Unternehmensbereich (KonTraG), neue Regelungen zur Risikoberichterstattung im Handelsgesetzbuch (HGB), das Bilanzrechtsreformgesetz (BilReG), das Bilanzrechtsmodernisierungsgesetz (BilMoG), der Deutsche Rechnungslegungs-Standard Nr. 5 u. Nr. 15 (DRS 5/DRS 15), der Prüfungsstandard 340 des Instituts der Wirtschaftsprüfer (IDW PS 340), der Deutsche Corporate Governance Kodex (DCGK) sowie der Sarbanes- Oxley Act (SOX). Diese gesetzlichen und regulativen Vorgaben werden nachfolgend kurz vorgestellt.

1. Gesetz zur Kontrolle und Transparenz im Unternehmensbereich (KonTraG).
Das Gesetz zur Kontrolle und Transparenz im Unternehmensbereich wurde am 5. März 1998 vom Deutschen Bundestag verabschiedet und ist am 1. Mai 1998 in Kraft getreten.[92] Es verpflichtet gemäß § 91 Abs. 2 AktG, die Vorstände von Aktiengesellschaften, geeignete Maßnahmen zu treffen, insbesondere ein Überwachungssystem einzurichten, damit den Fortbestand der Gesellschaft gefährdende Entwicklungen früh erkannt werden.[93]

---

[91] Vgl. Seidel (2005), S. 15.
[92] Vgl. Hempel; Offerhaus (2008), S. 4.
[93] Vgl. Pauli (2009), S. 13 / Seidel (2005), S. 5.

Diese Vorschrift stellt eine Präzisierung der Leitungsaufgabe des Vorstands nach § 76 Abs. 1 AktG dar, nach der der Vorstand die Gesellschaft unter eigener Verantwortung zu leiten hat und konkretisiert seine Sorgfaltspflicht nach § 93 Abs. 1 AktG.[94] Nach herrschender Meinung ist diese Verpflichtung des Vorstands als zweistufig zu sehen und umfasst sowohl die Einrichtung eines Risikofrüherkennungssystems als auch eines Überwachungssystems.[95] Im Rahmen des Überwachungssystems wird in der Gesetzesbegründung auf die Notwendigkeit einer Internen Revision hingewiesen, aus der sich allerdings keine Verpflichtung zur Einrichtung einer eigenständigen Revisionsabteilung ableiten lässt.[96]

Neben der Vorgabe zur Einrichtung eines Risikofrüherkennungs- und Überwachungssystems ergibt sich aus § 91 Abs. 2 AktG keine Verpflichtung, Maßnahmen zur Risikohandhabung zu ergreifen. Allerdings kann diese aus der Sorgfaltspflicht des Vorstands, gemäß § 93 Abs. 1 abgeleitet werden. Demnach ist es unzulässig, unangemessene oder den Bestand des Unternehmens gefährdende Risiken einzugehen.[97] Eine Verletzung dieser Sorgfaltspflichten durch den Vorstand kann zum Schadenersatz führen und stellt somit für den Vorstand ein persönliches Haftungsrisiko dar.[98]

Da das KonTraG im Aktiengesetz angesiedelt ist, betrifft es unmittelbar Unternehmen in der Rechtsform einer AG.[99] In diesem Zusammenhang ist aber zu beachten, dass diese Norm auch Ausstrahlungswirkung auf den Pflichtenrahmen der Geschäftsleitung anderer Gesellschaftsformen hat und ein angemessenes Risikomanagement daher ebenso Bestandteil der Sorgfaltspflichten eines Vorstandes oder GmbH-Geschäftsführers (§ 43 Abs. 1 GmbHG) sein kann.[100]

2.   Regelungen zur Risikoberichterstattung im Handelsgesetzbuch (HGB).[101]

Durch die Einführung des KonTraG wurde der Lagebericht gemäß § 289 Abs. 1 bzw. der Konzernlagebericht gemäß § 315 Abs. 1 HGB um eine Risikoberichterstattung ergänzt. Dadurch sollen im Lagebericht bzw. im Konzernlagebericht der Geschäftsverlauf und die Lage der Kapitalgesellschaft bzw. des Konzerns nicht mehr so dargestellt werden, dass nur ein den tatsächlichen Verhältnissen entsprechendes Bild vermittelt wird, sondern es ist dabei auch auf die Risiken zukünftiger Entwicklungen einzugehen.[102]

---

[94]   Vgl. Seidel (2005), S. 5 / Kajüter (2004), S. 14.

[95]   Vgl. Kajüter (2004), S. 14.

[96]   Vgl. Schäfer (2001), S. 87; Horvath (2006), S. 752 ff.

[97]   Vgl. Kajüter (2004), S. 15.

[98]   Vgl. Gleißner (2008), S. 25.

[99]   Vgl. Kajüter (2004), S. 15.

[100] Vgl. Romeike; Finke (2003), S. 68.

[101] Vgl. Seidel (2005), S. 6.

[102] Vgl. Seidel (2005), S. 6.

Durch die Einführung des **Bilanzrechtsreformgesetzes (BilReG)** vom 9.12.2004 wurden die Vorschriften des HGB erweitert und an europäische Regelungen angeglichen.[103] Die **§§ 289 Abs. 1 HGB** (Lagebericht) und **315 Abs. 1 HGB** (Konzernlagebericht) beziehen sich seitdem neben Risiken auch auf Chancen. Kapitalgesellschaften müssen nun im (Konzern-) Lagebericht die zukünftige Entwicklung des Unternehmens mit ihren wesentlichen Chancen und Risiken beurteilen und erläutern.[104] Wesentlich an dieser rechtlichen Veränderung ist, dass nun auch Informationen über positive mögliche Planabweichungen, also Chancen, darzustellen sind.[105]

Erst mit dem BilReG wird inzwischen von Seiten des Gesetzgebers explizit auf Chancen Bezug genommen.[106] Im Gegensatz zu den Regelungen des KonTraG lässt sich der Gesetzgebung allerdings nicht entnehmen, dass Aktiengesellschaften dazu verpflichtet sind, ein Organisationssystem für die Erkennung und Nutzung von Chancen einzurichten.[107] Diese Regelung dürfte aber ein integriertes Chancen- u. Risikomanagement im Unternehmen fördern. Risiken bestehen nicht nur in Form potenzieller Verluste, sondern sie entstehen auch dann, wenn Chancen immer wieder ignoriert werden und eine Chancenrealisierung bewusst nicht stattfindet.

Mit der Einführung des **Bilanzrechtsmodernisierungsgesetzes (BilMoG)** wurden die Vorschriften des HGB ebenfalls erweitert. Ab dem 31.12.2009 wurde **§ 289 HGB** um einen **Absatz 5** ergänzt. Darin ist die Verpflichtung für kapitalmarktorientierte Unternehmen (§ 264 d HGB) enthalten, künftig im (Konzern-) Lagebericht die wesentlichen Merkmale des internen Kontroll- und Risikomanagementsystems im Hinblick auf den Rechnungslegungsprozess zu beschreiben. Eine entsprechende Ergänzung im Konzernlagebericht enthält **§ 315 Abs. 2 Nr. 5 HGB.**

Zu wesentlichen Eckpunkten der neuen Berichtspflicht gehören u.a. die Feststellung und Analyse rechnungslegungsbezogener Risiken, präventive Maßnahmen zur Steuerung dieser Risiken, Richtlinien und Kommunikation dieser Risiken sowie die Beschreibung des Kontrollumfeldes.

Neben den Erweiterungen des Umfangs der Lageberichterstattung wurden auch Gegenstand und Umfang der Jahresabschlussprüfung (§ 317 HGB) entsprechend ergänzt. Im Rahmen der Prüfung des Lageberichts und des Konzernlageberichts ist der Wirtschaftsprüfer nach **§ 317 Abs. 2 HGB** dazu verpflichtet, zu prüfen, ob die Chancen und Risiken der künftigen Entwicklung zutreffend dargestellt sind.[108]

---

[103]   Vgl. Feucht (2006), S. 429.

[104]   Vgl. Gleißner (2008), S. 27.

[105]   Vgl. Gleißner (2008), S. 27.

[106]   Vgl. Gleißner (2008), S. 27.

[107]   Vgl. Kaiser (2005), S. 345 ff.

[108]   Vgl. Dejure.org (1): http://dejure.org/gesetze/HGB/317.html.

Gemäß **§ 317 Abs. 4 HGB** ist bei börsennotierten Aktiengesellschaften ebenfalls im Rahmen der Prüfung zu beurteilen, ob der Vorstand die nach § 91 Abs. 2 des AktG notwendigen Maßnahmen in geeigneter Form getroffen hat und ob das danach einzurichtende Überwachungssystem seine Aufgaben erfüllen kann.[109] Hierbei handelt es sich um eine Systemprüfung, deren Inhalte und Ablauf im Prüfungsstandard 340 des IDW geregelt werden.[110]

In Abbildung 2.7 wird nachfolgend der Prüfungsumfang des Risikomanagementsystems nach § 317 Abs. 4 HGB zur Verdeutlichung dargestellt.

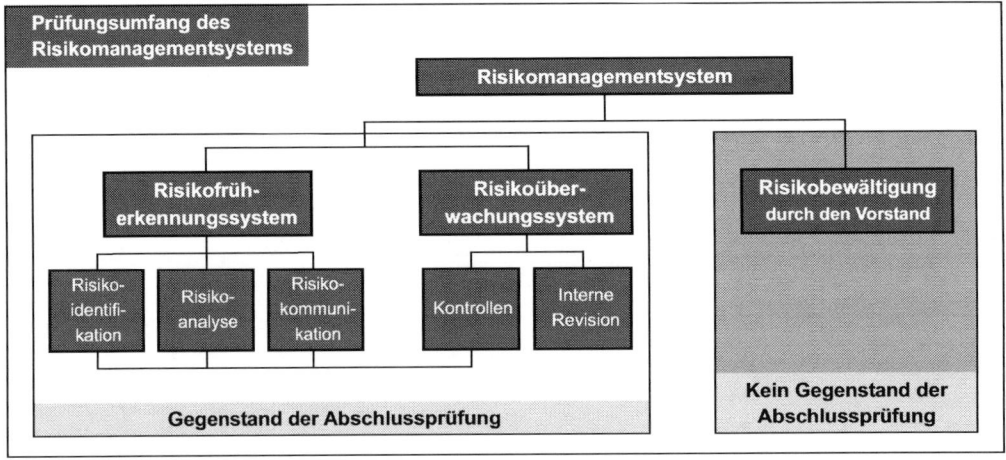

Abbildung 2.7: Prüfungsumfang des Risikomanagementsystems[111]

Gemäß **§ 321 Abs. 4 HGB** muss der Abschlussprüfer das Ergebnis seiner Prüfung in einem besonderen Teil des Prüfungsberichts darstellen[112] und nach **§ 322 HGB** in einem Bestätigungsvermerk (Testat) zusammenfassen.[113]

Das Ergebnis bildet nach **§ 111 Abs. 4 AktG** eine wichtige Grundlage für die Überwachungspflicht des Aufsichtsrats,[114] der im Rahmen der materiellen Geschäftsführungsprüfung zur Prüfung des Risikoberichtes verpflichtet ist (**§ 111 Abs. 1 AktG, § 171 Abs. 1 AktG**).[115]

Während der § 91 Abs. 2 AktG nur über seine Ausstrahlung auf andere Rechtsformen wirkt, gelten die §§ 289 Abs. 1 und 5, 315 Abs. 1 und Abs. 2 Nr. 5, 317 Abs. 2 und 4 sowie 321 Abs. 4 HGB für alle Kapitalgesellschaften.[116]

---

[109]   Vgl. ebenda.

[110]   Vgl. Pauli (2009), S. 10.

[111]   Eigene Darstellung in Anlehnung an Gleißner (2008), S. 26.

[112]   Vgl. Kajüter (2004), S. 14.

[113]   Vgl. Dejure.org (2): http://dejure.org/gesetze/HGB/322.html.

[114]   Vgl. Salzberger (2000), S. 756-773.

[115]   Vgl. Kajüter (2004), S. 14.

3. Prüfungsstandard 340 des IDW.

Der Prüfungsstandard 340 des Institutes der Wirtschaftsprüfer (IDW) konkretisiert die recht-lichen Vorgaben im Sinne des § 91 Abs. 2 AktG sowie die Anforderungen an ein Risikoma-nagementsystem für die Erteilung eines Testates.[117] Besonderes Augenmerk soll demnach auf die bestandsgefährdenden Risiken gelegt werden. In diesem Zusammenhang soll über-prüft werden, ob und welche Risiken einzeln oder kumuliert oder in Wechselwirkung mit anderen bestandsgefährdend sein können.[118]

Wenngleich die Prüfungsstandards des IDW keine gesetzlichen Vorschriften sind, haben sie großen Einfluss auf die praktische Ausgestaltung des Risikomanagementsystems in Unter-nehmen. Der Prüfungsstandard des IDW enthält u.a. Festlegungen und Bestimmungen über

- Risikofelder, die zu bestandsgefährdenden Entwicklungen führen können,
- Risikoerkennung und Risikoanalyse,
- Risikokommunikation,
- Einrichtung eines Überwachungssystems,
- Dokumentation der getroffenen Maßnahmen und über die Prüfung der Maßnahmen nach § 91 Abs. 2 AktG

Bei den Prüfungshandlungen des Abschlussprüfers handelt es sich nicht um eine Vorstands- oder GF-Prüfung, sondern um eine Systemprüfung hinsichtlich der Funktionsfähigkeit des eingerichteten Risikomanagements.

Folgende Prüfungsziele stehen dabei im Vordergrund:

- werden alle potenziell bestandsgefährdenden Risiken vollständig, zutreffend und früh-zeitig erfasst, bewertet und kommuniziert
- sind alle vom Vorstand getroffenen Maßnahmen nach § 91 Abs. 2 AktG geeignet und ausreichend

Zu den möglichen Funktionsprüfungen der Abschlussprüfer zählen:

- Durchsicht von Unterlagen zur Konzeption des Risikomanagements
- Durchsicht von Unterlagen zur Risikoerfassung, -dokumentation und -kommunikation
- Einhaltung von Limits oder Meldegrenzen

---

[116] Vgl. Seidel (2005), S. 6.
[117] Vgl. Gleißner (2008), S. 26.
[118] Vgl. IDW (1999), Tz 8.

4. Der Deutsche Rechnungslegungs-Standard Nr. 5 (DRS 5).

Der Deutsche Standardisierungsrat entwickelt und veröffentlicht seit 1998 Standards für die Konzernrechnungslegung, die nach Bekanntmachung durch das Bundesministerium der Justiz zu den Grundsätzen ordnungsmäßiger Buchführung der Konzernrechnungslegung zählen. Der DRS 5 nennt Grundsätze und allgemeine Anforderungen der Risikoberichterstattung für alle Mutterunternehmen, die gemäß §§ 289 Abs. 1, 315 Abs. 1 HGB über ihre Risiken im Konzernlagebericht zu berichten haben und empfiehlt, diese Standards auch im Lagebericht von Einzelunternehmen anzuwenden.

Mit dem DRS 5 wird das Ziel verfolgt, den Adressaten des Lageberichts entscheidungsrelevante und verlässliche Informationen bereitzustellen. Zu den wichtigsten Regeln des DRS 5 zählen:

- Bestandsgefährdende Risiken des Konzerns sind als solche zu kennzeichnen
- Zusammenfassung von Einzelrisiken zu Risikokategorien entsprechend der intern vorgegebenen Kategorisierung
- Beschreibung der Einzelrisiken und Erläuterung möglicher Konsequenzen der Risiken
- Quantifizierung der Risiken mit Angabe der verwendeten Modelle und Annahmen, wenn dies nach anerkannten und verlässlichen Methoden möglich und wirtschaftlich vertretbar ist
- Darstellung und Erläuterung des Restrisikos, soweit ein Risiko durch wirksame Maßnahmen zuverlässig kompensiert wird. Andernfalls sind die Risiken vor Einleitung von Bewältigungsmaßnahmen sowie die Maßnahmen darzustellen
- Als Prognosezeitraum sollte für bestandsgefährdende Risiken grundsätzlich ein Jahr, für andere wesentliche Risiken i.d.R. zwei Jahre zugrunde gelegt werden
- Risiken dürfen nicht mit Chancen verrechnet werden.

Die **DRS 15**, als neuerer Standard auf dem BilReG aufbauend, schließen den DRS für Risikoberichte mit ein. Sie fordern u.a., dass Unternehmen im Prognosebericht auf die Chancen zukünftiger Entwicklungen einzugehen haben, so dass das Risikomanagement auch aufsichtsrechtlich den Aspekt der Chancen berücksichtigt.[119]

5. Deutscher Corporate Governance Kodex (DCGK).

Die gesetzlichen Vorschriften zum Risikomanagement werden seit 2002 durch den DCGK weiter hervorgehoben und präzisiert. Im Gegensatz zum KonTraG handelt es sich beim DCGK nicht um ein Gesetz, sondern um eine Sammlung von Prinzipien und Standards, welche insbesondere die Rechte und Pflichten von Vorstand, Aufsichtsrat und Aktionären regeln, zu denen sich deutsche börsennotierte Unternehmen freiwillig verpflichten können.[120] Allerdings wird durch das Transparenz- und Publizitätsgesetz nach § 161 AktG vom Vor-

---

[119] Vgl. Gleißner (2008), S. 29.

[120] Eine Verpflichtung besagt, dass der Vorstand für ein „angemessenes Risikomanagement und -controlling im Unternehmen" zu sorgen hat.

stand und Aufsichtsrat gefordert, in einer jährlichen Entsprechenserklärung zu veröffentlichen, ob und in welchem Maße den Regelungen des Kodex entsprochen wurde.[121]

6. Sarbanes-OxleyAct (SOX).
Der Sarbanes-Oxley Act – benannt nach den beiden US-Senatoren Paul Sarbanes und Michael Oxley – wurde 2002 als US-Bundesgesetz infolge zahlreicher Unternehmenszusammenbrüche und Bilanzskandale (z.B. Enron, WorldCom) erlassen. Das Gesetz ist für alle Unternehmen und deren Tochtergesellschaften relevant deren Wertpapiere in den USA börslich (National Securities Exchanges) oder außerbörslich (Equity Securities) gehandelt oder öffentlich angeboten (Public Offering) werden. Mit dem Gesetz wird das Ziel verfolgt, das Vertrauen der Anleger in die Richtigkeit der publizierten Finanzdaten und -berichte zu stärken.

Der SOX enthält in 11 Abschnitten zahlreiche Regelungen zur Unabhängigkeit von Wirtschaftsprüfern sowie zu finanziellen Offenlegungspflichten von Unternehmen und schreibt zur Sicherstellung einer zutreffenden Finanzberichterstattung vor, dass ein internes Kontrollsystems eingerichtet wird. Zu den wichtigsten Regelungen für Vorstand und Aufsichtsrat zählen:

- Der Vorstand hat in einer eidesstattlichen Erklärung die Ordnungsmäßigkeit der Jahres- und Quartalsabschlüsse zu bestätigen und in jedem Jahresbericht, die Wirksamkeit des internen Kontrollsystems für die Rechnungslegung darzulegen. Sollten unrichtige Abschlüsse nachträglich Korrekturen erforderlich machen, sind erfolgsabhängige Vergütungen zurückzuzahlen. Insgesamt sind die finanziellen Offenlegungspflichten erweitert und die Strafvorschriften verschärft worden. Darlehen an Vorstandsmitglieder sind verboten.
- Die Haftung von Abschlussprüfern sind verschärft und ihre Informationspflichten erweitert worden. Sie sind z.B. verpflichtet den Prüfungsausschuss (Audit Committee) über kritische Vorgänge zur Rechnungslegung zu informieren. Ferner ist die Wirksamkeit des internen Kontrollsystems für die Rechnungslegung zu beurteilen, und sie dürfen neben der Jahresabschlussprüfung keine weiteren Prüfungs- und Beratungsdienstleistungen anbieten. Eine eigenständige Aufsichtsbehörde - die Public Company Accounting Oversight Board (PSAOB) – überwacht mit weitreichenden Kontrollbefugnissen die Wirtschaftsprüfungsgesellschaften, die geprüfte Abschlüsse bei der Börsenaufsicht (Securties and Exchange Commission SEC) einreichen.
- Der Schutz für Personen, die über irreguläre Vorgänge bei der Rechnungslegung oder der Finanzberichterstattung berichten, ist erweitert und präzisiert worden („Whistleblower-Schutz")

Der SOX gilt auch für deutsche Unternehmen mit einer Börsennotierung in den USA und hat den Kontroll- und Berichtsaufwand für diese Unternehmen erheblich erhöht. Die Identifizierung von Risiken, jene sich aus der notwendigen Finanzberichterstattung sowie aus der Im-

---

[121]   Vgl. Pauli (2009), S. 12.

plementierung eines internen Kontrollsystems ergeben können, haben bei diesen Unternehmen erheblich an Bedeutung gewonnen.

Abbildung 2.8 gibt abschließend noch einmal einen Überblick über die genannten Rechtsnormen zum Risikomanagement in Deutschland sowie über die von ihnen betroffenen Akteure.

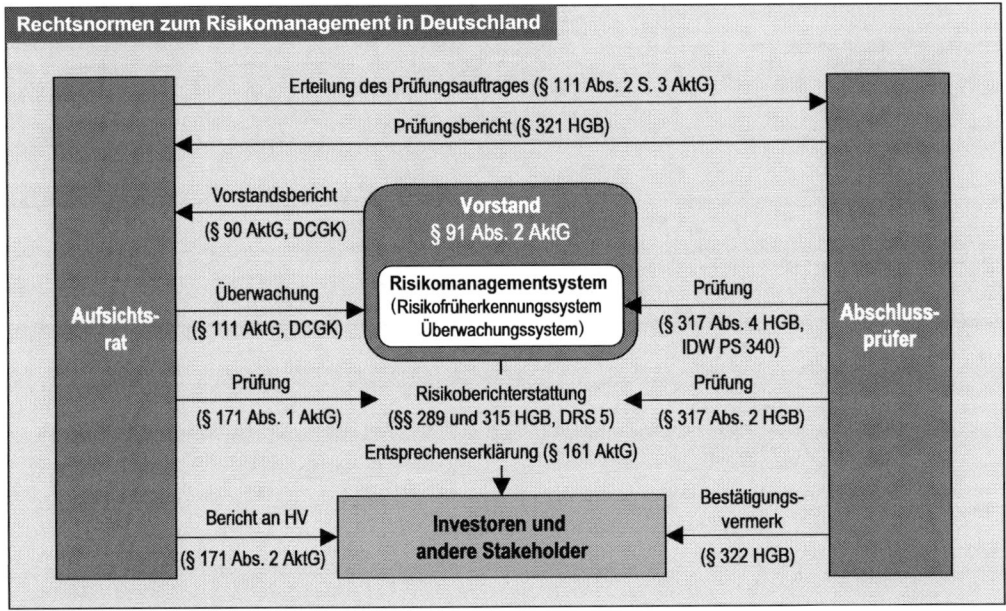

Abbildung 2.8: Rechtsnormen zum Risikomanagement in Deutschland

Schneck weist allerdings zu Recht darauf hin, dass alle rechtlichen und regulatorischen Normen nicht davor schützen können, dass Unternehmen mit Risiken fahrlässig umgehen; vor diesem Hintergrund können gesetzliche Vorschriften und regulatorische Normen nur einen Ordnungsrahmen bilden.[122]

2.3 Gestaltung des Risikomanagements im Unternehmen

Gegenstand und inhaltliche Ausgestaltung eines Risikomanagements sind gesetzlich nicht umfassend und eindeutig bestimmt worden. Vielmehr handelt es sich bei den regulativen Vorgaben und gesetzlichen Bestimmungen um einen allgemeinen Ordnungsrahmen, der durch den Prüfungsstandard der Wirtschaftsprüfer (IDW PS 340) näher spezifiziert wird.

---

[122] Vgl. Schneck (2011), S. 96.

Allgemein umfasst das Risikomanagement zwei Bedeutungsinhalte:

Zum einen wird unter Risikomanagement ein nachvollziehbares, systematisches und kontinuierliches Vorgehen zur Identifikation, Analyse, Bewertung, Steuerung und Kommunikation von unternehmerischen Risiken und deren Überwachung verstanden. In diesem Sinne ist Risikomanagement ein Prozess, der sich im Wesentlichen an den strukturellen (z.B. Größe, Branche) und wertschöpfungsbestimmenden Bereichen (Beschaffung, Produktion, Absatz) der Unternehmung ausrichtet.

Zum anderen wird als Risikomanagement aber auch die unternehmensinterne Instanz bezeichnet, die im Unternehmen für die Organisation und Umsetzung des Risikomanagementprozesses zuständig ist. Hierbei ist zwischen einem strategischen und einem operativen Risikomanagement zu unterscheiden:

Das **strategische Risikomanagement** ist Aufgabe der Geschäftsführung/des Vorstands bzw. eines hierfür bestimmten Geschäftsführers/Vorstandsmitglieds und umfasst im Wesentlichen folgende Grundsatzentscheidungen:

- Inhalt, Umfang und Ausgestaltung des im Unternehmen zu implementierenden Risikomanagementsystems
- Festlegung der maximalen Risikotragfähigkeit eines Unternehmens unter Berücksichtigung der ergriffenen präventiven Risikomaßnahmen („Nettorisiken")
- Festlegung des Betrages, ab welcher Schadenhöhe Maßnahmen zur Risikosteuerung ergriffen werden
- Permanente Überwachung der das Unternehmen bedrohenden wesentlichen Kernrisiken und Kommunikation mit dem Aufsichtsrat/Beirat.

Das **operative Risikomanagement** wird entweder von einem zentralen Risikomanagement als Teilbereich des Controllings oder von einer eigenständigen zentralen Abteilung oder Stabsstelle wahrgenommen. Aufgabe des operativen Risikomanagements ist die Umsetzung und praktische Durchführung des oben beschriebenen Risikomanagementprozesses und die Ausgestaltung der einzelnen Prozessphasen.

2.3.1 Organisatorische Eingliederung des Risikomanagements

Um Risikomanagement im Unternehmen zu institutionalisieren, ist eine organisatorische Zuordnung des Verantwortungsbereiches „Risikomanagement" erforderlich. Bei kleineren und mittleren Unternehmen wird das Risikomanagement in der Regel durch einen zentralen Risikomanager zumeist in der Controllingabteilung wahrgenommen; bei größeren Unternehmen mit einer komplexeren Organisationsstruktur ist eine eigene Organisationseinheit für das Risikomanagement verantwortlich. Häufig kann diese auf dezentral tätige Risikomanager in den lokal ausgelagerten Geschäfts- oder Organisationseinheiten (z.B. Tochtergesellschaften, Filialen „Business Units") zurückgreifen.

Bedeutsam ist, dass das Risikomanagement in der täglichen Unternehmenspraxis nicht Aufgabe einer bestimmten Unternehmenseinheit ist, sondern primär von den operativen Stellen, die den Geschäftsprozess tragen, wahrgenommen wird. Diese Aufgabenzuordnung ist deshalb sinnvoll, weil Risiken vor Ort entstehen und die dort Zuständigen diese am ehesten erkennen, bewerten und steuern können.[123]

Für ein effizientes Risikomanagement ist eine klare Organisationsstruktur erforderlich, die sich grundsätzlich zentral oder dezentral gestalten lässt. Die Grundformen dieser Organisationsstruktur mit Berichts- und Überwachungspflichten der einzelnen Instanzen sind in Abbildung 2.9 und in Abbildung 2.10 dargestellt.

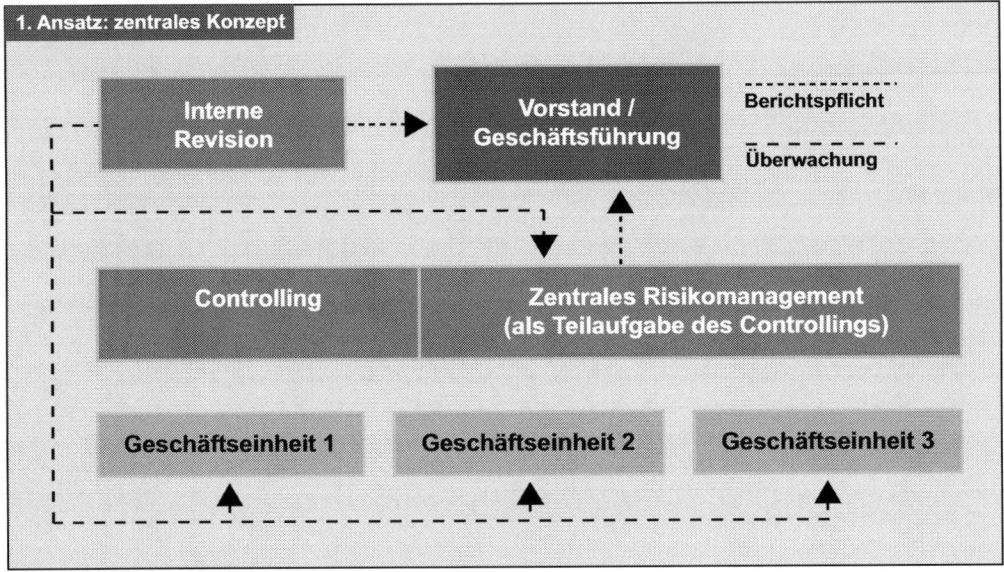

Abbildung 2.9: Zentrales Konzept der organisatorischen Eingliederung

Wie aus den Darstellungen deutlich wird, berichten beim zentralen Konzept die jeweiligen Geschäftseinheiten über die Abteilungsleiter mittels eines zuvor erarbeiteten Risikokatalogs, der periodisch aktualisiert wird, direkt an den zentralen Risikomanager, der die Berichte verdichtet und den gesamten Prozess koordiniert. Häufig sind diese Risikomanager dem Controlling zugeordnet. Die Risikoidentifikation und -steuerung wird vom Risikocontroller in Zusammenarbeit mit den einzelnen Geschäftsbereiche/Abteilungen zentral vorgenommen.

Für das **zentrale Konzept** sprechen, das geschäftsübergreifende Risiken besser erkannt werden und operative Geschäftsaspekte von Risikoerwägungen getrennt bleiben. Ein großer Nachteil dieses Konzeptes liegt in der Gefahr, dass die Geschäftseinheiten die Verantwortung für Risiken auf die zentrale Abteilung übertragen und die Risikosensibilität vor Ort verloren geht.

---

[123]   Vgl. Seidel (2011), S. 268 ff.

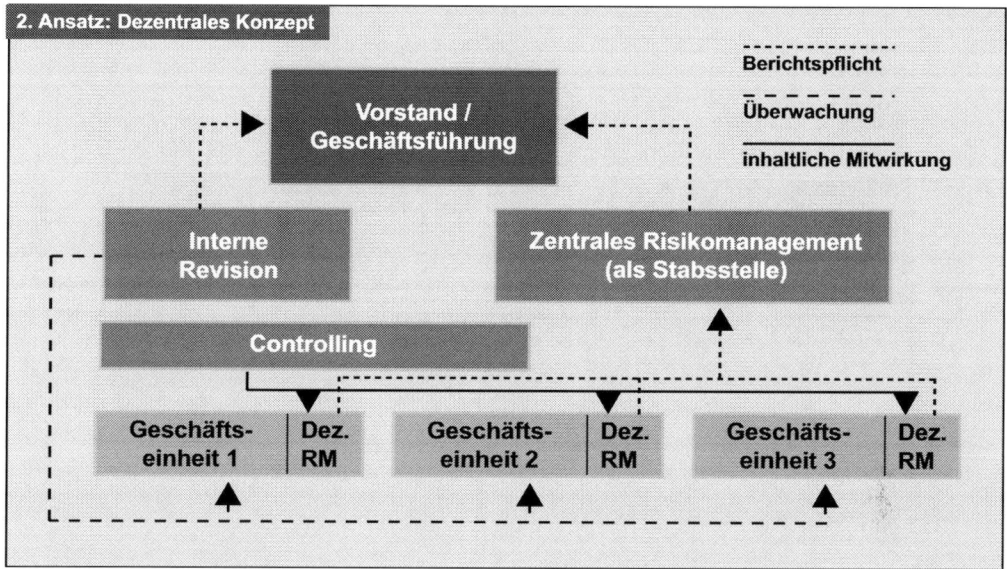

Abbildung 2.10: Dezentrales Konzept der organisatorischen Eingliederung

Beim **dezentralen Konzept** wird das Risikobewusstsein in den Geschäftseinheiten durch dezentrale Risikomanager („Risk Owner"), die disziplinarisch dem zentralen Risikomanagement unterstehen, gestärkt. Risiken werden vom Risikomanager in periodischen Abständen vor Ort identifiziert und gemeldet. Die eingeleiteten Steuerungsmaßnahmen werden von ihm initiiert und überwacht. Allerdings ist bei dieser Lösung der Organisations- und Koordinationsaufwand größer als beim zentralen Ansatz.

Bei beiden Konzepten handelt es sich um idealtypische Ausprägungen, die in der Praxis je nach Größe und Geschäftsstruktur des Unternehmens auch in modifizierten Formen auftreten. In beiden Konzepten ist neben dem Risikomanagement auch eine interne Revision eingebunden, die durch Überwachung des Risikomanagements eine Erweiterung ihrer Aufgaben erhält.

Risikomanagement und interne Revision erfüllen in einem Unternehmen unterschiedliche Aufgaben. Diese Aufgaben machen deutlich, dass die interne Revision als eigenständige Instanz die Vorgaben des Vorstands und die Einhaltung von gesetzlichen und satzungsmäßigen Vorgaben prüft aber keine originären Aufgaben des Risikomanagements übernimmt. Deshalb kommt eine Übertragung von Aufgaben des Risikomanagements auf die interne Revision oder eine Personalunion beider Bereiche nicht in Betracht.

Die wichtigsten Aufgabenabgrenzungen zwischen beiden Bereichen sind in der nachfolgenden Übersicht dargestellt.

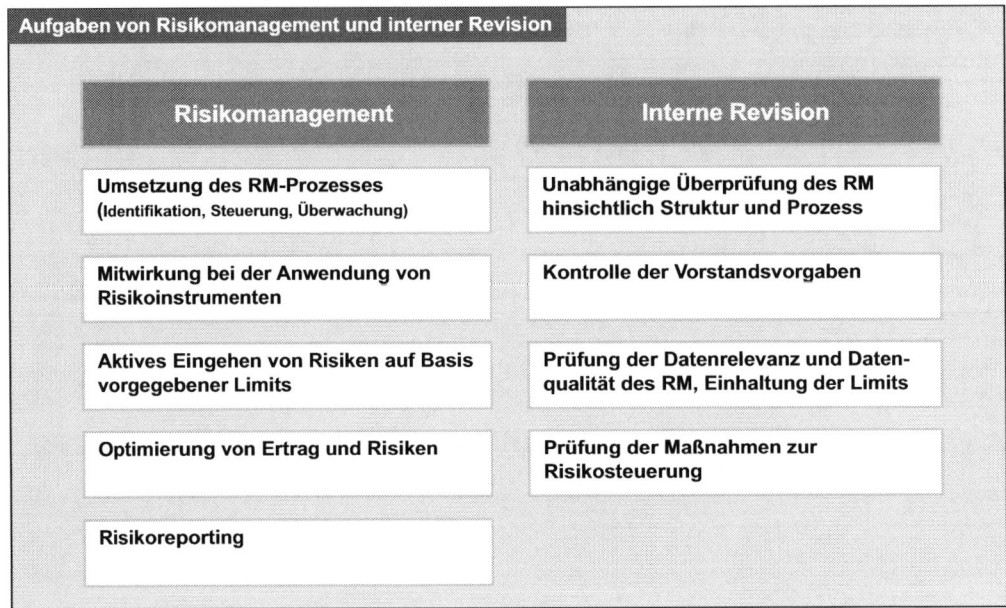

Abbildung 2.11: Aufgaben von Risikomanagement und interner Revision

2.3.2   Akteure im Risikomanagement

Im Risikomanagement wirken im Wesentlichen folgende Personen/Instanzen mit:[124]

1.   Der Chief Risk Officer,
der Mitglied der Geschäftsführung/des Vorstandes ist und in diesem Führungsgremium für das Risikomanagement verantwortlich ist. Folgende Einzelaufgaben kennzeichnen seine Funktion: Er

- entscheidet über die wichtigsten Grundsatzfragen zur Ausrichtung des Risikomanagements und ernennt Leiter des Risikocontrollings
- legt in Abstimmung mit GL/VS-Mitgliedern die Risikotragfähigkeit fest
- entscheidet über Risikobewältigungsmaßnahmen bei besonders bedeutsamen Kernrisiken
- berichtet dem Aufsichtsrat in regelmäßigen Abständen („riskaudit") über die Risikolage des Unternehmens

2.   Der Risikomanager
ist als Abteilungs- oder Stabsstellenleiter verantwortlich für das operative Risikomanagement und das zentrale Bindeglied zwischen Unternehmensführung und den Risk Ownern in den

---

[124]   Vgl. Gleißner (2008), S. 218 ff.

nachgeordneter Abteilungen. Er ist für die Umsetzung, Durchführung und Koordination des Risikomanagements im Unternehmen verantwortlich und hat folgende Aufgaben: Er

- ist für die Aufbau- und Ablauforganisation des Risikomanagements zuständig und legt die operativen Ziele des Risikomanagements fest
- definiert Schwellenwerte für die Risk Owner, ab denen Einzelrisiken gemeldet werden müssen
- wirkt an der Methodenauswahl mit und konzipiert ein geeignetes Berichtswesen
- sammelt und prüft Einzelrisikoberichte und ermittelt die Bruttorisikoposition des Unternehmens
- prüft und ergänzt die Risikobewältigungsvorschläge der Risk Owner und ermittelt die Nettorisikoposition des Unternehmens
- bestimmt in Abstimmung mit VS/GL Gesamtrisikoumfang und Eigenkapitalbedarf
- entwickelt Krisen- und Notfallpläne

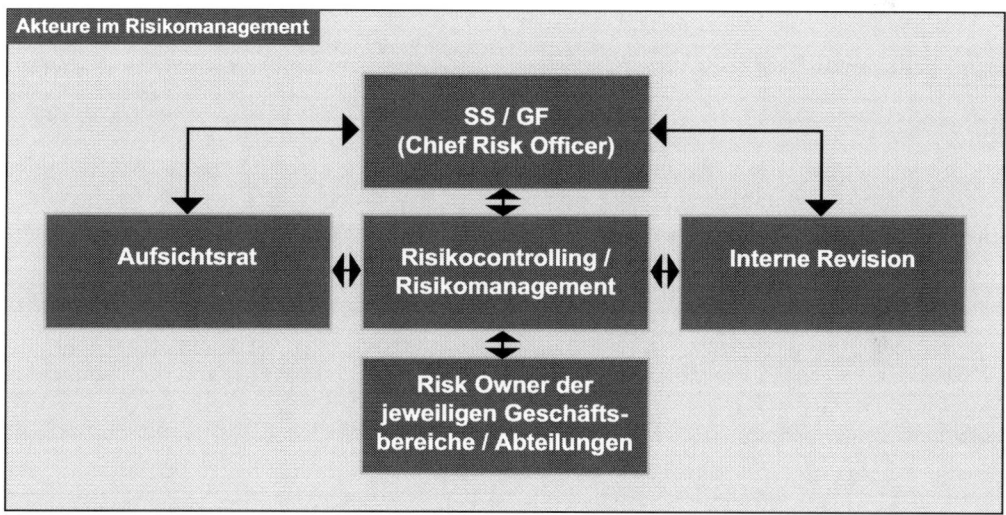

Abbildung 2.12: Akteure im Risikomanagement

3. Die Risk Owner

sind die Risikoverantwortlichen in den einzelnen Geschäftsbereichen/Abteilungen. Sie sind für die periodische Meldung der dort identifizierten und beobachteten Risiken verantwortlich. Die Anzahl der Risk Owner ist abhängig von der Unternehmensgröße und der Organisationsstruktur; sie müssen in der Lage sein, die in ihrem Tätigkeitsbereich potenziell entstehenden Einzelrisiken zu identifizieren.

Der Begriff „Risk Owner" kann missverstanden werden, da damit intendiert werden könnte, der Mitarbeiter sei für Ursache, Umfang und Ausprägung der festgestellten Risiken „verantwortlich"; er ist aber hierfür nicht verantwortlich, sondern nur für deren aufmerksame Beobachtung und Kommunikation.

Der Risk Owner

- identifiziert und analysiert die Risiken in seinem Verantwortungsbereich und gibt diese an das Risikocontrolling weiter,
- überwacht, bewertet und berichtet regelmäßig relevante Einzelrisiken
- erstellt ggf. Einzelrisikoberichte über Kernrisiken und leitet diese ans Risikocontrolling,
- schlägt Risikobewältigungsmaßnahmen vor und setzt diese in Abstimmung mit dem Risikocontrolling um,
- erstellt ad-hoc Berichte bei Notfällen oder drohenden Schäden

2.3.3   Dokumentation des Risikomanagements

Um die Anforderungen des KonTraG zu erfüllen, wird im IDW PS 340 (Vgl. 2.2.3) eine angemessene Dokumentation des Risikomanagements gefordert. Damit soll zum einen eine dauerhafte und personenunabhängige Funktionsfähigkeit der getroffenen Risikomaßnahmen sichergestellt und zum anderen nachgewiesen werden, dass der Vorstand bzw. die Geschäftsführung die gesetzlichen Vorgaben erfüllt hat.

Für die Dokumentation bietet sich die Erstellung eines Risikomanagementhandbuches an, in das alle organisatorischen Regelungen und Maßnahmen zur Errichtung und Durchführung eines Risikomanagementsystems aufgenommen werden. Zu den wesentlichen Bestandteilen eines Risikomanagementhandbuches zählen:[125]

1.   Ziele des Risikomanagements.
Die Vermeidung von Risiken gehört nicht zum Hauptziel des Risikomanagements, denn jedes unternehmerische Handeln ist mit Risiken verbunden. Die Zielsetzung des Risikomanagements besteht vielmehr darin, Transparenz zu schaffen, um ein bewusstes Eingehen von Risiken aufgrund einer umfassenden Kenntnis dieser Risiken und Chancen sowie der Risikozusammenhänge zu ermöglichen. Die Ziele des Risikomanagements liegen zum einen in der Erfüllung der gesetzlichen und regulativen Vorgaben, zum anderen in der Realisierung interner betriebswirtschaftlicher Ziele. Hierzu gehören die Sicherung des zukünftigen Betriebserfolges, die nachhaltige Erhöhung des Unternehmenswertes, die Optimierung der Risikokosten und die Sicherung der finanziellen Stabilität.

2.   Begriffsdefinitionen.
Im Risikomanagementhandbuch sollten auch die wichtigsten Begriffe zum Risikomanagement definiert werden. Hierzu zählen u.a. Begriffe wie Risikotragfähigkeit, Risikokategorien Risikofelder, Einzelrisiken, Eintrittswahrscheinlichkeit, Auswirkung, Risikomaße etc. Dies ist sinnvoll, um im Unternehmen ein einheitliches Begriffsverständnis zu gewährleisten, da auch in der Literatur viele Begriffe unterschiedlich definiert werden. Nach dem IDW PS 340 sollen insbesondere solche Risikofelder definiert werden, die zu bestandsgefährdenden Entwicklungen führen können.

---

[125]   Vgl. Seidel (2011), S. 269.

3. Risikopolitische Grundsätze.
Bei diesem Aspekt geht es um die Einstellung des Managements zu Risiken im Unternehmen und zum Risikoprozess. Beispielhaft für solche Grundsätze sind folgende Aussagen:

- Primäres Ziel ist der kontrollierte und transparente Umgang mit Risiken sowie die rechtzeitige Erkennung sich bietender Chancen
- Risikoerwägungen sind Bestandteil aller Geschäftsentscheidungen
- Die Feststellung der Risikotragfähigkeit des Unternehmens ist Aufgabe des Vorstands/ der Geschäftsführung und Teil des strategischen Risikomanagements
- Der Risikoprozess ist ein integraler Bestandteil des bestehenden unternehmerischen Planungsprozesses
- Über erkannte Risiken wird den verantwortlichen Führungsebenen zeitnah, vollständig und uneingeschränkt berichtet
- Die Führungskräfte des Unternehmens sind dafür verantwortlich, dass das Risikomanagement auf Abteilungs- und Mitarbeiterebene auch verstanden und umgesetzt wird

4. Beschreibung des Risikomanagementprozesses.
In der Dokumentation sollten auch die einzelnen Schritte des Risikomanagementprozesses, die in die Unternehmensorganisation zu integrieren sind sowie einen Regelkreis darstellen, beschrieben werden. In Anlehnung an die später darzustellenden Schritte gehören dazu Angaben zur

- Risikotragfähigkeit. Diese definiert die maximale Belastungsfähigkeit des Unternehmens mit potenziellen Risiken, ohne dass deren Existenz gefährdet ist. Insbesondere ist in der Dokumentation darzustellen, auf Basis welcher Größen die Unternehmensleitung die Risikotragfähigkeit bestimmt und in welchen Abständen eine Überprüfung erfolgt.
- Risikoidentifizierung. Hier werden Informationen darüber gegeben, wann und mit welchen Methoden Einzelrisiken periodisch identifiziert werden und nach welchen Kategorien eine Einordnung erfolgt.
- Risikorelevanz. Die Relevanz der identifizierten Einzelrisiken in Bezug auf die Risikotragfähigkeit des Unternehmens ermöglicht eine erste grobe Gewichtung. Die Kriterien, nach denen diese Zuordnung erfolgt (z.B. Höchstschaden, Schadenerwartungswert) werden in diesem Abschnitt näher beschrieben.
- Risikobewertung. Die Risikobewertung nimmt eine quantitative oder qualitative Spezifizierung der Risiken vor und operationalisiert damit deren Rangfolge. In diesem Abschnitt werden die im Risikomanagementprozess verwendeten Methoden und Instrumente (z.B. Schadenerwartungswert) beschrieben.
- Risikoaggregation (brutto): Hier ist zu beschreiben, in welcher Form und durch welche Methoden die identifizierten und bewerteten Risiken zu einem Gesamtrisiko (brutto) zusammengefasst werden.
- Risikosteuerung. Die grundsätzlich anwendbaren Instrumente des Unternehmens zur Steuerung der Risiken (z.B. Strategien zur Vermeidung, Verringerung und zum Transfer) werden in diesem Kapitel dargestellt und in ihren Auswirkungen auf das Brutto-Gesamtrisiko beschrieben. Ferner kann auch auf die Risikosteuerung in Form von Versi-

cherungslösungen eingegangen und der unternehmensspezifische Versicherungsspiegel[126] ausgewiesen werden.

- Risikoermittlung (netto): Unter diesem Abschnitt wird aufgeführt, wie sich das Gesamtrisiko (brutto) durch Risikosteuerungsmaßnahmen auf ein Gesamtrisiko (netto) verändert und inwieweit die Risikotragfähigkeit des Unternehmens eingehalten bzw. unterschritten werden kann.

- Risikoüberwachung/-kommunikation. Die Formen der Risikoüberwachung und -kommunikation werden in diesem Abschnitt dokumentiert. Es wird beschrieben, wann und durch wen Risiken an das Risikomanagement und an die Geschäftsführung berichtet werden

5.   Dokumentation von Risikoverantwortlichen.

Bei diesem Aspekt geht es um die dauerhafte und personenunabhängige Dokumentation von Verantwortlichkeiten für das Risikomanagement. Die Aufgabenbeschreibung der/des Risikomanagers und des Risk Owners sowie ihre organisatorische Einbindung in das Unternehmen stehen hier im Vordergrund.

6.   Geltungsbereich/Inkraftsetzung.

Unter diesem Punkt sollte festgelegt sein, ab wann und für wen (Gesamtunternehmen, Tochterunternehmen, Filialen etc.) das Risikomanagement in Kraft tritt. Ferner ist festzuhalten, dass die Vorgaben regelmäßig an die Unternehmensentwicklung und die externen Einflussfaktoren angepasst werden.

Teilweise äußern Unternehmen durchaus nachvollziehbare Bedenken, dass ein hoher organisatorischer Aufwand mit der Erstellung und Pflege eines Risikomanagementhandbuches und der Umsetzung verbunden ist. Durch die Erstellung einer betriebsinternen Intranet-Version und Nutzung diverser Hilfen, die im Schrifttum und von Anbietern der Risikomanagementsoftware zur Verfügung gestellt werden können, kann unnötiger bürokratischer Erstellungsaufwand jedoch vermieden werden.

Eine fehlende oder unvollständige Dokumentation des Risikomanagements in einem Risikomanagementhandbuch kann bei Abschlussprüfern zu Zweifeln an der Funktionsfähigkeit des Risikomanagementsystems sowie an den getroffenen Maßnahmen führen.

---

[126]   vgl. S. 85 ff.

2.4   Wiederholungsfragen zu Kapitel 2

1. Was versteht man unter dem Begriff „Risiko" und wie wird dieser differenziert?
2. Nach welchen Kriterien lassen sich Risiken systematisieren?
3. Was wird unter einer Kategorisierung von Risiken verstanden?
4. Wie unterscheiden sich strategisches und operatives Risikomanagement voneinander und von welchen Personen im Unternehmen werden diese Managementfunktionen wahrgenommen?
5. In welchem Gesetz ist ein Risikomanagement für Unternehmen vorgeschrieben und wie ist der Konkretisierungsgrad der gesetzlichen Vorschrift zu beurteilen?
6. Ist ein Risikomanagement nur für Großunternehmen vorgeschrieben?
7. Welche Regelungen enthält der Deutsche Rechnungslegungs-Standard Nr. 5. und inwieweit ist dieser für das Risikomanagement bedeutsam?
8. Inwieweit ist der Prüfungsstandard 340 des IDW für Unternehmen bedeutsam?
9. Welche Prüfung nimmt der Wirtschaftsprüfer bezogen auf das Risikomanagement eines Unternehmens vor?
10. Ist der Sarbanes-Oxley Act auch für deutsche Unternehmen von Bedeutung?
11. Welche organisatorischen Gestaltungsansätze des Risikomanagements sind Ihnen bekannt?
12. Kann das Risikomanagement im Unternehmen nicht in „Personalunion" von der internen Revision wahrgenommen werden?
13. Wie unterscheiden sich die Aufgaben des Risk Owners von denen des Risikomanagers?
14. Welche Sachverhalte des Risikomanagements sollten dokumentiert werden und welche Medien bieten sich hierfür an?

Lösungen siehe Seite 145.

3 Der Risikomanagementprozess im Unternehmen

Wie die in Kapitel 2 dargestellten Vorschriften zeigen, ist die inhaltliche Ausgestaltung eines Risikomanagementsystems vom Gesetzgeber selbst nicht näher bestimmt worden. In einer Verlautbarung hat das Institut der Wirtschaftsprüfer (IDW) die rechtlichen Vorgaben im Sinne des § 91 Abs. 2 AktG mit dem Prüfungsstandard 340 konkretisiert und den Gegenstand für die Prüfung des Risikofrüherkennungssystems des Vorstands darin näher beschrieben. Es wurden damit indirekt Mindestanforderungen an die Ausgestaltung des Risikofrüherkennungssystems vom IDW formuliert.

Auf Basis einer Risikostrategie muss demnach ein Risikomanagementprozess im Unternehmen eingeführt werden.[127] Im Rahmen dieses Buches gliedert sich dieser in die Bestandteile: Risikoidentifikation, Bestimmung der Risikorelevanz, Risikobewertung, Risikoaggregation zur Ermittlung des Gesamt-Bruttorisikos, Risikosteuerung, Risikoaggregation zur Ermittlung des Gesamt-Nettorisikos sowie Risikoüberwachung und -kommunikation. Die Bestandteile des Risikomanagementprozesses sowie deren Inhalte und Maßnahmen sind im Rahmen des Risikomanagementsystems gemäß den Anforderungen des IDW zu dokumentieren (Risikodokumentation), zu überwachen (Überwachungssystem) und zu überprüfen (Risikoberichterstattung).[128]

---

[127] Vgl. Seidel (2005), S. 17 / IDW (1999), Tz 4.
[128] Vgl. Seidel (2005), S. 18.

Abbildung 3.1 zeigt den Risikomanagementprozess als Regelkreis integriert in das Risikomanagementsystem.

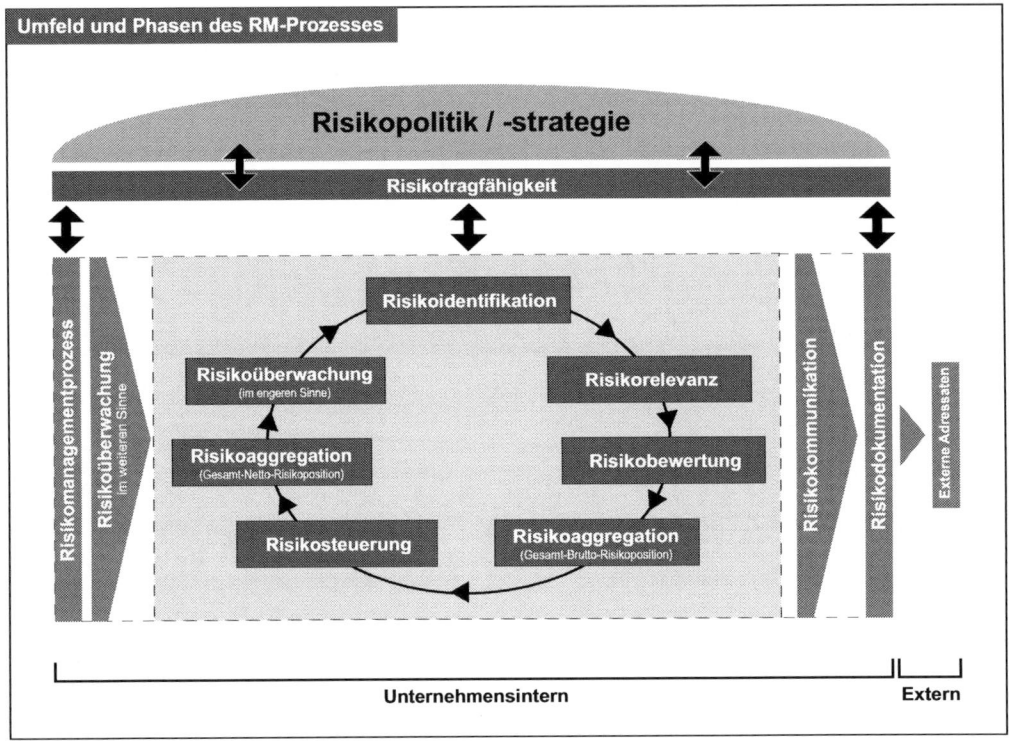

Abbildung 3.1: Umfeld und Phasen des RM-Prozesses[129]

Die einzelnen Phasen des Risikomanagementprozesses bauen dabei aufeinander auf und
beeinflussen sich gegenseitig, so dass sie auch als Kreislauf dargestellt werden können.[130]

Der Risikomanagementprozess ist jedoch nicht als einmalige, stichtagsbezogene Abfolge der
einzelnen Phasen zu interpretieren. Es können jederzeit Rückkopplungen zwischen vor- oder
nachgelagerten Prozessschritten oder beispielsweise Wiederholungen einzelner Prozessschritte notwendig werden.[131]

Ein kontinuierliches Wiederholen der Prozessphasen im Sinne eines Regelkreises ist erforderlich, da sich Risiken aufgrund stetig verändernder interner sowie externer Bedingungen
dynamisch verhalten und darüber hinaus immer wieder neue Risiken entstehen.[132] Der Pro-

---

[129] Eigene Darstellung in Anlehnung an Diederichs (2010), S. 15 / Pauli (2008), S. 279 / Schierenbeck; Lister
       (2002), S. 328 ff.
[130] Vgl. Graf (2002), S. 149.
[131] Vgl. Kremers (2002), S. 77.
[132] Vgl. Pauli (2009), S. 7.

zess ist im Rahmen des gesamten Führungsprozesses zu betrachten und damit in die übrigen Planungs-, Steuerungs- und Überwachungsprozesse eingebettet.[133]

In der Literatur werden die einzelnen Phasen des Risikomanagementprozesses häufig unterschiedlich dargestellt, wobei der Inhalt der jeweiligen Phasen keine gravierenden Unterschiede aufweist. Ledatlich die Einordnung der Phasen in ein Ablaufschema sowie deren Bezeichnungen und Detaillierungsgrad unterscheiden sich.[134] Bevor der Risikomanagementprozess im weiteren Verlauf dieser Arbeit näher beschrieben wird, werden zunächst seine Rahmenbedingungen in Form einer Risikostrategie und Risikopolitik erläutert.

3.1 Risikostrategie und -politische Grundsätze als Rahmenbedingungen

Die Erarbeitung einer Risikostrategie ist dem eigentlichen Risikomanagementprozess vorgelagert und baut auf den risikopolitischen Grundsätzen (risk management framework) des Unternehmens, die in der Verantwortung der Unternehmensleitung liegen, auf.

Dabei bildet das strategische Risikomanagement die integrative Klammer und die Basis des gesamten Risikomanagementprozesses. Dazu gehören u.a. die Formulierung der Risikostrategie, sowie die Vorgabe von Verantwortungsbereichen.[135] Das strategische Rahmenkonzept stellt dabei die generelle Risikopolitik der Unternehmensführung dar, die insbesondere auch den Einflussbereich des Risikomanagements festlegt.[136]

Das Ziel der Risikopolitik sowie der Formulierung risikopolitischer Grundsätze besteht in der Verankerung des Risikobewusstseins in der gesamten Unternehmensorganisation.[137] Durch die Kommunikation dieser risikopolitischen Grundsätze an die Beteiligten des Risikomanagements soll ein einheitliches Risikoverständnis im Unternehmen geschaffen werden.[138] Die Risikostrategie ist als ein Teil der Unternehmensstrategie zu sehen und weist eine entsprechende Übereinstimmung mit der bestehenden strategischen Stoßrichtung auf. Das Risikomanagement soll beispielsweise die Erreichung der Unternehmensziele sicherstellen und die Risikokosten minimieren.[139]

---

[133] Vgl. Ehrmann (2005), S. 37.
[134] Vgl. Ehrmann (2005), S. 37.
[135] Vgl. Romeike (2005), S. 24 / Pauli (2008), S. 283.
[136] Vgl. Burger; Buchhart (2002), S. 27.
[137] Vgl. Kromschröder; Lück (1998), S. 1573.
[138] Vgl. Pauli (2009), S. 13.
[139] Vgl. Vogler; Gundert (1998), S. 2379 / Weber; Weißenberger; Liekweg (1999) S. 17.

Die Strategie ist dabei Ausdruck der Risikopräferenzen der Unternehmensleitung und bestimmt damit weitgehend die organisatorischen und prozessualen Rahmenbedingungen zum Umgang mit Risiken.[140] Eine Risikostrategie legt beispielsweise fest:[141]

- dass das Risikomanagement von den operativen Bereichen wahrgenommen und von einer zentralen Abteilung koordiniert wird sowie auf der Ebene der Unternehmensleitung einem Vorstand/Geschäftsführer zugeordnet ist
- dass die Beeinflussung der identifizieren Risiken und nicht deren Vermeidung primäres Unternehmensziel ist
- ab welchem Betrag ein Einzelrisiko als bestandsgefährdend eingestuft wird
- wie hoch die Risikotragfähigkeit des Unternehmens für alle aggregierten Risiken ist
- ab welcher potenziellen Schadenhöhe Risikosteuerungsmaßnahmen ergriffen werden
- welche finanziellen Mittel und personellen Ressourcen die Unternehmensleitung für das Risikomanagement einsetzt

Über die Risikostrategie wird so die strategische Stoßrichtung vorgegeben, die dann im (operativen) Risikomanagementprozess das Ziel vorgibt.[142] Wichtig ist dabei, dass die Risikostrategie bzw. -politik nicht nur von der Unternehmensleitung vorgegeben, sondern von ihr vorgelebt wird.[143] Häufig finden sich Aussagen zur Risikostrategie der Unternehmen auch im „Risikobericht" der publizierten Geschäftsberichte.

3.2   Die Ermittlung des Netto-Risikoumfangs in 7 Schritten

Als verrichtungsorientiertes[144] Organ umfasst der Risikomanagementprozess, basierend auf den zuvor festgelegten risikopolitischen Grundsätzen, sämtliche Aktivitäten zum systematischen Umgang mit möglichen Risiken. Da auf Basis der Risikotragfähigkeit der Umfang des vertretbaren Gesamt-Nettorisikos eines Unternehmens bestimmt werden kann und die Kenntnis über die Risikotragfähigkeit zugleich Voraussetzung für eine gezielte Initiierung von Risikosteuerungsmaßnahmen ist, wird im weiteren Verlauf dieses Buches auch die Festlegung der Risikotragfähigkeit als wichtige vorgelagerte Phase für den Ablauf des Risikomanagementprozesses betrachtet.

Damit wird nachfolgend für Unternehmen eine Anleitung gegeben, in 7 Schritten den aggregierten Nettorisikoumfang zu ermitteln. Daran anschließend wird in Schritt 8 die Risikoüberwachung als letzte Phase des Risikomanagementprozesses vorgestellt, in der ein Abgleich zwischen der ermittelten Nettorisikoposition und der zuvor festgelegten Risikotragfähigkeit erfolgt. Abbildung 3.2 veranschaulicht die einzelnen Schritte.

---

[140]   Vgl. Burger; Buchhart (2002), S. 27.
[141]   Vgl. Seidel, S. 31.
[142]   Vgl. Pauli (2008), S. 278.
[143]   Vgl. Hohnhorst (2002), S. 98 f.
[144]   Vgl. Wolf (2003), S. 53.

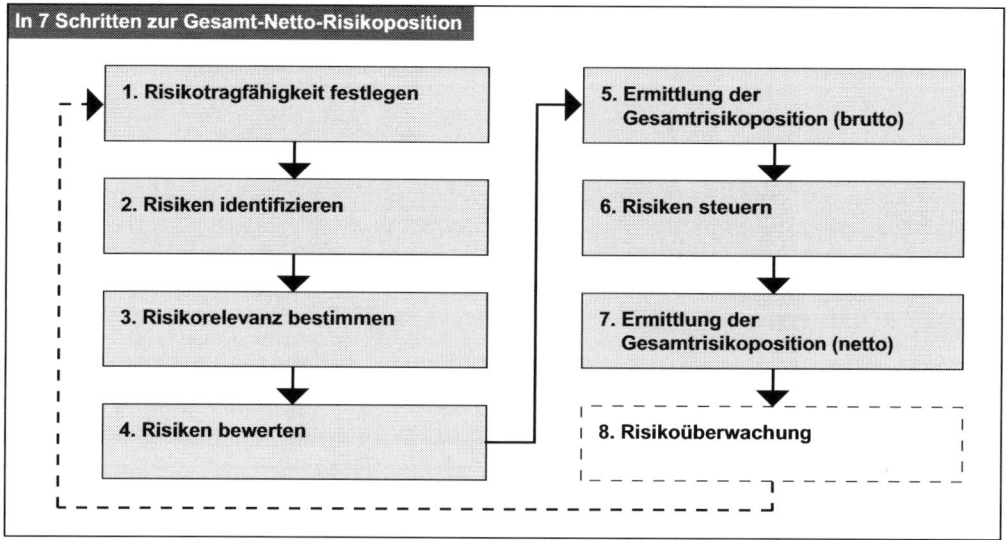

Abbildung 3.2: In 7 Schritten zur Gesamt-Netto-Risikoposition des Unternehmens

3.2.1 Schritt 1: Festlegung der Risikotragfähigkeit

Die Risikotragfähigkeit des Unternehmens entspricht der Höhe potenzieller Netto-Risiken, die ein Unternehmen tragen kann, ohne die Existenz des Unternehmens zu gefährden und folgt damit dem Going-Concern Prinzip. Der Festlegung der Risikotragfähigkeit liegt die Überlegung zugrunde, dass die Unternehmung den Wert ihrer Vermögenswerte kennen muss, von denen sie sich im Schadenfall trennen kann, ohne die Fortführung des Unternehmens zu gefährden. Bei den Vermögenswerten handelt es sich zum einen um die Substanzwerte (Buchwerte) und zum anderen um die Substanzreserven, aus der sich die Risikotragfähigkeit des Unternehmens insgesamt ableitet, siehe Abbildung 3.3.

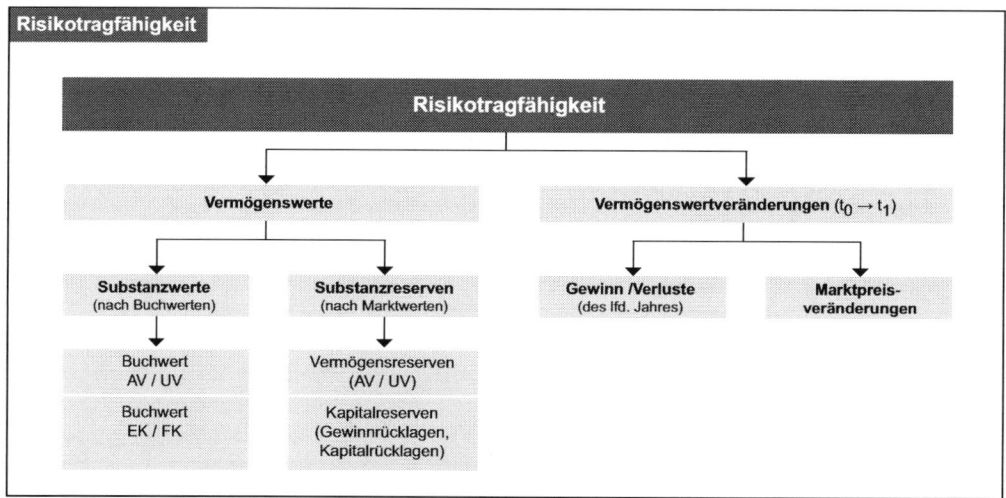

Abbildung 3.3: Einflussfaktoren für die Bestimmung der Risikotragfähigkeit

Nach Hager können die Vermögenswerte eines Unternehmens zur Bestimmung der Risikotragfähigkeit nach marktwertorientierten oder handelsrechtlichen Maßstäben ermittelt werden.[145]

Bei der marktwertorientierten Risikotragfähigkeit, werden die einzelnen Marktwerte für Aktiva und Passiva bestimmt. Dieser Ansatz stellt auf die realisierbaren Veräußerungswerte (Marktwerte) ab, die zur Deckung potenzieller Verluste herangezogen werden könnten. Betriebsnotwendige Positionen die für die Fortführung des Unternehmens unverzichtbar sind, werden je nach Risikopräferenz des Unternehmens für die Ermittlung des Risikotragfähigkeitspotenzials nicht berücksichtigt.

Aus handelsrechtlicher Sicht wird die Risikotragfähigkeit an den erwarteten Gewinnen des laufenden Jahres und an den bereits gebildeten Vermögens- und Kapitalreserven früherer Jahre bemessen. Durch die Auflösung solcher Reserven im Schadenfall können bilanzwirksame Veränderungen verhindert werden, die ggf. zu negativen Reaktionen bei Analysten und Anlegern führen könnten.

Neben dem Aspekt der Wertbestimmung der für die Risikotragfähigkeit ausgewählten Vermögens- und Kapitalpositionen des Unternehmens, ist die Risikoneigung des Managements ein weiterer bedeutender Einflussfaktor. Damit ist die Bereitschaft eines Unternehmens gemeint, ein Gesamtrisiko bis zu einer bestimmten Höhe der markt- oder handelsrechtlich ermittelten Substanzwerte (Aktiva/Passiva) des Unternehmens einzugehen.

Eine hohe Risikoneigung des Managements liegt vor, wenn alle Substanzwerte und -reserven des Unternehmens als Risikodeckungsmasse eingesetzt werden, so dass kein Sicherheitspuffer mehr verbleibt. Auch eine bewusste Überbewertung von Substanzwerten und/oder -reserven deutet auf eine hohe Risikoneigung des Managements hin.

Vier vereinfachende idealtypische Kategorisierungen dieser Risikoneigungen werden aus nachfolgender Darstellung sichtbar, wobei aus der Sicht gesetzlicher und regulativer Bestimmungen der „kontrolliert handelnde Unternehmer" intendiert wird.

---

[145] Vgl. Hager (2012), S. 1 ff.

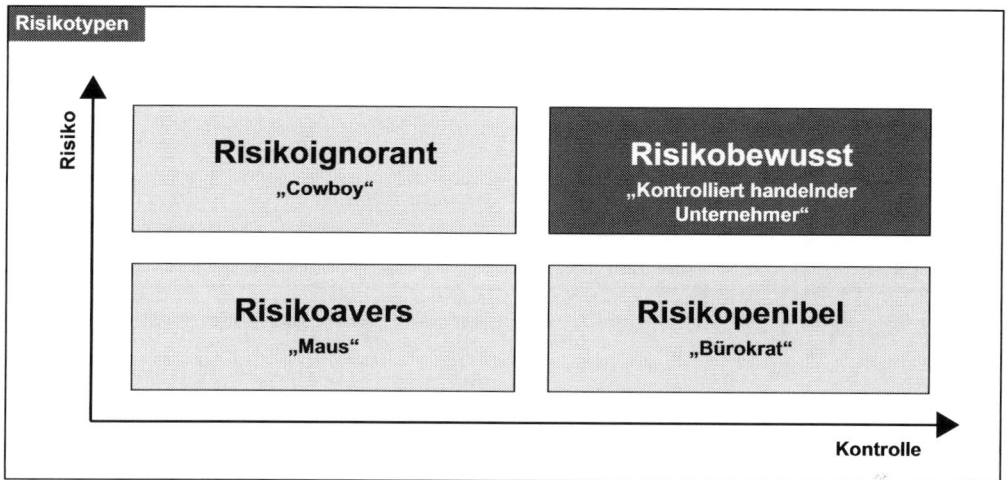

Abbildung 3.4: Risikotypen[146]

Werden die oben genannten Bestimmungsgrößen zusammengefügt, ergibt sich folgendes Modell der Risikotragfähigkeitsbestimmung.

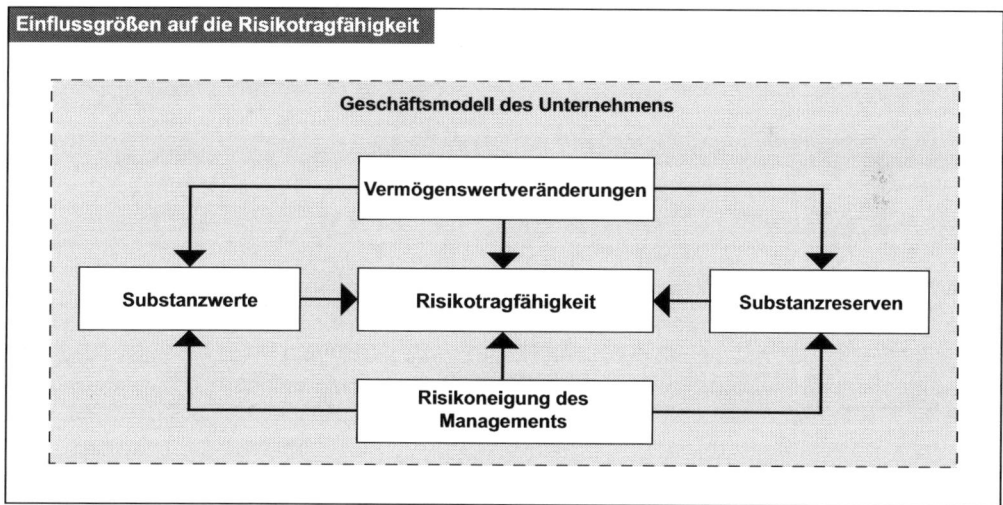

Abbildung 3.5: Bestimmungsfaktoren der Risikotragfähigkeit im Unternehmen

Wie aus veröffentlichten Risikoberichten der Unternehmen hervorgeht, wird in der Praxis die Risikotragfähigkeit des Unternehmens jedoch oft nur an einem Bestimmungsfaktor, am häufigsten vom Eigenkapital, dem EBIT („earnings before interest and taxes") oder dem EBT („earnings before taxes") ausgerichtet, wobei durchaus unterschiedliche Vorstellungen über diesen Bestimmungsfaktor und seine erforderliche Höhe bestehen.

---

[146] Vgl. Nücke; Feinendegen (1998).

Diese unterschiedlichen Auffassungen resultieren daraus, dass eine operationale gesetzliche Spezifizierung der „Bestandsgefährdung" nicht vorliegt und die Höhe der Risikotragfähigkeit somit in einen Ermessungsspielraum des Managements gelegt ist. Ferner ist anzumerken, dass sich insbesondere die zugrundegelegten Größen, die zur Ermittlung des EBIT oder EBT führen, zwischen den Unternehmen häufig divergieren.[147]

Die Festlegung der maximalen Risikotragfähigkeit ist eine Entscheidung, die im Rahmen des strategischen Risikomanagements zu treffen ist und schließt unternehmerisches Handeln, das mit Risiken oberhalb dieser Schadenhöhe einhergeht, aus. Die Entscheidung über die Höhe der Risikotragfähigkeit ist periodisch zu überprüfen, da sich die wirtschaftliche Entwicklung und der Betriebserfolg des Unternehmens im Zeitablauf verändern und eine Neufestsetzung der Risikotragfähigkeit erfordern können. Dies gilt insbesondere dann, wenn eine

- Erhöhung oder Herabsetzung des Eigenkapitals und/oder eine
- Erhöhung oder Rückführung von Fremdkapital vorgenommen wurde
- Rücklagen und/Rückstellungen neu gebildet oder aufgelöst wurden
- oder sich eine deutliche Veränderung der Substanzreserven ergeben hat.

Die periodische Überprüfung der Risikotragfähigkeit und deren Anpassung ist Aufgabe des strategischen Risikomanagements, die von Vorstand/Geschäftsführung in Abstimmung mit dem Aufsichtsrat wahrzunehmen ist.

3.2.2   Schritt 2: Identifikation von Risiken

Voraussetzung und Ausgangspunkt für ein effektives Risikomanagement ist eine gründliche und systematische Identifikation von Risiken.[148] Im Rahmen der Risikoidentifikation sollen alle Risiken inklusive Risikoquellen, Risikowirkungen und Eintrittszeitpunkte, die Einfluss auf die Unternehmensziele haben, kontinuierlich und regelmäßig erfasst werden, um so die Risikosituation des Unternehmens darstellen zu können.[149] Da diese in allen Bereichen des Unternehmens auftreten können, sind sämtliche betriebliche Funktionsbereiche und Prozesse unabhängig von ihrer Hierarchiestufe in die Risikoanalyse einzubeziehen.

Es lassen sich folglich nur die Risiken bewerten, steuern und überwachen, die zuvor identifiziert wurden.[150] Die Qualität der Risikoidentifikation bestimmt sich dabei wesentlich aus dem Umfang der Informationsbeschaffung.[151] Damit bildet die Risikoidentifikation eine wichtige Informationsgrundlage und damit auch eine Schlüsselstelle für die nachfolgenden Schritte des Risikomanagementprozesses.

---

[147]   Vgl. hierzu auch Gräfer (2008), S. 57 ff.
[148]   Vgl. Diederichs (2010), S. 94.
[149]   Vgl. Denk; Exner-Merkelt; Ruthner (2008), S. 82.
[150]   Vgl. Seidel (2005), S. 21.
[151]   Vgl. Denk; Exner-Merkelt; Ruthner (2008), S. 84.

Die Risikoidentifikation kann im Unternehmen aus unterschiedlichen Perspektiven erfolgen; beispielsweise auf der Ebene der Risikoarten (Marktrisiken, operationelle Risiken (siehe Kapitel Risikokategorisierung)), der Geschäftsfelder (Dienstleistungen, Produktion) oder der Ebene der Prozesse (Projekte, Kern- und Unterstützungsprozesse).[152]

Nach Hager ist eine Kategorisierung der Risiken für den Aufbau eines funktionierenden Risikomanagements in dieser Phase von elementarer Bedeutung, da auf diese Mess-, Steuer-, und Limitsysteme aufgesetzt werden können.[153]

Verfahren der Risikoidentifikation

Von der Verfahrensweise bietet sich sowohl ein **Top-down-Ansatz** als auch ein **Bottom-up-Ansatz** an. Bei der Risikoidentifikation „Top Down" wird die Identifikation der Risiken vom (Top-)Management ausgehend in die nachgelagerten Hierarchieebenen vorgenommen. Hingegen beginnt bei der Risikoidentifikation „Bottom Up" die Risikoerfassung von der untersten Hierarchieebene aus.

Aus strategischer Sicht liegt der Vorteil des Top-down-Ansatzes u.a. in einer relativ schnellen Erfassung der Hauptrisiken. Er birgt jedoch auch einige Gefahren, wie z.B. dass bestimmte Risiken nicht erfasst werden oder Korrelationen zwischen Einzelrisiken nicht korrekt eingeschätzt werden können. Demgegenüber bietet der Bottom-up-Ansatz im Unternehmen den Vorteil, dass sämtliche Geschäftsbereiche und Prozesse erfasst und analysiert werden können. Von Nachteil ist jedoch ein höherer Aufwand im Vergleich zum Top-down-Ansatz.[154]

Die Lösung kann auch in einer Vorgehensweise liegen, die die Vorteile beider Ansätze miteinander verbindet.[155] Ausgehend von einem Top-down-Ansatz kann so z.B. eine grobe Risikokategorisierung vorgegeben werden, die dann mittels eines Bottom-up-Ansatzes durch die operativen Einheiten im Unternehmen konkretisiert wird. In diesem Zusammenhang wird auch von einem kombinierten Top-down- und Bottom-up-Ansatz gesprochen.[156]

Methoden zur Risikoidentifikation

Die dabei in der Praxis angewendeten Methoden zur Risikoidentifikation können in **Kollektions-** und **Suchmethoden** untergliedert werden, wie nachfolgend in Abbildung 3.6 im Überblick dargestellt.

---

[152] Vgl. Romeike (2005), S. 26.
[153] Vgl. Denk; Exner-Merkelt; Ruthner (2008), S. 86.
[154] Vgl. Romeike (2005), S. 26.
[155] Vgl. Denk; Exner-Merkelt; Ruthner (2008), S. 86.
[156] Vgl. Seidel (2002), S. 62.

Kollektionsmethoden	Suchmethoden	
	Analytische Methoden	Kreativitätsmethoden
Checklisten SWOT-Analyse / Self-Assessment Risiko-Identifikations-Matrix (RIM) Interview, Befragung	Fragenkatalog Morphologische Verfahren Fehlermöglichkeits- u. Einflussanalyse Baumanalyse	Brainstorming Brainwriting Delphi-Methode Synetik
▼	▼	▼
Vorwiegend geeignet zur Identifikation bestehender und offensichtlicher Risiken	Vorwiegend geeignet zur Identifikation zukünftiger und bisher unbekannter Risikopotenziale (proaktives Risikomanagement)	

Abbildung 3.6: Methoden der Risikoidentifikation[157]

Für die Identifikation bestehender bzw. offensichtlicher Risiken eignen sich primär die Kollektionsmethoden. Sehr häufig werden in der Praxis Checklisten sowie SWOT-Analysen angewendet. Diese Verfahren bilden in der Regel den Einstieg in eine systematische Risikoidentifikation.[158] Die analytischen sowie Kreativitätsmethoden sind dagegen vorwiegend zur Identifikation zukünftiger und bisher unbekannter Risikopotenziale im Sinne eines proaktiven Risikomanagements geeignet und finden in der Praxis seltener Anwendung.[159]

Als Ergebnis der Risikoidentifikation werden die ermittelten Risiken, nach Risikokategorien systematisiert, und in komprimierter Form, d.h. bereinigt um Doppelnennungen und Überschneidungen, in einem Risikoinventar zusammengefasst und dokumentiert.[160] Das Risikoinventar stellt damit eine wichtige Grundlage für die im Risikomanagementprozess folgenden Schritte dar.

3.2.3   Schritt 3: Bestimmung der Risikorelevanz

Im Anschluss an die Risikoidentifikation bietet sich eine qualitative Risikobewertung mittels Relevanzeinschätzung an, um zunächst grob die Auswirkungen der identifizierten Risiken auf die Risikotragfähigkeit und somit ihre Bedeutung für das Unternehmen festzustellen. Dies ist sinnvoll, da im Rahmen der Risikoidentifikation unbedeutende und existenzgefährdende Risiken gleichermaßen ermittelt wurden und im Risikoinventar enthalten sind. Für eine weitere vertiefende Analyse kann der Fokus somit auf die bedeutsamen Risiken des Unternehmens gelegt werden.

Festlegung von Relevanzkriterien

Um die Risikorelevanz zu bestimmen, ist zunächst die Auswahl von Relevanzkriterien erforderlich. In der Regel wird hierbei auf die finanzielle Auswirkung des Risikos im Hinblick auf

---

[157] Eigene Darstellung in Anlehnung an Romeike (2005), S. 27.
[158] Vgl. Pauli (2009), S. 15.
[159] Vgl. Romeike; Finke (2003), S. 174.
[160] Vgl. Seidel (2005), S. 21.

die Risikotragfähigkeit bzw. auf die sie bestimmende Größe (z.B. EK, EBT, EBIT) und/oder auf die Häufigkeit des Auftretens abgestellt. Mit Hilfe dieser Bewertungskriterien können dann Relevanzklassen gebildet werden, in welche die identifizierten Risiken eingeordnet werden können.

Bildung von Relevanzklassen

Die Anzahl von Relevanzklassen ist in der Praxis nicht einheitlich. Insbesondere kleinere und mittlere Unternehmen nehmen häufig eine Einteilung in drei Klassen, größere Unternehmen in vier oder fünf Klassen vor, die eine stärkere Differenzierung der Risikoeinschätzung ermöglichen. Auf diese Weise kann mit Hilfe von Relevanzklassen ein einfaches erstes Ranking der Risiken erfolgen. Damit ist die Relevanz ein Ausdruck für die Gesamtbedeutung des Risikos für die Unternehmung und bestimmt sich beispielsweise aus der mittleren Ertragsbelastung (Erwartungswert), dem realistischen Höchstschaden (oder besser Value at Risk) oder der Wirkungsdauer.

Abbildung 3.7 stellt eine 5-stufigen **Relevanzskala** dar, bei der sich die Risikotragfähigkeit beispielhaft am EBIT orientiert.

Relevanzskala

Relevanzklasse	Risikorelevanz	Beschreibung
5	Existenzgefährdendes Risiko	Risiken, die mit einer hohen Wahrscheinlichkeit die Existenz des Unternehmens gefährden
4	Schwerwiegendes Risiko	Schwerwiegende Risiken, die zu einem negativen EBIT führen und die gesamte Risikotragfähigkeit des Unternehmens beanspruchen
3	Bedeutendes Risiko	Risiken, die das EBIT stark beeinflussen und zu einer spürbaren Reduzierung der Risikotragfähigkeit führen
2	Mittleres Risiko	Risiken, die eine spürbare Beeinträchtigung des EBIT und der Risikotragfähigkeit bewirken
1	Unbeutendes Risiko	Unbedeutende Risiken, die weder EBIT noch die Risikotragfähigkeit spürbar beeinflussen

Abbildung 3.7: Relevanzskala

Auf Basis dieser gebildeten Relevanzkriterien sowie -klassen kann im nächsten Schritt (Risikobewertung) für alle identifizierten Risiken eine qualitative Bewertung der Risiken vorgenommen werden. Dabei erfolgt die Einordnung der identifizierten Risiken in eine Relevanzklasse meist durch kompetente Mitarbeiter (Experten) des Unternehmens.

Die Relevanzeinschätzung ermöglicht Unternehmen eine erste ordinale Skalierung der Risiken vorzunehmen und führt im Ergebnis zu einer groben „Risikolandkarte" des Unternehmens. Sie dient Unternehmen häufig auch als erstes Selektionsinstrument für eine vertiefende (quantitative) Analyse und verhindert so, dass zu viel Aufwand für Risiken der kleineren Relevanzklassen aufgewendet wird.[161] In diesem Zusammenhang sollte allerdings beachtet werden, dass sich Risiken auch gegenseitig beeinflussen, ggf. verstärken können.

3.2.4   Schritt 4: Bewertung von Risiken

Die Phase der Risikobewertung baut auf den Ergebnissen der Risikoidentifikation auf.[162] Aufgabe der Risikobewertung ist es, die Auswirkungen der identifizierten Risiken auf die Unternehmung bzw. auf die Unternehmensziele zu untersuchen und das Ausmaß der Bestandsgefährdung festzustellen.[163]

Vor der eigentlichen Bewertung der Risiken, wird dazu in einem ersten Schritt zunächst eine Ursachen-Analyse durchgeführt, um den Einfluss verschiedener Faktoren auf die jeweiligen Risiken greifbar bzw. messbar zu machen. Der zweite und wesentliche Schritt dieser Phase besteht in der Bewertung der Risiken.[164] Das Ziel der Risikobewertung liegt in der qualitativen Bewertung bzw. quantitativen Messung der Risiken, so dass die aktuelle Risikosituation des Unternehmens abgebildet werden kann und damit eine Handlungsgrundlage für die Risikosteuerung geschaffen wird.

Methoden der Risikobewertung

Für die Bewertung von Risiken bieten sich qualitative und quantitative Methoden an. Wir sprechen dann von qualitativen Methoden, wenn die Risiken mittels plausiblen, aber subjektiven Einschätzungen von fachkundigen Mitarbeitern und Experten festgelegt werden; quantitative Methoden liegen dann vor, wenn Risiken mittels mathematisch-statistischer Verfahren, durch Verteilungsfunktionen beschrieben werden. In Abbildung 3.8 werden gängige Methoden zur Risikobewertung dargestellt.

---

[161] Vgl. Altenähr, Nguyen, Romeike (2009), S. 64.
[162] Vgl. Romeike; Finke (2003), S. 183.
[163] Vgl. Siemes; Dahms (2009), S. 38.
[164] Vgl. Burger; Buchart (2002), S. 45.

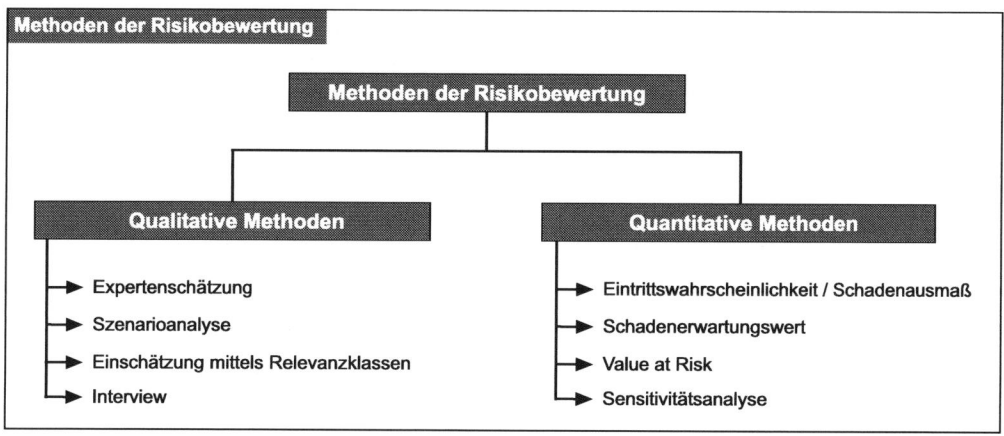

Abbildung 3.8: Qualitative und quantitative Methoden der Risikobewertung

Qualitative Risikobewertung

Qualitative Methoden werden meist herangezogen, wenn weder historische Daten noch Vergleichswerte oder andere geeignete valide Informationen zur Risikoquantifizierung vorliegen. In diesen Fällen ist das Unternehmen darauf angewiesen, eine Risikobewertung mit den besten verfügbaren Informationen vorzunehmen. Zu den wichtigsten Verfahren zählen:

- **Expertenschätzung.** Interne oder externe Experten geben auf der Basis ihrer Erfahrungen eine Einschätzung bezüglich bestimmter Risiken und nennen eine Spanne für potenziell entstehende Schäden.
- Die **Szenarioanalyse** beschreibt die zukünftige Entwicklung von Risiken bei alternativen Rahmenbedingungen, um kausale Zusammenhänge und Risikoveränderungen aufzuzeigen. Es handelt sich hierbei um durchschnittliche Wenn-Dann Analysen.
- Die **Einschätzung** der Risiken kann auch **mittels Relevanzklassen** erfolgen. Diese Relevanzklassen können beispielsweise auf die Eintrittswahrscheinlichkeit des Risikos (z.B. „unwahrscheinlich", „möglich", „wahrscheinlich", „nahezu sicher") oder auf die Schadenhöhe, d.h. auf die finanziellen Auswirkungen der Risiken (z.B. „gering", „mittel", „schwerwiegend", „bestandsgefährdend") abstellen.[165] Für die mittels Relevanzeinschätzung herausgefilterten Risiken bietet sich im nächsten Schritt eine präzisere Quantifizierung an.[166] Auf diese Weise können in der Praxis für eine vertiefende quantitative Bewertung, die mit einem hohen Arbeitsaufwand verbunden ist, genau die Risiken herangezogen werden, die für das Unternehmen bedeutsam sind, also eine hohe Relevanzstufe aufweisen. Hierdurch wird verhindert, dass zu viel Aufwand für Risiken der kleineren Relevanzklassen aufgewendet wird. Die Einordnung der Risiken in Relevanzklassen erfolgt dabei häufig auf Basis von Interviews oder Fragebogen im Rahmen von Risikoworkshops sowie bei Aktualisierungen des Risikoinventars.

---

[165] Vgl. Seidel (2011), S. 38 f.

[166] Vgl. Gleißner (2008), S. 105.

Quantitative Risikobewertung

Mittels Quantifizierung der einzelnen Risiken lässt sich entsprechend ihrer Bedeutung für das Unternehmen eine Rangordnung erstellen, so dass u.a. Maßnahmen zur Risikosteuerung gezielt auf die wichtigsten Risiken vorgenommen werden können.[167]

Dazu werden die relevanten Risiken mit geeigneten Wahrscheinlichkeitsverteilungen beschrieben. Die Risiken werden dabei häufig mittels Eintrittswahrscheinlichkeit und Schadenhöhe quantifiziert, was einer sogenannten Binomialverteilung entspricht. Dagegen werden Risiken, die mit einer unterschiedlichen Wahrscheinlichkeit verschiedene Höhen erreichen können, wie z.B. Abweichungen bei Instandhaltungskosten oder Zinsaufwendungen, mit Hilfe anderer Verteilungsfunktionen, beispielsweise einer Normalverteilung mit Erwartungswert und Standardabweichung, beschrieben.

Voraussetzung für den Vergleich dieser Risiken untereinander ist entweder die Definition eines einheitlichen Risikomaßes, wie z.B. des Value at Risk und/oder die Berechnung der Auswirkung eines Risikos auf einen gewählten Erfolgsmaßstab des Unternehmens, z.B. Gewinn vor Steuern.[168] Falls Risiken in mehreren Wirkungsdimensionen gemessen werden, so ist in diesem Zusammenhang eine Verrechnung zwischen den jeweiligen Dimensionen erforderlich. Nur mit Hilfe der Risikoquantifizierung ist es möglich, eine Bestandsgefährdung bzw. wesentliche Abweichungen von Zielgrößen zu erkennen. Des Weiteren ist sie eine unverzichtbare Grundlage für die Ermittlung der Gesamtrisikoposition eines Unternehmens mittels Risikoaggregation.[169]

In der Praxis werden Risiken häufig mit der Begründung nicht quantifiziert, dass keine ausreichende Datenbasis über die quantitativen Auswirkungen und die Eintrittswahrscheinlichkeit eines Risikos vorliegen. Mitunter wird auch eine Vermeidung quantitativer Festlegungen dadurch gesucht, indem Risiken auf qualitative Urteile („kleines Risiko", „mittleres Risiko", „hohes Risiko") beschränkt werden, zumal diese dann keinen größeren betrieblichen Diskussionsbedarf auslösen.

In diesem Zusammenhang sei angemerkt, dass es eine **Nichtquantifizierung** von Risiken faktisch nicht gibt. Es handelt sich diesbezüglich immer um eine Quantifizierung mit null. In diesem Fall müssen qualitative Risikobewertungsmethoden zur Hilfe genommen werden. Auf diese Weise kann versucht werden, der Quantifizierungs-Problematik sowie der Gefahr einer Unterschätzung des Risikoumfangs in der Praxis zu begegnen.[170]

---

[167]   Vgl. Denk; Exner-Merkelt; Ruthner (2008), S. 102.

[168]   Vgl. Gleißner (2008), S. 101 f.

[169]   Vgl. Denk; Exner-Merkelt; Ruthner (2008), S. 103.

[170]   Vgl. Gleißner (2008), S. 103.

Für die quantitative Bewertung der identifizierten Risiken bieten sich unterschiedliche Methoden an:

1.   Festlegung von Eintrittswahrscheinlichkeit/Schadenhöhe.
Eine quantitative Bewertung der identifizierten Risiken erfolgt in der Praxis häufig durch eine plausible – häufig statistisch abgeleitete - Festlegung einer Eintrittswahrscheinlichkeit und einer Schadenhöhe, was einer Binomialverteilung entspricht. Eintrittswahrscheinlichkeit und Schadenhöhe werden dabei mit quantitativen Zahlen unterlegt, die zumeist als Spannen ausgewiesen werden. Seidel schlägt für beide Größen eine vierstufige Skalierung vor, da bei drei – oder vierstufigen Skalierungen Mitarbeiter häufig zu einer mittleren Bewertung neigen, die eine Identifikation bestandsgefährdender Risiken erschwert Bei dieser Methode ist jedoch die Annahme, dass sich ein Einzelrisiko nur durch zwei Zustände beschreiben lässt: z.B. das Risiko tritt mit einer genau definierten Schadenhöhe ein, und das Risiko tritt nicht ein (Binomialverteilung) als äußerst kritisch zu betrachten, da sich Risiken auch mittels anderer Verteilungen beschreiben lassen.

2.   Ermittlung des Schadenerwartungswertes.
Werden Eintrittswahrscheinlichkeit und Schadenhöhe auf ein Jahr ausgerichtet und multiplikativ miteinander verknüpft, dann spricht man von einem „Schadenerwartungswert" p.a. Diese in der Praxis sehr verbreitete Form der Quantifizierung sei an einem vereinfachten Beispiel verdeutlicht:

Die Firma Schneider AG ist ein Automobilzulieferer mit einer Bilanzsumme von 850 Mio. €, einem Eigenkapital von 150 Mio. € und einem Umsatz von 1,3 Mrd. €. Auf den größten Einzelkunden entfällt derzeit ein Umsatz von 200 Mio. €. Die Risikotragfähigkeit des Unternehmens wurde von der Geschäftsführung auf 100 Mio. € festgesetzt. Folgende 5 Top-Risiken wurden identifiziert und mit folgender Schadenhöhe und Eintrittswahrscheinlichkeit ermittelt:

TOP 5 Risiken			
Risiko	**Schadenhöhe in Mio. €**	**Eintrittswahrscheinlichkeit**	**Schadenerwartungswert**
Großkundenverlust	200 Mio. €	5 %	10,00
Haftpflichtschaden	70 Mio. €	7 %	4,90
Maschinenausfall	5 Mio. €	15 %	0,75
Prozessschaden	4 Mio. €	50 %	2,00
Zinsänderungsschaden	3 Mio. €	20 %	0,60
Gesamt	**282 Mio. €**		**18,25**

Abbildung 3.9: Top 5 Risiken mit Schadenhöhe und Eintrittswahrscheinlichkeit

Wie zu erkennen ist, liegt der für ein Jahr erwartete Schadenerwartungswert deutlich unter der Risikotragfähigkeit, so dass keine Bestandsgefährdung des Unternehmens zu erwarten ist.

Die Kenntnis über den innerhalb eines Jahres zu erwartenden Schaden, kann für betriebliche Entscheidungen eine wesentliche Information darstellen. Eine erwartungstreue Planung würde beispielsweise zu einem Erwartungswert der Risiken von null führen. Allerdings werden bei diesem Verfahren nicht die möglichen Schwankungen um den Erwartungswert herum gemessen, die aber das eigentlich zu betrachtenden Risiko darstellen.[171] Des Weiteren ist auch hier die Annahme, dass sich ein Risiko genau durch zwei Zustände beschreiben lässt als kritisch zu betrachten. Ein weiterer Nachteil besteht darin, dass sich nach Verdichtung aus dem Erwartungswert die Konsequenzen des Risikoeintritts nicht mehr ableiten lassen. Seltene, aber schwerwiegende Risiken, eventuell sogar bestandsgefährdende Risiken werden so leicht unterschätzt.[172]

Gleißner sieht eine sinnvolle Erweiterung des Ansatzes durch eine Einbeziehung sogenannter „Risikowertbeiträge".[173] Es handelt sich hierbei um einen Risikozuschlag für das Eigenkapital unter Berücksichtigung des Risikoerwartungswertes. Dieser Risikozuschlag („Risikoprämie") berücksichtigt, dass durch zusätzliche Risiken weiteres Eigenkapital erforderlich ist, um die Risikotragfähigkeit des Unternehmens sicherzustellen.

Wird beispielhaft von einer Risikoprämie des Eigenkapitals von 10 % ausgegangen, so würde sich im obigen Beispiel ein Risikowertbeitrag von 46,45 Mio. € ergeben, siehe Abbildung 3.10, der auch als Total Cost-of-Risk aufgefasst werden kann. Im vorliegenden Beispiel wäre auch bei dieser Betrachtung eine Bestandsgefährdung des Unternehmens nicht gegeben.

TOP 5 Risiken			
Risiko	Schadenhöhe in Mio. €	Rechnung	Risikowertbeitrag in Mio. €
Großkundenverlust	200 Mio. €	(5 % + 10 %) x 200 Mio. €	30,0
Haftpflichtschaden	70 Mio. €	(7 % + 10 %) x 70 Mio. €	11,9
Maschinenausfall	5 Mio. €	(15 % + 10 %) x 5 Mio. €	1,25
Prozessschaden	4 Mio. €	(50 % + 10 %) x 4 Mio. €	2,40
Zinsänderungsschaden	3 Mio. €	(20 % + 10 % x 3 Mio. €	0,90
Gesamt	282 Mio. €		46,45

Abbildung 3.10: Top 5 Risiken mit Risikowertbeiträgen

---

[171] Vgl. Offerhaus; Hempel (2008), S. 219.
[172] Vgl. Denk; Exner-Merkelt, Ruthner (2008), S. 105.
[173] Vgl. Gleißner (2008), S. 115 ff.

3.   Value at Risk (VaR) Verfahren.

Der VaR ist definiert als der erwartete maximale Verlust einer Risikoposition über eine bestimmte Liquidationsperiode für eine vom Unternehmen festgelegte Sicherheitswahrscheinlichkeit. Zu den ersten Anwendern des VaR gehörten Banken, um Marktrisiken (z.B. Zins-,
Währungsrisiken) zu bewerten. Das Konzept des auf Marktpreisrisiken ausgerichteten VaR
bei Banken wurde später auf Unternehmen übertragen, um leistungswirtschaftliche Risiken
und ihren Einfluss auf den Cash-Flow zu ermitteln. Der Cash Flow at Risk (CFaR) zeigt den
Cash-Flow, der mit einer vorgegebenen Wahrscheinlichkeit mindestens erreicht wird. In der
Finanzwirtschaft wird der Value at Risk zunehmend kritisch beurteilt, da dieser letztlich nur
einen einzelnen Punkt der Verlustverteilung als Risikowert angibt. Das Tail-Risiko, also
Verluste, die jenseits des Value at Risks liegen und in dem sich Stress-Szenarien widerspie-
geln, die für das Risikomanagement von besonderem Interesse sind, wird nicht berücksichtigt.[174]

4.   Sensitivitätsanalysen.

Die Sensitivitätsanalyse hat die Aufgabe, die Empfindlichkeit einer Kalkülzielgröße (z.B.
Risikotragfähigkeit, Gewinn) auf Veränderungen einer oder mehrerer Variablen (z.B. Ab-
satzmengenrückgang, Großbrand) aufzuzeigen. Wenngleich durch diese Methode, die Scha-
denauswirkungen von Großrisiken auf das Unternehmen aufgezeigt werden können, sollte
die Sensitivität kein alleiniges Beurteilungskriterium in der Risikobetrachtung sein, da die
Auswahl und Veränderung der jeweiligen Einflussgröße auf subjektiven Annahme beruht und
keine Wahrscheinlichkeit berücksichtigt.

Die aufgeführten Methoden zur Risikobewertung werden – je nach zu bewertenden Einzelrisiken – auch häufig in Kombination eingesetzt.

Des Weiteren sei angemerkt, dass bei der Risikoquantifizierung zwischen Brutto- und Nettorisiken zu unterscheiden ist. **Bruttorisiken** entsprechen den Gesamtrisiken eines Unternehmens, die eine Schadenwirkung haben könnten, wenn sie nicht gehandhabt werden. Dagegen
handelt es sich bei **Nettorisiken** um Risiken, die bei der aktuellen Kontrollstruktur noch
unbewältigt sind. Nettorisiken ergeben sich demnach aus den Bruttorisiken abzüglich der
positiven Wirkungen der entsprechenden Maßnahmen. Dieser unbeachtete Teil der Risiken
ist dadurch vordergründig bereits unter Kontrolle, kann aber dennoch ein hohes Gefähr-
dungspotenzial aufweisen.[175] Bei der Beurteilung des Gesamtrisikos und des bestehenden
Risikomanagements hat die Bruttobewertung daher eine weitaus größere Bedeutung im
Rahmen der Risikobewertung, da so das gesamte Risikopotenzial ermittelt wird.[176]

---

[174]   Vgl. Böhm-Dries; Rempel-Oberem (2007), S. 909.

[175]   Vgl. Siemes; Dahms (2009), S. 12 → die Meinungen gehen hier auseinander. Gleißner (2008), S. 109 favori-
siert die Nettorisiken.

[176]   Vgl. Diederichs (2010), S. 140.

Grenzen der Risikoquantifizierung

Bei der Darstellung der Methoden zur Risikoquantifizierung wurde gezeigt, dass eine Vielzahl von statistisch-mathematischen Modellen zur Verfügung steht, um Einzelrisiken zu bewerten.

Voraussetzung für eine aussagefähige Risikoquantifizierung durch statistisch-mathematische Modelle ist aber die Frage, ob die „richtigen" Risiken überhaupt identifiziert worden sind. Was nicht im Focus der Aufmerksamkeit steht, wird als Risiko im Unternehmen ausgeblendet und im Hinblick auf die betrieblichen Auswirkungen auch nicht bewertet. Deshalb ist es bedeutsam, die Risikoidentifikation im Unternehmen regelmäßig zu aktualisieren und die im Zeitablauf veränderten internen und externen Risikoquellen zu berücksichtigen. Ein solches Vorgehen schützt jedoch nicht vor unerwarteten Ereignissen, die unvorbereitet ein Unternehmen in existenzgefährdende Situationen führen können. Aus diesem Grunde sollten Instrumente, die unterschiedliche Unternehmenssituationen abbilden, wie z.B. die Szenario-Technik, verstärkt genutzt werden.[177]

Die Quantifizierung insbesondere von operationellen Risiken ist häufig problematisch, da keine sinnvollen und verwertbaren Daten verfügbar sind. Die von Leistungs- und Managementrisiken verursachten Schäden – beispielsweise Imageschäden des Unternehmens - können oft nur basierend auf den Opportunitätskosten für zukünftig entstehende Gewinne geschätzt werden und ermöglichen keine eindeutige quantitative Bewertung.

Bei der Risikobewertung wird auch häufig das Verhalten von Personen, die im Unternehmen zu großen Verlusten beitragen können („risky people") vernachlässigt. In diesem Zusammenhang sei an die Betrugsfälle bei der UBS im Jahre 2011 (Kweku Adoboli, Schaden 2 Mrd. Dollar), bei Sociéte Générale im Jahre 2008 (Jérome Kerviel, Schaden 7,2 Mrd. Dollar), bei Amaranth Advisors im Jahre 2006 (Brian Hunter, Schaden 6,4, Mrd. Dollar), bei Sumitomo im Jahre 1996 (Yasuo Hamanaka, Schaden 2,6, Mrd. Dollar) und bei Barrings im Jahre 1995(Nick Leeson, Schaden 1,4 Mrd. Dollar) erinnert.

Die Liste der spektakulären Betrugsfälle ließe sich fortsetzen, und es ist naheliegend, dass die Dunkelziffer solcher Delikte, die nicht öffentlich werden, deutlich höher ist. Diese „risky people" schafften es, Kontrollsysteme und deren Quanitifizierungsmechanismen auszuschalten oder sich systematisch gegenüber Kontrolleinrichtungen zu immunisieren, und dies, obwohl Finanzaufsicht und Revision die Kontrollsysteme permanent überprüften.[178] Es liegt auf der Hand, dass solche Betrugsfälle antizipativ nur schwer quantifizierbar sind.

---

[177] Vgl. Schwarz (2012), S. 10.
[178] Vgl. Schulz (2011), S. 51.

Ferner werden die Grenzen der Risikoquantifizierung auch bei Beurteilung der zugrunde liegenden Prämissen deutlich; nämlich bei der wirklichkeitsgetreuen Approximation der Risikoverteilung und durch die Annahme ihrer Stationarität.[179]

Aus Vereinfachungsgründen wird bei Risikomodellen häufig eine Normalverteilung unterstellt. Die Finanzkrise hat gezeigt, dass diese Verteilung in Stress- und Crashsituationen nicht zutrifft. Werden diese Extremsituationen durch eine angenommene Normalverteilung nicht berücksichtigt, dann werden diese Risiken unterschätzt. Diese Risiken sind zwar selten, führen aber bei Schadeneintritt zu sehr hohen Verlusten („fat tail Problematik").

Die Zugrundelegung einer Stationarität hat zur Folge, dass im Zeitablauf der Erwartungswert und die Streuungsparameter – also Varianz und Kovarianz sowie die Korrelationen zwischen den verschiedenen Risiken - konstant bleiben, obwohl in Krisensituationen genau diese Annahme unrealistisch ist. „Eine Ursache der Ausbreitung der Finanzkrise war sicherlich, dass viele Marktakteure mit den gleichen – auf falschen Annahmen beruhenden – Modellen gerechnet haben."[180]

Spezifizierung des Risikoinventars und Visualisierung mittels „Risk Rankings" und „Risk Maps"

Nach erfolgter Quantifizierung der Risiken kann das bereits bei der Identifikation der Risiken erstellte **Risikoinventar** um die gewonnenen quantitativen Informationen der Risiken erweitert werden. Das Ergebnis dieses Prozessschrittes besteht dann in einer Sortierung der Risiken anhand eines gewählten Risikomaßes (z.B. VaR) oder in einer Sortierung bezüglich des Risikowertbeitrags, der zur Präzisierung der Relevanzskala genutzt werden kann. Mit Hilfe dieser eindimensionalen Darstellungsweise erlaubt das Risikoinventar eine vergleichsweise einfache, schnelle grafische Aufbereitung der Risikolandkarte eines Unternehmens und verdeutlicht die Priorität der Risiken durch ihre Rangfolge.[181] Alternativ bzw. ergänzend dazu werden in der Praxis auch Risk Rankings und Risk Maps zur übersichtlichen Darstellung der Risiken verwendet.

Risk Rankings listen die erfassten Risiken absteigend von bestandsgefährdend bis unbedeutend auf, wobei sich die Reihenfolge auf Basis von Einzelrisikobewertungen, Höchstschadenwerten oder Schadenerwartungswerten bestimmt. Auf diese Weise findet eine Priorisierung der Risiken statt und man erhält als Ergebnis z.B. die Top-Ten-Risiken der Unternehmung. Durch Weglassen von weniger bedeutenden Risiken wird der Blick auf die wichtigsten inventarisierten Risiken gerichtet. Unternehmen erhalten so verdichtete Risikoinformationen, wenngleich diese auch noch keine Aussagen zum aggregierten Gesamtrisiko des Unternehmens ermöglichen.[182]

---

[179] Vgl. Wolf / Hill / Pfaue (2011), S. 71.

[180] Vgl. Ebenda.

[181] Vgl. Gleißner (2008), S. 119 ff.

[182] Vgl. Offerhaus; Hempel (2008), S. 216.

Risk Maps – häufig auch als Risikoportfolio bezeichnet – ermöglichen dagegen eine zwei-dimensionale Darstellung der Einzelrisiken bei der die Risiken auf zwei Achsen nach Eintrittswahrscheinlichkeit und nach Schadenausmaß positioniert werden. Häufig wird eine Risk Map auch eingesetzt, um die besonders bedeutenden Risiken eines Unternehmens grafisch einzuordnen und darzustellen. Die Akzeptanzlinie („Risikoschwelle") markiert dabei die Grenze der Risikotragfähigkeit des Unternehmens. Risiken die jenseits dieser Schwelle liegen sind für das Unternehmen bestandsgefährdend und werden häufig durch Risikosteuerungsmaßnahmen (hier als Pfeile dargestellt) in die Fläche unterhalb der Risikoschwelle verlagert.[183] Abbildung 3.11 verdeutlicht dies.

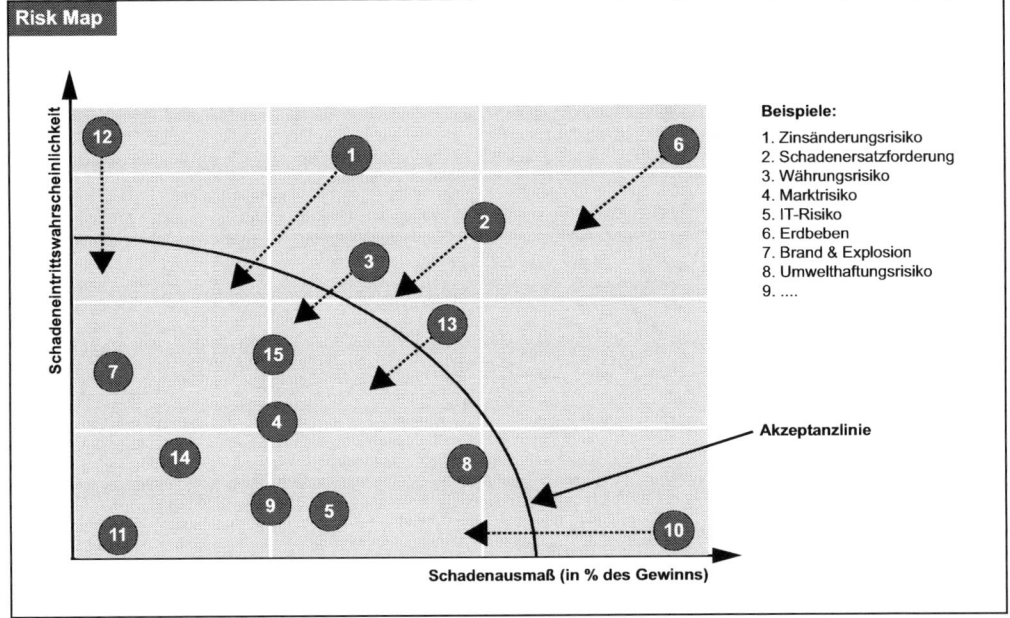

Abbildung 3.11 :Risk Map zur Darstellung von Einzelrisiken[184]

Eine weitere Verfeinerung der Aussage ist dadurch möglich, dass die in der Risk Map dargestellten Risiken Risikoklassen zugeordnet werden. Seidel empfiehlt die folgenden drei Risikoklassen, die zugleich der Unternehmensleitung zur Anwendung unterschiedlicher Strategien der Risikosteuerung dienen:[185]

- Risikoklasse 1: niedriger Risikogehalt
- Risikoklasse 2: mittlerer Risikogehalt
- Risikoklasse 3: hoher Risikogehalt (= bestandsgefährdende Risiken)

---

[183] Vgl. Schneck (2011), S. 278 f.
[184] Eigene Darstellung in Anlehnung an Romeike (2004), S. 114.
[185] Vgl. Seidel (2001), S. 42 f.

Unter Berücksichtigung dieser Risikoklassen wird es Primärziel des Unternehmens sein, durch Risikosteuerungsmaßnahmen, die bestandsgefährdenden Risiken der Risikoklasse 3 (siehe Abbildung 3.12) in Risikoklassen geringerer Gefährdung zu positionieren.

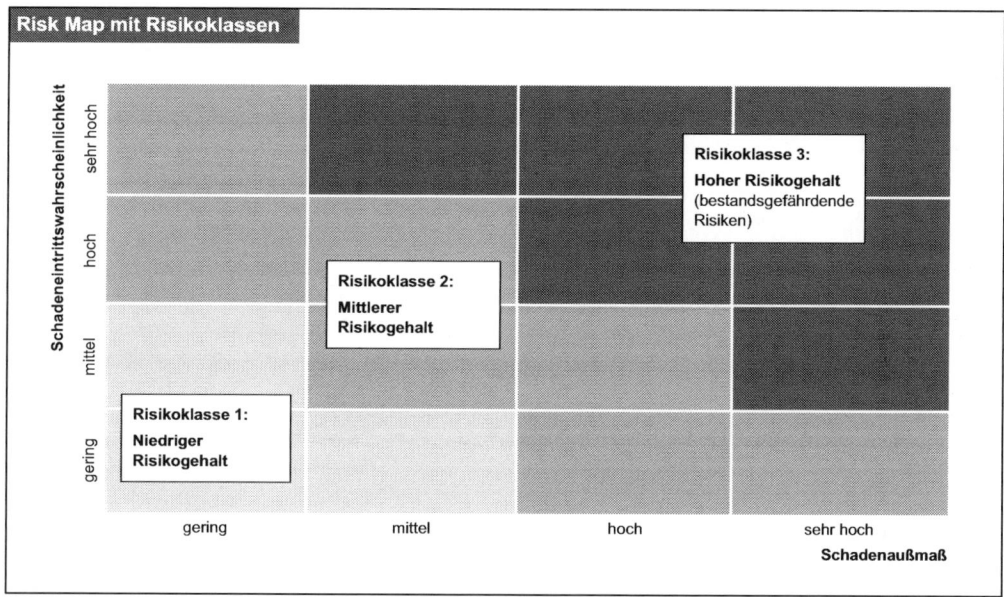

Abbildung 3.12: Risk Map mit Risikoklassen[186]

Risk Maps bieten auf diese Weise eine sinnvolle grafische Veranschaulichung wesentlicher Risiken und gehören nach Gleißner zum „Standardinstrumentarium des Risikomanagements."[187] Allerdings gilt dabei die alleinige Positionierung der Risiken nach Schadenhöhe und Eintrittswahrscheinlichkeit und die entsprechende Positionierung der Linien und Felder sowie die notwendige Beschränkung der darstellbaren Risiken als nicht unproblematisch.[188]

Durch ihre Darstellungsform wird impliziert, dass sich alle Risiken nur durch Schadenhöhe und Eintrittswahrscheinlichkeit beschreiben lassen. Des Weiteren ist zu beachten, dass es sich immer nur um eine Darstellung von Einzelrisiken handelt, auch wenn sich eine Risk Map sowohl auf das gesamte Unternehmen, ein Geschäftsfeld als auch auf einzelne Unternehmensbereiche beziehen kann. Außerdem berücksichtigen Risk Maps weder Risikoabhängigkeiten, noch liefern sie einen rechnerischen Algorithmus für die Zusammenführung in einen Risikowert.

---

[186] Eigene Darstellung in Anlehnung an Seidel (2011), S. 43.
[187] Vgl. Gleißner (2008), S. 119.
[188] Vgl. Gleißner (2008), S. 120 ff.

Frühwarnindikatoren

Risk Rankings und Risk Maps bieten einen guten Ansatz zur Auswahl von Frühwarnindikatoren, die für das Unternehmen besonders bedeutsam sind. Frühwarnindikatoren enthalten Informationen, die dem Unternehmen mit einem Zeitvorlauf Hinweise oder schwache Signale über den Eintritt möglicher Risiken oder über Veränderungen des Risikoumfangs liefern.[189] Dabei ist es nicht entscheidend, möglichst viele Einzeldaten zu haben, sondern Schlüsseldaten, die einen komplexen Zusammenhang darstellen und in Bezug zu den Unternehmenszielen gebracht werden können.[190] Typische branchenübergreifende Frühwarnindikatoren sind beispielweise der vom ifo-Institut München entwickelte Geschäftsklimaindex oder der vom Zentrum für Europäische Wirtschaftsforschung in Mannheim entwickelte Indikator „ZEW-Konjunkturerwartungen", die mit zeitlichem Vorlauf mögliche konjunkturelle Auswirkungen auf die Umsatzentwicklung der Unternehmen anzeigen.

Der Aufbau eines **Frühwarnsystems** im Unternehmen kann in vier Phasen erfolgen:[191]

In der **ersten Phase** werden die betriebsexternen und – internen Beobachtungsbereiche, die für das Unternehmen besonders bedeutsam sind, festgelegt. Beim externen Beobachtungsbereich geht es um Länder, Regionen und Märkte in denen das Unternehmen agiert; der interne Beobachtungsbereich betrifft operative Bereiche (z.B. Beschaffung, Produktion, Absatz) und/oder finanzwirtschaftliche und rentabilitätsbezogene Entwicklungen im Unternehmen.[192]

In der **zweiten Phase** werden für die festgelegten Beobachtungsbereiche relevante Indikatoren ausgewählt und definiert. Wichtig ist hierbei, dass diese eindeutig, messbar und vergleichbar sind, um Entwicklungen in Gegenwart und Zukunft darzustellen. Bei diesen Indikatoren kann es sich um absolute Größen (Preise, Stückzahlen etc.), Verhältnisrelationen (Produktion zu Ausschussmengen, Absatzzahlen zu Reklamationen etc.) oder um unternehmensübergreifende Indices (Geschäftsklimaindex, Lebenshaltungskostenindex, Branchenindices etc.) handeln. Es gibt eine kaum zu überschauende Zahl von Indikatoren, die je nach Größe, Geschäftsmodell und Vertriebsausrichtung des Unternehmens als Frühwarnindikatoren unterschiedliche Bedeutung haben. Die Unternehmen müssen bei der Auswahl relevanter Indikatoren darauf achten, dass die Menge an verfügbaren Informationen überschaubar und verständlich bleibt, oftmals ist Weniger = Mehr."[193]

In der **dritten Phase** werden vom Controlling je Indikator Toleranzgrenzen um einen Sollwert festgelegt, die nicht unter- bzw. überschritten werden dürfen. Je nach Indikator können diese Toleranzgrenzen eine unterschiedliche Schwankungsbreite aufweisen.

---

[189] Vgl. Gleißner; Romeike (2005), S. 352.
[190] Vgl. Keitsch (2007), S. 218.
[191] Vgl. hierzu auch Krystek; Moldenhauer (2007), S. 107 ff. / Diederichs (2004), S. 124 ff.
[192] Vgl. Diederichs (2004), S. 129.
[193] Vgl. Keitsch (2007), S. 219.

In der letzten und damit **vierten Phase** wird festgelegt, wer im Risikomanagement die Indikatoren beobachtet. Dies könnte zentral in der Abteilung Risikomanagement oder durch „Risk Owner" erfolgen. Ferner ist zu entscheiden, an welche Abteilungen bei Über- oder Unterschreiten einer Toleranzschwelle automatisch eine Meldung erfolgen soll.

Abbildung 3.13 zeigt in vereinfachter Form die Vorgehensweise zum Aufbau von Frühwarnindikatoren im Rahmen des Risikomanagementprozesses.

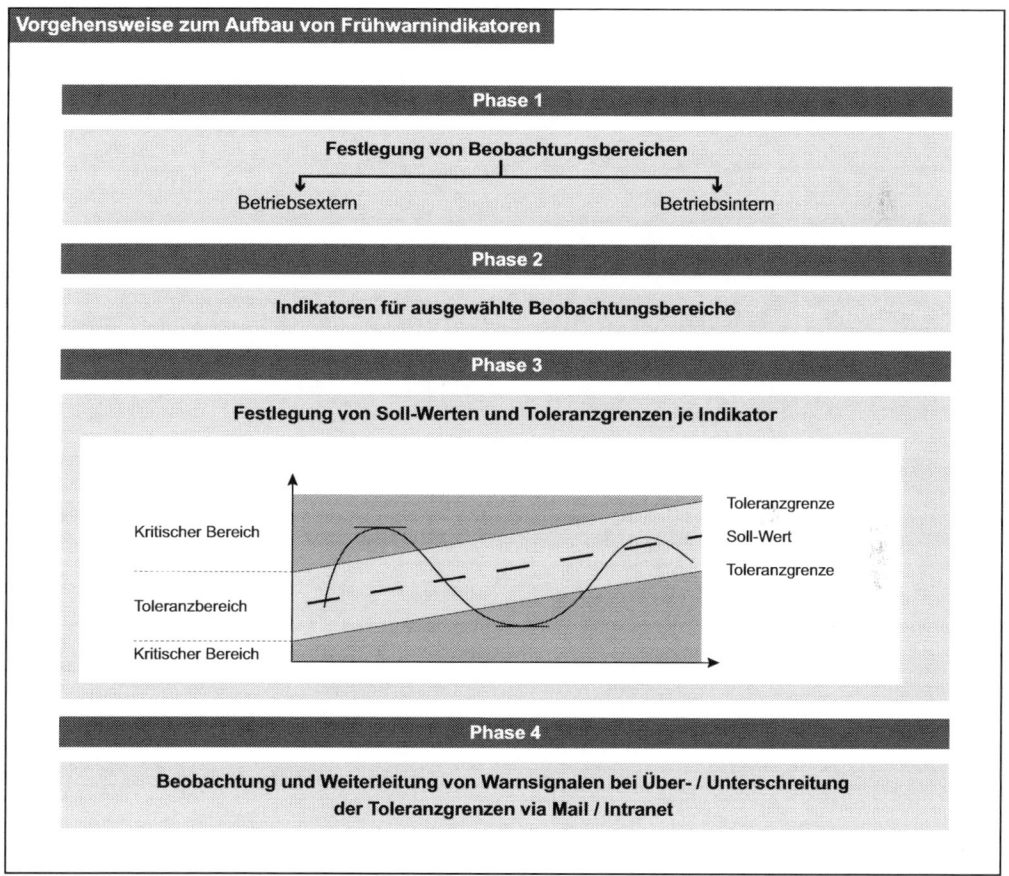

Abbildung 3.13: Vorgehensweise zum Aufbau von Frühwarnindikatoren

3.2.5 Schritt 5: Risikoaggregation zur Ermittlung des Gesamt-Bruttorisikos

Um beurteilen zu können, wie hoch die Gesamtrisikoposition eines Unternehmens ist und wie sich die identifizierten und quantifizierten Risiken auf die Gesamtrisikoposition eines Unternehmens auswirken, ist im Rahmen des Risikomanagementprozesses eine Risikoaggregation erforderlich. Dazu werden die einzelnen Risiken zu einem Gesamtrisiko zusammengefasst.[194] Die Aggregation von Einzelrisiken bereitet in der betrieblichen Praxis jedoch vielen Unternehmen Schwierigkeiten. Dies ist im Wesentlichen darauf zurückzuführen, dass eine Risikoaggregation nicht mittels einer einfachen Addition der Einzelrisiken bewerkstelligt werden kann.[195] Ferner ist zu berücksichtigen, dass die Risiken voneinander oder von gemeinsamen Ursachen abhängig sein können, so dass es zu Risikokompensationseffekten oder aber einer wechselseitigen Verstärkung der Risiken im Hinblick auf die Gesamtrisikoposition der jeweiligen Unternehmung kommen kann.[196] Möglicherweise sind gewisse Einzelrisiken isoliert betrachtet von nachrangiger Bedeutung, während sie in Wechselwirkung mit anderen Risiken ein bestandsgefährdendes Risiko darstellen und dementsprechend dringend Handlungsbedarf besteht.[197]

Notwendigkeit und Ziele der Risikoaggregation

Im Gesetz zur Kontrolle und Transparenz im Unternehmensbereich sind keine konkreten Ausführungen zur Notwendigkeit der Risikoaggregation zu finden. Es wird lediglich von „den Fortbestand der Gesellschaft gefährdenden Entwicklungen", d.h. bestandsgefährdenden Risiken gesprochen, die es frühzeitig zu erkennen gilt.[198]

Die Empfehlungen des Instituts der Wirtschaftsprüfer (IDW) und des Deutschen Rechnungslegungs-Standards Committees e. V. (DRSC) konkretisieren u.a. diesen Gesetzesinhalt, wobei allerdings umstritten ist, inwiefern sich aus dem Gesetz Detailanforderungen an Organisation, Methodik und Struktur des Risikomanagementsystems ableiten lassen. Diese Empfehlungen enthalten Hinweise zum Umgang mit Wechselwirkungen zwischen Risiken und damit zur Risikoaggregation.[199] Nach dem Deutschen Rechnungslegungs-Standard Nr. 5 ist eine Darstellung der Risikointerdependenzen wünschenswert. Sofern die Risiken nicht anders zutreffend eingeschätzt werden können, wird diese Darstellung als erforderlich erachtet.[200]

Des Weiteren verweist das IDW in seiner Stellungnahme zum KonTraG im Prüfungsstandard 340 darauf, dass eine Einschätzung darüber notwendig ist, ob Einzelrisiken, die isoliert betrachtet von nachrangiger Bedeutung sind, sich im Zeitablauf durch Kumulation oder in ihrem Zusammenwirken zu einem bestandsgefährdenden Risiko aggregieren können.[201]

Aus dem KonTraG lassen sich somit indirekt Indizien für eine (gesetzliche) Notwendigkeit der Aggregation von Einzelrisiken ableiten.[202] Die ökonomische Bedeutung der Risikoaggre-

---

[194]   Vgl. Altennähr; Nguyen; Romeike (2009), S. 71.

[195]   Vgl. Pauli (2009), S. 18.

[196]   Vgl. Denk; Exner-Merkelt; Ruthner (2008), S. 119.

[197]   Vgl. Romeike (2004), S. 102 f.

[198]   Vgl. Hempel; Offerhaus (2008), S. 4.

[199]   Vgl. Hempel; Offerhaus (2008), S. 4.

[200]   Vgl. DRSC (2001), Tz. 25.

[201]   Vgl. Gleißner (2004b), S. 350 / IDW (1999), Tz 10.

[202]   Vgl. Hempel; Offerhaus (2008), S. 4.

gation ergibt sich für ein Unternehmen aus dem Umstand, dass letztlich alle Risiken gemeinsam die Risikotragfähigkeit eines Unternehmens belasten.[203]

Das Ziel der Risikoaggregation besteht in der Ermittlung der Gesamtrisikoposition („Risk Exposure")[204] eines Unternehmens sowie der Bestimmung der relativen Bedeutung der Einzelrisiken unter Berücksichtigung von Wechselwirkungen (Korrelationen) zwischen diesen.[205] Dazu werden die Wahrscheinlichkeitsverteilungen der einzelnen Risiken in eine Wahrscheinlichkeitsverteilung der jeweiligen Zielgröße der Unternehmung (z.B. Gewinn oder Cashflow) zusammengeführt. Aus dieser lassen sich dann Risikomaße[206] ableiten, die den Gesamtrisikoumfang charakterisieren.[207]

Da die identifizierten Risiken gemeinsam auf die Gesamtrisikoposition einer Unternehmung wirken, ist es nicht ausreichend, bei deren Bestimmung nur die relative Bedeutung der Einzelrisiken auf die Unternehmensentwicklung zu betrachten.[208] Kompensatorische bzw. kumulative Effekte der Einzelrisiken können dazu führen, dass die Summe der Einzelrisiken nicht der Höhe des Gesamtrisikos entspricht.[209] Eine Nichtbeachtung dieser Abhängigkeiten kann bestandsgefährdende Folgen für ein Unternehmen haben, wie folgendes Beispiel zeigt.[210]

Im Februar 2010 hat nach zehn Jahren der Prozess eines der schlimmsten französischen Flugzeugunglücke in Paris begonnen. Am 25. Juli 2000 stürzte der Überschallflieger Concorde der Linie Air France anderthalb Minuten nach dem Start ab. 113 Menschen kamen dabei ums Leben. Eine Verkettung unglücklicher Ereignisse soll laut Abschlussbericht der französischen Untersuchungsbehörde BEA zu dieser Katastrophe geführt haben.[211] Ein zuvor gestartetes Flugzeug hatte auf der Startbahn ein Metallteil aus Titanlegierung verloren. Dieser Vorfall war für das gestartete Flugzeug nicht von Bedeutung und die Wahrscheinlichkeit, dass ein später auf der gleichen Startbahn startendes Flugzeug genau dieses Metallstück überrollen würde, war äußerst gering. Dieser unwahrscheinliche Fall wurde jedoch Wirklichkeit. Die danach startende Concorde rollte so unglücklich über das Metallteil, dass daraufhin ein Reifen explodierte. Teile des geplatzten Reifens zerstörten den linken Tank des Überschalljets, das Kerosin entzündete sich und kurz darauf stürzte die Concorde in einem Feuerball ab. Dass die Reifenteile so folgenreich einen Tank zerstören konnten, lag daran, dass die Tanks der Concorde über einen nicht ausreichenden Aufprallschutz verfügten. Dieses Problem war bei der Concorde bekannt, zumal schon einige Male zuvor aufgrund eines geplatzten Reifens Reifenteile ein Leck in den Tank geschlagen hatten oder sogar Triebwerke dabei

---

[203] Vgl. Gleißner (2008), S. 142.

[204] Vgl. Siemes; Dahms (2009), S. 47.

[205] Vgl. Gleißner; Romeike (2008b), S. 201.

[206] Siehe Abschnitt 4.2.3 Erläuterung Risikomaße.

[207] Vgl. Gleißner (2008), S. 142.

[208] Vgl. Hempel; Offerhaus (2008), S. 16 / Denk; Exner-Merkelt; Ruthner (2008), S. 118.

[209] Vgl. Romeike (2004), S. 102.

[210] Vgl. Denk; Exner-Merkelt; Ruthner (2008), S. 118 / Gleißner; Romeike (2008b), S. 201.

[211] Vgl. Stern.de: http://www.stern.de/panorama/concorde-absturz-vor-zehn-jahren-ein-prozess-und-viele-fragen-1540197.html.

beschädigt worden waren. Bis zu diesem verheerenden Unfall wurde das damit verbundene Risiko jedoch als sehr gering eingestuft, zumal die Concorde-Maschinen bis dato unfallfrei geflogen waren.[212]

Anderthalb Jahre nach dem Unfall hat die Fluggesellschaft die Gesamtsumme des Schadens auf umgerechnet 170 Millionen Euro und die Entschädigung für die etwa 700 Angehörigen auf fast 173 Millionen Euro geschätzt.[213] Aus Mangel an Passagieren wurde der Flugverkehr der Concorde im Jahr 2003 endgültig eingestellt.[214] Seither wird versucht aufzuklären, wer das Unglück tatsächlich zu verantworten hat. In einem ersten Verfahren hatte ein Gericht im Dezember 2010 die Schuld der US-Fluggesellschaft Continental Airlines festgestellt. Knapp 12 Jahre nach dem Concorde-Absturz hat nun ein neuer Prozess zur Schuldfrage begonnen. Richter müssen nun nach der Berufungsverhandlung erneut die Schuldfrage beantworten.

Anhand dieses Beispiels wird deutlich, dass Risiken in der Realität durch komplexe, oft nicht lineare und chaotische Prozesse entstehen können. Insbesondere können die Risikoursachen in einem global operierenden Unternehmen in aller Regel nicht ausschließlich auf einen einzigen Auslöser zurückgeführt werden. Die Risiken werden häufig erst durch das Zusammenwirken unterschiedlicher Einflussfaktoren ausgelöst bzw. nachhaltig verstärkt.[215]

Bei der Bestimmung der Gesamtrisikoposition eines Unternehmens reicht es demnach nicht aus, nur die relative Bedeutung von Einzelrisiken auf die Unternehmensentwicklung zu ermitteln. Vielmehr ist eine Risikoaggregation erforderlich, um zu ermitteln, wie sich die identifizierten Risiken insgesamt auf die Erreichung der Unternehmensziele und den Bestand des Unternehmens auswirken können.[216]

Aus dem Gesamtrisikoumfang lässt sich beispielsweise ableiten, ob die Risikotragfähigkeit eines Unternehmens ausreichend ist, den Risikoumfang des Unternehmens tatsächlich zu decken und damit der Fortbestand des Unternehmens gesichert ist. Sollte dieser gemessen an der Risikotragfähigkeit zu hoch sein, müssen Maßnahmen zur Risikosteuerung eingeleitet werden.[217] Dabei ist die Kenntnis, welche Einzelrisiken entscheidend die Gesamtrisikoposition eines Unternehmens beeinflussen, von Bedeutung (Sensitivitätsbetrachtung), um gezielte und klar priorisierte Maßnahmen zur Risikosteuerung einleiten zu können.[218] Zudem stärkt

---

[212]   Vgl. Stern.de: http://www.stern.de/panorama/concorde-absturz-vor-zehn-jahren-ein-prozess-und-viele-fragen-1540197.html.

[213]   Vgl. Spiegel online: http://www.spiegel.de/reise/aktuell/0,1518,177390,00.html.

[214]   Vgl. FAZ.NET:
http://www.faz.net/s/RubB08CD9E6B08746679EDCF370F87A4512/Doc~E87739F81179A45439400932390F7CFA5~ATpl~Ecommon~Scontent.html.

[215]   Vgl. Gleißner; Romeike (2008), S. 12.

[216]   Vgl. Rommelfanger (2008), S. 16.

[217]   Vgl. Gleißner (2008), S. 142.

[218]   Vgl. Gleißner (2004b), S. 350.

die Kenntnis über das in Geldeinheiten ausgedrückte Verlustpotenzial das Risikobewusstsein im Unternehmen.[219]

Abbildung 3.14 fasst noch einmal wesentliche Gründe für die Notwendigkeit der Risikoaggregation sowie deren Ziele grafisch zusammen.

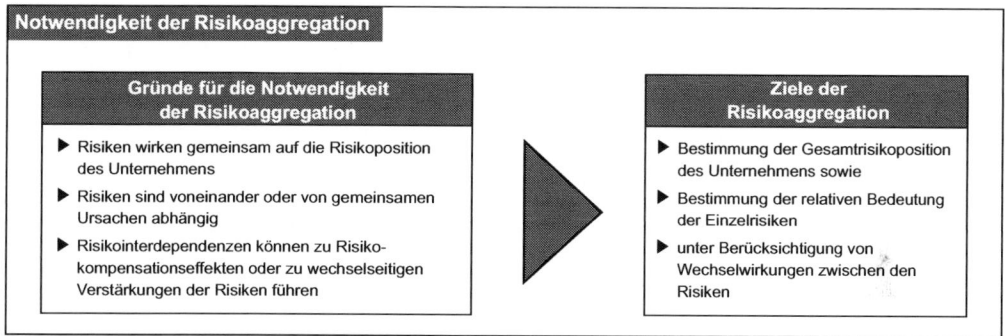

Abbildung 3.14: Notwendigkeit und Ziele der Risikoaggregation[220]

Methodische Grundlagen der Aggregation

Die Bestimmung der Gesamtrisikoposition mittels Risikoaggregation bereitet in der betrieblichen Praxis vielen Unternehmen Schwierigkeiten.[221] Einerseits sollte die Aggregation von Risiken, vor allem um Akzeptanz im Unternehmen für eine derartige Vorgehensweise zu schaffen, auf eine möglichst einfache und verständliche Weise erfolgen. Andererseits sind für eine systematische Behandlung von Risiken komplexe Verfahren unerlässlich. Daraus resultiert ein Zielkonflikt im Unternehmen zwischen der Schaffung von Detailgenauigkeit durch einen umfassenden Methodeneinsatz sowie der Forderung nach einer einfachen und verständlichen Vorgehensweise zur Aggregation von Risiken.[222]

Bevor im folgenden Abschnitt dieses Buches mögliche Ansätze sowie geeignete Verfahren zur Risikoaggregation diskutiert werden, werden zunächst wesentliche mathematische und statistische Grundlagen dazu vorgestellt.

Lage- und Streuungsparameter

Der Ansicht von Metzlers folgend werden die Kennzahlen Erwartungswert, Varianz sowie Kovarianz im Rahmen dieses Buches als Basisgrößen einer statistischen Ermittlung von Risiken aufgefasst. Mittels dieser Größen lassen sich aufbauend auf deskriptiven statistischen Ansätzen beliebige Datensätze charakterisieren.[223]

---

[219] Vgl. Siemes; Dahms (2009), S. 47.
[220] Eigene Darstellung in Anlehnung an Denk; Exner-Merkelt; Ruthner (2008), S. 118.
[221] Vgl. Pauli (2009), S. 18.
[222] Vgl. von Metzler (2004), S. 61.
[223] Vgl. von Metzler (2004), S. 63.

Der Erwartungswert E(X) gibt den „mittleren" oder „typischen" Wert, d.h. die durchschnittlich zu erwartende Ausprägung einer Zufallsvariablen (X) an.[224] Dieser entspricht bei diskreten Verteilungsfunktionen der Summe der mit den Wahrscheinlichkeiten gewichteten Werte der Zufallsvariablen. Bei stetigen Verteilungen wird die Summe durch die Integration ersetzt.[225] Mathematisch ausgedrückt gilt für den Erwartungswert einer diskreten Zufallsvariablen X mit den Werten $x_1, x_2, x_3,...$ und der Wahrscheinlichkeitsfunktion $f(x)$:[226]

$$E(X) = \sum_i x_i f(x_i)$$

Für den Erwartungswert von stetigen Zufallsvariablen mit der Dichtefunktion f(X) gilt:[227]

$$E(X) = \int_{-\infty}^{\infty} x f(x) dx$$

Die Varianz $Var(x)$ hingegen misst, wie stark die Werte der Zufallsvariablen (x) vom Erwartungswert abweichen.[228] Bei diskreten Verteilungen bildet sich die Varianz aus der Summe der mit den Wahrscheinlichkeiten gewichteten quadratischen Abweichung der Werte der Zufallsvariablen vom Erwartungswert. Bei stetigen Verteilungen wird die Summe ebenfalls wie beim Erwartungswert durch die Integration ersetzt.[229]

Mathematisch ausgedrückt gilt für die Varianz einer diskreten Zufallsvariablen X mit den Werten $x_1, x_2, x_3,...$ und der Wahrscheinlichkeitsfunktion $f(x)$:[230]

$$Var(x) = \sum (x_i - E(X))^2 \cdot f(x_i)$$

Für die Varianz von stetigen Zufallsvariablen mit der Dichtefunktion f(X) gilt:[231]

$$Var(x) = \int_{-\infty}^{\infty} (x - E(X)^2 \cdot f(x) dx$$

Über diese beiden genannten Parameter kann die Erwartung bezüglich einer Zufallsvariablen, wie z.B. der Gewinn vor Steuern eines Unternehmens, in einer festgelegten Periode sowohl in Form einer Punkt- als auch Intervallschätzung abgegeben werden.[232]

---

[224] Vgl. Georgii (2007), S. 93.

[225] Vgl. Dürr; Mayer (2008), S. 66.

[226] Vgl. Dürr; Mayer (2008), S. 66.

[227] Vgl. Dürr; Mayer (2008), S. 66.

[228] Vgl. Georgii (2007), S. 93.

[229] Vgl. Dürr; Mayer (2008), S. 67.

[230] Vgl. Dürr; Mayer (2008), S. 68.

[231] Vgl. Dürr; Mayer (2008), S. 68.

[232] Vgl. von Metzler (2004), S. 64.

Die Kovarianz $Cov(x, y)$ hingegen betrachtet den Zusammenhang zwischen zwei Zufallsvariablen X und Y. Ein positiver Wert zeigt eine gleichgerichtete, ein negativer Wert eine entgegengesetzte Entwicklung an. Eine Kovarianz von null bedeutet, dass kein (linearer) Zusammenhang zwischen den betrachteten Zufallsvariablen besteht.[233]

Quantitative Beschreibung der Risiken mittels Wahrscheinlichkeitsverteilungen

Mit Wahrscheinlichkeitsverteilungen lassen sich verschiedene Formen von mehrwertigen Zukunftserwartungen abbilden und mathematisch verarbeiten.[234] Im Rahmen des Risikomanagementprozesses werden die identifizierten Risiken mit geeigneten Verteilungsannahmen beschrieben.[235] Häufig lassen sich Risiken mittels Eintrittswahrscheinlichkeit und Schadenhöhe quantifizieren, was einer so genannten Binomialverteilung entspricht. Risiken, die mit unterschiedlicher Wahrscheinlichkeit verschiedene Ausmaße erreichen können, wie z.B. Abweichungen von Zinsaufwendungen, können anhand von weiteren Verteilungsfunktionen beschrieben werden (z.B. Normalverteilung mit Erwartungswert und Standardabweichung). Ebenfalls können Risiken differenziert mit Hilfe von mehreren Wahrscheinlichkeitsverteilungen beschrieben werden. Eine Wahrscheinlichkeitsverteilung beschreibt dabei die Häufigkeit des Risikoeintritts in einer Periode (z.B. ein Jahr), während die andere Verteilungsfunktion die Schadenhöhe je eingetretenem Risikofall angibt.[236]

Basierend auf bestimmten Verteilungsannahmen lassen sich Risikomaße wie der Value at Risk (VaR) berechnen. Eine anschließende Implementierung geeigneter Risikomaße ist notwendig, um eine Wahrscheinlichkeitsverteilung auf eine reelle Zahl abzubilden.[237] Im Folgenden werden ausgewählte Wahrscheinlichkeitsverteilungen vorgestellt, auf die im späteren Verlauf dieser Arbeit zurückgegriffen wird. Dabei wird zwischen **diskreten** und **stetigen** Verteilungen unterschieden.

Mit **diskreten Verteilungen** lassen sich Wahrscheinlichkeiten für Ereignisse bestimmter Zufallsvariablen angeben, deren Wertebereich endlich oder abzählbar unendlich ist.[238] Im Folgenden wird dazu die Binomialverteilung vorgestellt.

Binomialverteilung

Die Binomialverteilung beschreibt die Wahrscheinlichkeit, dass bei n Versuchen eines so genannten Bernoulli-Experiments das Ereignis A mit einer Erfolgswahrscheinlichkeit von genau p eintritt.[239] Diese von J. Bernoulli (1654–1705) entwickelte Formel wird gelegentlich nach ihrem Namensgeber auch als Bernoulli-Verteilung bezeichnet.[240] Bei einem Bernoulli-

---

[233] Vgl. Eckey; Kosfeld; Türk (2005), S. 284.

[234] Vgl. von Metzler (2004), S. 64.

[235] Siehe dazu ausführlich Kapitel 3.2 Risikomanagementprozess/Risikobewertung.

[236] Vgl. Gleißner (2008), S. 106.

[237] Vgl. Schierenbeck (2003), S. 64 ff.

[238] Vgl. Stiefl (2006), S. 80.

[239] Vgl. Gleißner (2008), S. 106.

[240] Vgl. Runzheimer (1989), S. 19.

Experiment treten genau zwei Ereignisse A1 und A2 mit der Wahrscheinlichkeit p bzw. 1-p auf. Die einzelnen Versuche sind dabei unabhängig voneinander, und die Eintrittswahrscheinlichkeiten ändern sich bei den Versuchswiederholungen nicht. Eine vor allem bei ereignisorientierten Risiken häufiger angewendete Modellierungsanwendung ist die digitale Verteilung. Hierbei ist $n=1$, wobei die Ergebnisse 0 und 1 möglich sind. Das Ergebnis 1 besitzt dabei die bestimmte Wahrscheinlichkeit p und 0 die Wahrscheinlichkeit 1-p. D.h., entweder tritt das Ergebnis ein oder es tritt nicht ein. Beispielsweise beträgt beim einmaligen Hochwerfen einer fairen Münze $p=0,5$. Demnach treten sowohl „Kopf" als auch „Zahl" der Münze jeweils mit einer Wahrscheinlichkeit von 0,5 auf.[241]

Abbildung 3.15 zeigt eine Binomialverteilung mit $n=1$ und $p=0,5$.

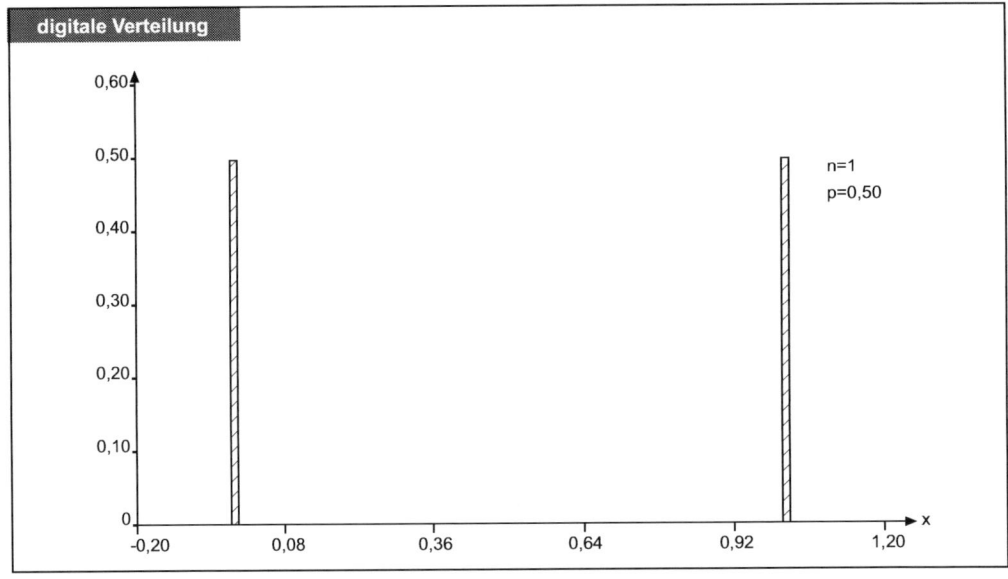

Abbildung 3.15: Digitale Verteilung mit $n=1$ und $p=0,5$

Der Erwartungswert einer Binomialverteilung mit der Schadenhöhe (SH) und einer Eintrittswahrscheinlichkeit p bestimmt sich aus p mal SH. Die Standardabweichung errechnet sich aus,

$$\sqrt{(1-p) \times p \times SH}\ .^{242}$$

Im Gegensatz zu diskreten Verteilungen kann bei **stetigen Verteilungen** eine Zufallsvariable innerhalb eines festgelegten Intervalls jeden beliebigen Wert annehmen.[243] Das reale Risiko lässt sich bei stetigen Verteilungen im Vergleich zu diskreten Verteilungen besser abbilden, da bei vielen Risiken häufig keine genaue Eingrenzung der Ergebniswahrscheinlichkeiten

---

[241] Vgl. Gleißner (2008), S. 106.
[242] Vgl. Gleißner (2008), S. 107.
[243] Vgl. Bourier (2006), S. 158.

vorgegeben werden kann. Einige Intervalle oder Werte sind wahrscheinlicher als andere. Ausgeschlossen werden kann dabei nicht, dass ein abweichendes Ergebnis eintritt.[244] Zu den stetigen Verteilungen zählen beispielsweise die Normal-, Dreiecks-, Beta- sowie Gleichverteilung.

Normalverteilung

Die Normalverteilung wurde bereits im Jahre 1733 von de Moivre[245] entdeckt und zählt heute mit zu den wichtigsten Wahrscheinlichkeitsverteilungen.[246] Auf Basis des zentralen Grenzwertsatzes findet die Normalverteilung in der Praxis häufig Anwendung. Nach dem zentralen Grenzwertsatz ist eine Summe von vielen unabhängigen, beliebig verteilten Zufallsvariablen der gleichen Größenordnung annähernd normalverteilt. Dabei gilt, je größer die Anzahl an Zufallsvariablen ist, desto stärker ist die Annäherung der Summe an eine Normalverteilung.[247] Besonders charakteristisch für die Normalverteilung ist der symmetrische und glockenförmige Kurvenverlauf, der auch als Dichtefunktion bezeichnet werden kann und in Abbildung 3.16 zu sehen ist.

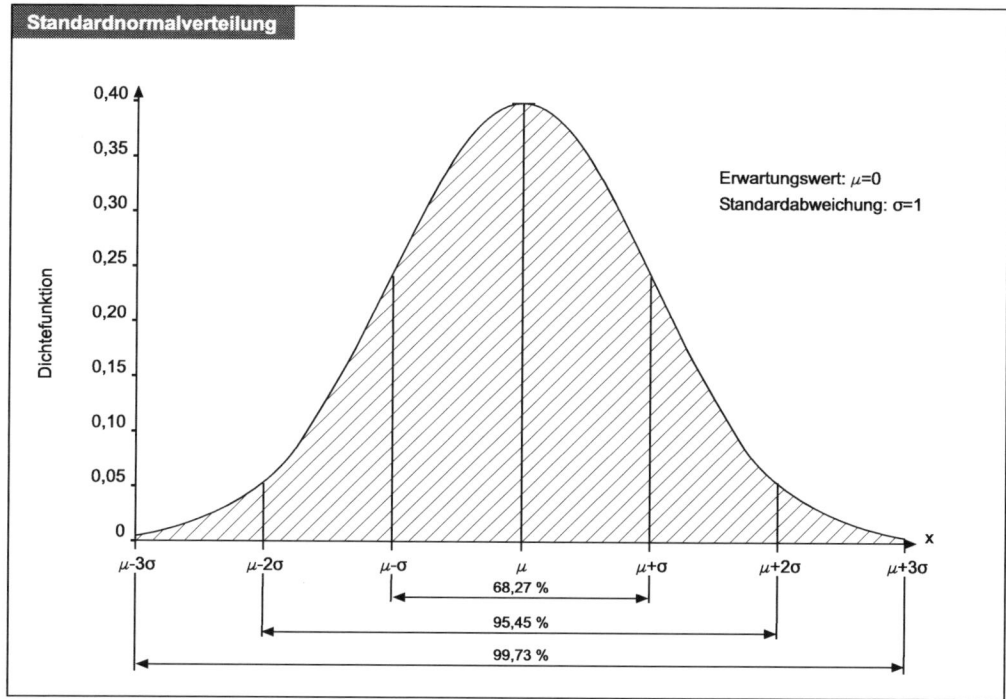

Abbildung 3.16: Standardnormalverteilung

---

244   Vgl. von Metzler (2004), S. 66.

245   Vgl. Wolke (2008), S. 9; de Moivre veröffentlichte 1733 in der „Doctrine of Chances" die Herleitung einer Verteilung, die heute unter dem Begriff Normalverteilungskurve bekannt ist.

246   Vgl. Gleißner (2008), S. 107 / von Metzler (2004), S. 67.

247   Vgl. Meyer (1999), S. 130.

Anhand der **Dichtefunktion** wird zum Ausdruck gebracht, mit welchen Wahrscheinlichkeiten bestimmte Realisationen eintreten. Die Normalverteilung wird dabei vollständig mittels der zwei Lageparameter Erwartungswert/Mittelwert (=μ) (der dem Risiko zugrunde liegenden Zufallsvariablen X) sowie der Standardabweichung/Volatilität (=σ) beschrieben. Berücksichtigt man die tabellierten Werte der Verteilungsfunktion, gilt näherungsweise folgende Aussage:[248]

- 68,27 % aller Messwerte befinden sich im Bereich von $\mu \pm 1\sigma$
- 95,45 % aller Messwerte befinden sich im Bereich von $\mu \pm 2\sigma$
- 99,73 % aller Messwerte befinden sich im Bereich von $\mu \pm 3\sigma$

Wenn der Erwartungswert μ gleich *null* ist und die Standardabweichung σ *eins* beträgt, so wird von einer Standardnormalverteilung gesprochen.[249]

Bei einem Risiko, das sich aus vielen kleinen Einzelrisiken zusammensetzt und weitgehend als symmetrisch eingeschätzt wird, findet die Normalverteilung häufig Anwendung. Bei vielen marktbezogenen Risiken (z.B. Schwankungen von Währungskursen, Zinsen, Rohstoffpreisen, Umsätzen) wird von Normalverteilungen ausgegangen.[250]

Dreiecksverteilung

Die Dreiecksverteilung eignet sich auch für Anwender ohne weitergehende mathematische Kenntnisse zur quantitativen Einschätzung des Risikos einer Variablen. Das Ergebnis der Verteilung bestimmt sich lediglich aus drei Werten, die für die risikobehaftete Variable angegeben werden müssen. Darunter fällt erstens der Minimalwert *a*, zweitens der wahrscheinlichste Wert *b* und drittens der Maximalwert *c*. Auf diese Weise wird vom Anwender keine Abschätzung einer Wahrscheinlichkeit gefordert.[251]

Dreiecksverteilungen werden oft bei asymmetrischen Risiken, bei denen als Endwert Verlust oder Gewinn entsteht, verwendet und häufig dazu genutzt, das Risiko von Kostenabweichungen im Rahmen der Budgetierung zu zeigen.[252] Abbildung 3.17 zeigt eine Dreiecksverteilung am Beispiel der Kosten eines Maschinenschadens.

---

[248] Vgl. Gleißner; Romeike (2005), S. 215.
[249] Vgl. Wolke (2008), S. 28.
[250] Vgl. Gleißner (2011), S. 212.
[251] Vgl. Gleißner (2008), S. 107.
[252] Vgl. Gleißner (2011), S. 212.

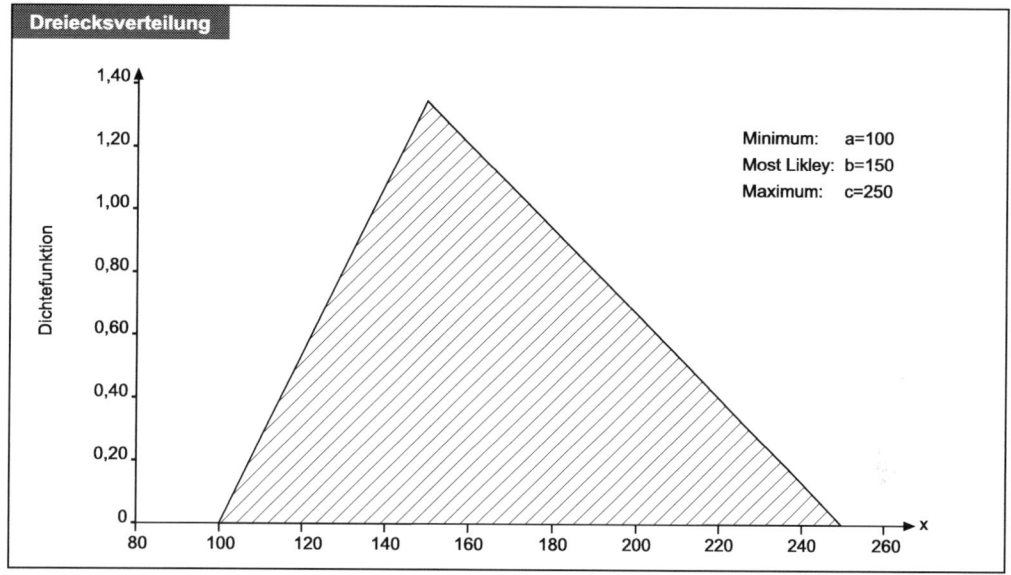

Abbildung 3.17: Dreiecksverteilung für Maschinenschaden

Das Risikomanagement schätzt die Kosten für diesen Fall auf Minimum $a=100$ T€ und Maximum $c=250$ T€. Am wahrscheinlichsten sehen sie die Kosten bei $b=150$ T€.

Der Erwartungswert einer Dreiecksverteilung wird mit der Formel

$$\frac{a+b+c}{3}$$

berechnet, und die Standardabweichung lässt sich mittels der Formel

$$\sqrt{\frac{a^2+b^2+c^2+ab-ac-bc}{18}}$$

ermitteln.[253]

Betaverteilung

Die Betaverteilung lässt sich durch die Festlegung weniger Parameter flexibel für die Modellierung verschiedener Risikoarten einsetzen.[254] Eine betaverteilte Zufallsvariable kann Werte in einem Intervall von 0 bis 1 annehmen. In ihrer üblichsten Form hat die Betaverteilung zwei Parameter, nämlich $\alpha > 0$ und $\beta > 0$.[255] Mittels dieser können verschiedene symmetrische und asymmetrische Verteilungsformen spezifiziert werden. Häufig wird die Betaverteilung auch als Grundlage für andere Verteilungen verwendet. Zusätzlich zu den beiden Form-

---

[253] Vgl. Gleißner (2008), S. 108.

[254] Vgl. von Metzler (2004), S. 67.

[255] Vgl. Henking; Bluhm; Fahrmeir (2006), S 100 f.

parametern α und β kann z.B. ein Minimum a und ein Maximum b vergeben werden. Die betrachtete Zufallsvariable kann hier Werte innerhalb des Intervalls zwischen a und b annehmen. Diese unmittelbar von der Betaverteilung abgeleitete Form wird in @Risk auch als Beta-General-Verteilung bezeichnet.[256]

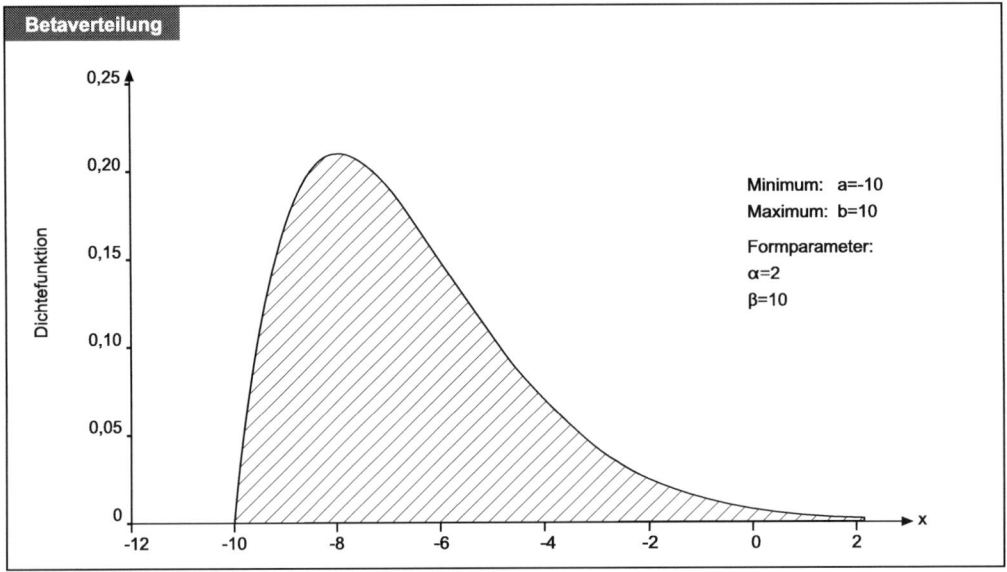

Abbildung 3.18: Betaverteilung

In Abbildung 3.18 wird die Beta-General-Verteilung mit einem Minimum $a=-10$ und einem Maximum $b=10$ sowie den beiden Formparametern $\alpha=2$ und $\beta=10$ dargestellt.

Gleichverteilung

Die Gleichverteilung stellt die mathematisch einfachste stetige Verteilungsform dar. Die betrachtete Zufallsvariable kann dabei nur Werte in einem Intervall zwischen einem Minimum a und einem Maximum b annehmen. Die Eintrittswahrscheinlichkeit ist innerhalb dieses Intervalls überall identisch.[257]

Die Gleichverteilung findet insbesondere dann Anwendung, wenn keine Annahmen über mögliche Eintrittswahrscheinlichkeiten getroffen werden können.[258] Abbildung 3.19 zeigt eine Gleichverteilung mit dem Minimumwert $a=-10$ und dem Maximumwert $b=10$.

---

[256] Vgl. Palisade Corporation (2009), S. 516 ff.
[257] Vgl. von Metzler (2004), S. 66.
[258] Vgl. Gleißner (2008), S. 108.

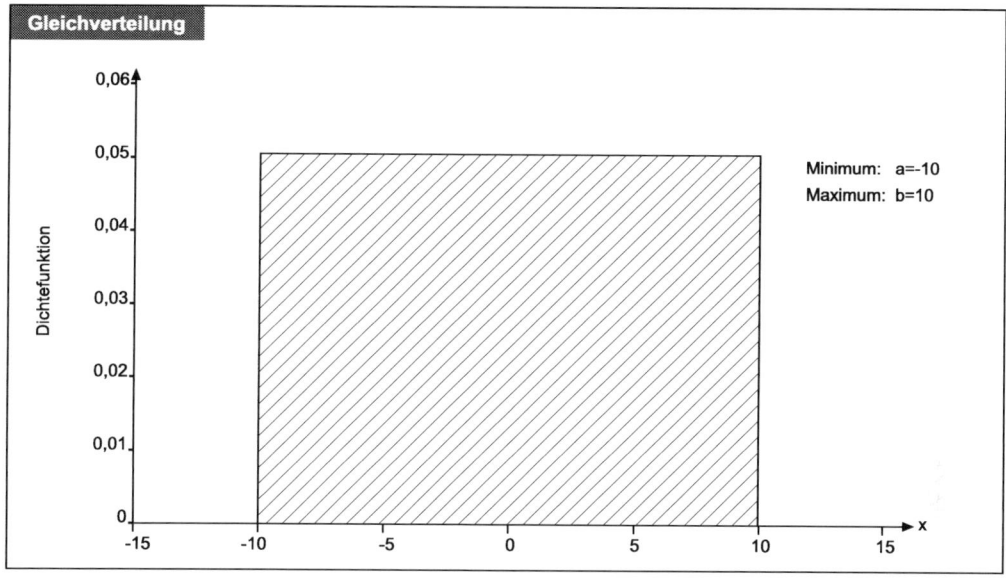

Abbildung 3.19: Gleichverteilung

Der Erwartungswert einer Gleichverteilung berechnet sich durch

$$\frac{a+b}{2}$$

und die Standardabweichung durch

$$\frac{b-a}{\sqrt{12}}.[259]$$

Risikomaße

Um Risiken in Zahlenwerten abzubilden und damit untereinander vergleichbar zu machen, eignen sich Risikomaße.[260] Die Berechnung von Risikomaßen erfolgt im Rahmen des Risikomanagementprozesses in der Phase der Risikobewertung und baut auf der quantitativen Beschreibung von Risiken (mittels geeigneter Wahrscheinlichkeitsverteilungen) auf.[261] Auf Basis von Wahrscheinlichkeitsverteilungen lassen sich Risikomaße, wie z.B. die Standardabweichung oder der Value at Risk, berechnen. Dies ist ebenfalls möglich, wenn Risiken durch verschiedene Verteilungsfunktionen beschrieben werden. Risikomaße können sich sowohl auf Einzelrisiken als auch auf den Gesamtrisikoumfang, wie beispielsweise den Gewinn vor Steuern einer Unternehmung, beziehen.[262] Soll die Gesamtrisikoposition bewertet

---

[259] Vgl. Gleißner (2008), S. 108.

[260] Vgl. Altenähr; Nguyen; Romeike (2009), S. 99.

[261] Vgl. Gleißner; Mott (2008), S. 58.

[262] Vgl. Gleißner (2008), S. 110.

werden, so erfordert dies eine Aggregation der Einzelrisiken bspw. mittels der Monte-Carlo-Simulation.[263] Risikomaße lassen sich generell in zwei Gruppen unterscheiden:[264]

- Als **Risikomaße im engeren Sinne** werden Maße bezeichnet, die sich auf ein einzelnes Risiko beziehen. Ein solches Risikomaß ist zum Beispiel die Standardabweichung.
- Maße, die das Risiko zweier Zufallsvariablen x und y zueinander in Beziehung setzen, wie beispielsweise die Kovarianz, werden hingegen als **Risikomaße im weiteren Sinne** bezeichnet.

Im Folgenden werden ausschließlich Risikomaße im engeren Sinne betrachtet. Diese lassen sich weiter nach dem Kriterium der Lageabhängigkeit in lageunabhängige und lageabhängige Risikomaße klassifizieren.

- Lageunabhängige Risikomaße, wie z.B. die Standardabweichung, bewerten das Risiko als Ausmaß der Abweichungen von einer Zielgröße und zeigen somit die negativen und positiven Abweichungen vom Erwartungswert.
- Dagegen sind lageabhängige Risikomaße, wie bspw. der Value at Risk, von der Höhe des Erwartungswertes abhängig.[265]

Des Weiteren lassen sich Risikomaße nach der Nutzung der Informationen aus der zugrunde liegenden Verteilung unterscheiden.[266]

- **Zweiseitige Risikomaße**, wie z.B. die Standardabweichung, berücksichtigen die Informationen vollständig, während
- **Einseitige-Risikomaße** (Downside-Risikomaße), wie bspw. der VaR und die LPM-Maße, die Verteilung nur ab einer bestimmten Grenze betrachten.[267]

Damit werden bei zweiseitigen Risikomaßen sowohl positive als auch negative Abweichungen vom Plan- bzw. Erwartungswert berücksichtigt, während bei einseitigen Risikomaßen nur Abweichungen in eine Richtung berücksichtigt werden. Abbildung 3.20 gibt einen Überblick über die genannten Risikomaße.

---

[263] Siehe Kapitel 4.4 „Verfahren der Risikoaggregation".

[264] Vgl. Gleißner (2006), S. 17 f.

[265] Vgl. Romeike; Hager (2009), S. 511.

[266] Vgl. Gleißner (2006), S. 18.

[267] Vgl. Gleißner (2006), S. 18.

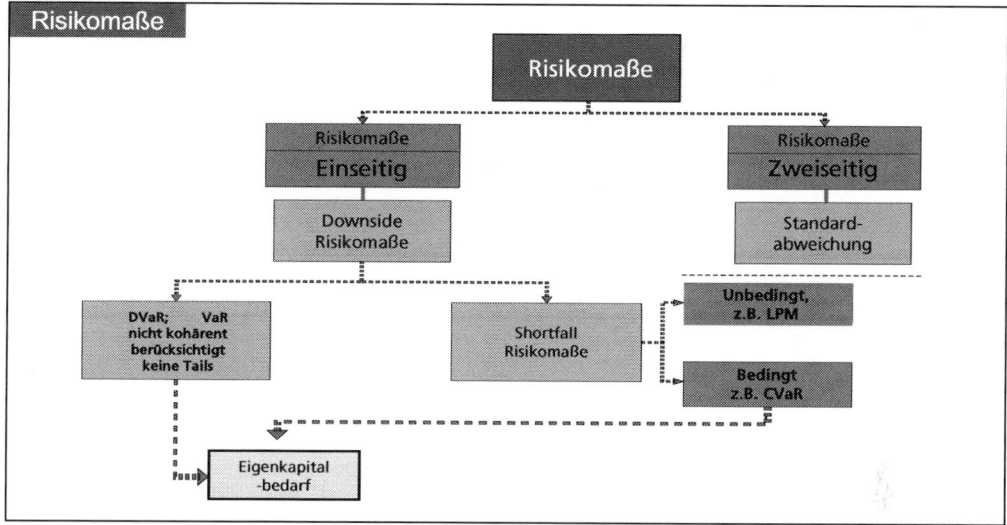

Abbildung 3.20: Risikomaße im Überblick[268]

Im Folgenden werden die Standardabweichung, der VaR, der Eigenkapitalbedarf, der Deviation Value at Risk (DVaR) sowie Lower Partial Moments (LPMs) als wichtige Risikomaße näher vorgestellt.

1. Standardabweichung

Die Standardabweichung ist ein bedeutendes Maß für die Streuung der Einzelwerte einer Zufallsvariablen X um den Erwartungswert.[269] Sie ist lageunabhängig und erfasst sowohl positive als auch negative Abweichungen vom Erwartungswert gleichermaßen.[270] Die Standardabweichung ergibt sich aus der positiven Quadratwurzel der Varianz[271] und wird notiert als:

$$\sigma(X) = \sqrt{Var(X)}$$

Gegenüber der Varianz hat die Standardabweichung den Vorteil, die gleiche Dimension wie der Erwartungswert der Zufallsvariablen (X) zu besitzen, so dass sie unmittelbar mit diesem verglichen werden kann. Dies ist darauf zurückzuführen, dass die Varianz eine quadratische Dimension aufweist, z.B. $\mathcal{E}^2$, die Standardabweichung hingegen nicht. In der finanzwirtschaftlichen Literatur ist die Standardabweichung auch unter dem Begriff Volatilität bekannt.[272]

---

[268] Eigene Darstellung in Anlehnung an Gleißner; Mott (2008), S. 58.

[269] Vgl. Schulte (1998), S. 47.

[270] Vgl. Gleißner (2008), S. 112.

[271] Siehe Seite 60.

[272] Vgl. Albrecht; Maurer (2002), S. 92.

2. Value at Risk

Der VaR als Risikomaß gibt den in Geldeinheiten berechneten Verlust eines Wertes an, der innerhalb eines bestimmten Zeitraumes mit einer festgelegten Wahrscheinlichkeit p (Konfidenzniveau) nicht überschritten wird.[273] Der VaR gehört zu der Gruppe der Downside-Risikomaße und betrachtet als einseitig orientiertes Risikomaß ausschließlich das „negative" Ende einer Wahrscheinlichkeitsverteilung. Er unterscheidet sich diesbezüglich von Streuungsmaßen wie der Standardabweichung oder der Varianz, die den Grad der Abweichung von einem Erwartungswert messen.[274]

Formal betrachtet stellt der VaR das (negative) Quantil einer Wahrscheinlichkeitsverteilung dar. Das x%-Quantil einer Verteilung kennzeichnet den Schwellenwert, bis zu dem x-Prozent aller möglichen Werte liegen. Der VaR kann bei einer Normalverteilung mit Erwartungswert $E(X)$ und Standardabweichung $\sigma(X)$ folgendermaßen berechnet werden:[275]

$$VaR_p(X) = -(E(X) + q_{1-\alpha}\sigma(X))$$

Der VaR ist also ein Maß für den wahrscheinlichen Höchstschaden auf Basis eines bestimmten Konfidenzniveaus. Auf die Bereiche unterhalb dieses Niveaus wird jedoch kein Bezug genommen, was aber nicht heißt, dass ein den VaR übersteigender Verlust nicht möglich ist. Der VaR zeigt lediglich die Verlustschwelle an, die unter normalen Rahmenbedingungen mit der vorgegebenen Wahrscheinlichkeit nicht überschritten wird.[276]

Der VaR ist jedoch nicht nur für eine Normalverteilung ermittelbar, sondern für beliebige Verteilungen.[277] Zur Berechnung des VaR bieten sich sowohl analytische Verfahren (Varianz-Kovarianz-Ansatz) als auch Simulationsansätze (Historische und Monte-Carlo-Simulation) an.[278]

3. Deviation Value at Risk

Wird der VaR als Abweichung vom Erwartungswert definiert, so spricht man vom **Deviation Value at Risk (DVaR)**. Für die Ermittlung des DVaR muss zunächst die Differenz der Zufallsvariablen X und des Erwartungswertes gebildet werden, bevor von der so ermittelten Zufallsgröße der VaR betrachtet werden kann.[279]

$$DVaR_\alpha(X) = VaR_\alpha(X - E(X))$$

---

[273] Vgl. Romeike (2003), S. 189.

[274] Vgl. Schmitz; Wehrheim (2006), S. 89.

[275] Vgl. Gleißner (2008), S. 112 – $q_{1-\alpha}$ ist das aus einer Tabelle ablesbare Quantil der Standardnormalverteilung zum Konfidenzniveau α.

[276] Vgl. Schmitz; Wehrheim (2006), S. 89.

[277] Vgl. Gleißner (2008), S. 112.

[278] Siehe ausführlich S. 74 ff.

[279] Vgl. Gleißner (2008), S. 129.

Der DVaR entspricht der unter dem betrachteten Sicherheitsniveau maximalen Abweichung vom Erwartungswert und zeigt somit den Gesamtrisikoumfang auf. Damit kann er ökonomisch auch als Maß für die Planungssicherheit interpretiert werden.[280]

Abbildung 3.21 zeigt zur Verdeutlichung den DVaR im Vergleich zum VaR bei einem Konfidenzniveau von 95 %.

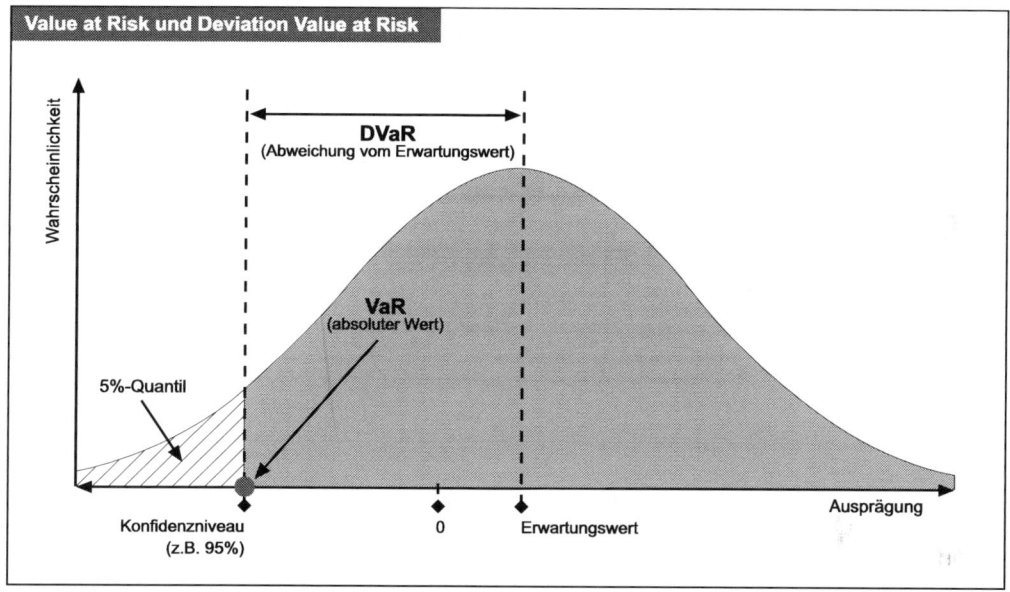

Abbildung 3.21: Value at Risk und Deviation Value at Risk

4. Risikobedingter Eigenkapitalbedarf

Ein mit dem VaR verwandtes, lageabhängiges Risikomaß ist der risikobedingte **Eigenkapitalbedarf (RAC)**. Er bezieht sich ausschließlich auf den Unternehmensertrag (Gewinn) und gibt an, wie viel Eigenkapital benötigt wird, um mögliche Verluste einer Periode zu decken. Er bestimmt sich aus der Differenz von null (Gewinnschwelle) und dem negativen Quantil einer Zufallsvariablen.[281]

Wie der VaR betrachtet auch das RAC den Verlauf der Dichtefunktion nur bis zu einem festgelegten Sicherheitsniveau (Konfidenzniveau). Welchen Verlauf die Dichte darunter nimmt, wird nicht berücksichtigt. Dieser Verlauf ist für den Eigenkapitalbedarf selber zwar unerheblich, kann für einen Investor aber durchaus von Bedeutung sein, wenn er das Risiko einer Anlage oder eines Unternehmens messen will.[282]

---

[280] Vgl. Wolfrum (2008), S. 61.
[281] Vgl. Gleißner (2006), S. 18.
[282] Vgl. Gleißner (2008), S. 113.

5.   Lower Partial Moments (LPMs)

Im Gegensatz zum VaR und dem Eigenkapitalbedarf berücksichtigen die Shortfall-Risikomaße wie die Lower Partial Moments alle Informationen bis zum linken Rand der Wahrscheinlichkeitsverteilung. Dazu wird zunächst ein Grenzwert definiert. Im Anschluss daran wird geprüft, welche Eigenschaften die Verteilung unterhalb dieses Wertes aufweist.[283]

Betrachtet man eine Gesamtrisikoposition (z.B. den Gewinn vor Steuern einer Unternehmung), so kann als Grenzwert beispielsweise die Gewinnschwelle abzüglich des im Unternehmen vorhandenen Eigenkapitals verwendet werden. Auf diese Weise lässt sich die Überschuldungswahrscheinlichkeit des Unternehmens bestimmen.[284] Alternativ kann als Grenzwert auch jede andere deterministische Zielgröße, zum Beispiel der Erwartungswert, verwendet werden.[285]

Bei den LPMs wird ein Mittelwert für alle aufgetretenen Grenzwertunterschreitungen gebildet. Es gibt verschiedene LPM-Maße, die sich lediglich darin unterscheiden, dass sie den Grenzwertunterschreitungen unterschiedliche Exponenten hinzufügen. Aus betriebswirtschaftlicher Sicht ist sowohl das LPM_0-Maß, welches den Mittelwert der Unterschreitungen mit null potenziert, das LPM_1-Maß, das die erste Potenz betrachtet, als auch das LPM_2-Maß, das die zweite Potenz des Mittelwertes der Unterschreitungen betrachtet, von Interesse.[286] Das LPM_0-Maß gibt damit die Shortfall-Eintrittswahrscheinlichkeit für die Unterschreitung des Grenzwertes an, während das LPM_1-Maß den Shortfall-Erwartungswert, d.h., mit welcher durchschnittlichen Unterschreitungshöhe zu rechnen ist, wiedergibt. Die Shortfall-Varianz wird durch das LPM_2-Maß gebildet.[287]

Mathematisch lassen sich Lower Partial Moments der Ordnung m allgemein wie folgt beschreiben:

$$LPM_m(c; X) = E(\max(c - X, 0)^m)$$

Methodisch folgt der Ansatz der Lower Partial Moments grundsätzlich dem Konzept der Momente in der Statistik. Mit Hilfe der Momente kann eine Verteilungsfunktion beschrieben werden. Bei den zentralen Momenten einer Wahrscheinlichkeitsverteilung wird der Erwartungswert als Referenzgröße verwendet. Das zentrale Moment zweiter Ordnung ist die Varianz, das zentrale Moment dritter Ordnung die Schiefe und das zentrale Moment vierter Ordnung die Wölbung (Kurtosis) einer Verteilung. Bei den Lower Partial Moments lassen sich im Rahmen des Risikomanagements jedoch nur die Momente der Ordnung m ≤ 2 betriebswirtschaftlich sinnvoll bewerten.[288]

---

[283]   Vgl. Wolke (2008), S. 54 f.
[284]   Siehe auch Kapitel 5.7.1.
[285]   Vgl. Gleißner (2006), S. 19.
[286]   Vgl. Wolke (2008), S. 55.
[287]   Vgl. Gleißner; Wolfrum (2009), S. 94.
[288]   Vgl. Wolke (2008), S. 56.

Traditionelle Verfahren der Risikoaggregation

Zu den traditionellen Verfahren der Risikoaggregation zählen sowohl die Addition von Höchstschadenswerten als auch von Schadenerwartungswerten.[289]

Addition von Höchstschadenswerten

Bei der Addition von Höchstschadenswerten handelt es sich um ein sehr einfaches Verfahren der Risikoaggregation. Die geschätzten Schadenhöhen einzelner Risiken werden zur Beurteilung des Gesamtrisikoumfangs des Unternehmens addiert. Dabei bleiben die Eintrittswahrscheinlichkeiten der jeweiligen Risiken allerdings unberücksichtigt, so dass impliziert wird, dass alle Risiken gleichzeitig in der jeweils betrachteten Periode eintreten.[290]

Dieses Verfahren wird in der Praxis zwar teilweise angewendet, ist jedoch aus methodischer Sicht kritisch zu betrachten. Die Wahrscheinlichkeit, dass alle identifizierten Risiken gleichzeitig eintreten, ist höchst unwahrscheinlich.[291] Die Summe der Höchstschadenswerte muss demnach richtig interpretiert und kommuniziert werden, damit keine Überschätzung der tatsächlichen Risikolage die Folge ist.[292]

Addition von Schadenerwartungswerten

Eine weitere einfach zu handhabende Methode der Risikoaggregation ist die Addition von Schadenerwartungswerten. Bei dieser Methode wird unterstellt, dass sich ein einzelnes Risiko durch die Eintrittswahrscheinlichkeit sowie die Höhe eines Schadens beschreiben lässt. Aus der Multiplikation von Eintrittswahrscheinlichkeit und Schadenhöhe ergibt sich der Schadenerwartungswert, der dann zu einem Gesamtrisikowert für das Unternehmen addiert wird.[293]

Die Kenntnis über den innerhalb eines Jahres zu erwartenden Schaden kann für betriebliche Entscheidungen eine wesentliche Information darstellen. Eine erwartungstreue Planung würde beispielsweise zu einem Erwartungswert der Risiken von null führen. Allerdings werden bei diesem Verfahren eben nicht die möglichen Schwankungen um den Erwartungswert gemessen, die das eigentlich zu betrachtende Risiko darstellen.[294]

Trotz der weiten Verbreitung dieses Verfahrens in der Praxis weist es erhebliche Schwächen auf. Ein wesentlicher Nachteil besteht darin, dass sich nach Verdichtung aus dem Erwartungswert die Konsequenzen des Risikoeintritts nicht mehr ableiten lassen. Seltene, aber schwerwiegende, evtl. sogar bestandsgefährdende Risiken, werden so unterschätzt.[295] Ebenfalls kritisch zu betrachten ist die Annahme, dass sich ein Einzelrisiko nur durch zwei Zustände beschreiben lässt: z.B. das Risiko tritt mit einer genau definierten Schadenhöhe ein,

---

[289] Vgl. Gleißner (2004b), S. 352 ff.
[290] Vgl. Gleißner (2008), S. 139.
[291] Vgl. Gleißner (2008), S. 139.
[292] Vgl. Offerhaus; Hempel (2008), S. 219.
[293] Vgl. Offerhaus; Hempel (2008), S. 219.
[294] Vgl. Offerhaus; Hempel (2008), S. 219 f.
[295] Vgl. Denk; Exner-Merkelt; Ruthner (2008), S. 105.

und das Risiko tritt nicht ein (Binomialverteilung). Bei vielen Risiken können sich jedoch unterschiedlich große Schäden ergeben. Ebenso liegt nahe, dass viele Risiken andere Verteilungsfunktionen aufweisen.[296]

Bei beiden Verfahren bleiben die zur Bestimmung des Gesamtrisikoumfangs erforderlichen wechselseitigen Abhängigkeiten zwischen Risiken unberücksichtigt. Trotz dieser erheblichen methodischen Schwächen werden diese beschriebenen Verfahren zur Risikoaggregation aufgrund ihrer relativ einfachen Umsetzung und Verständlichkeit noch in vielen Unternehmen angewendet.

Statistisch-mathematische Verfahren der Risikoaggregation

1.   Analytische Verfahren: Der Varianz-Kovarianz Ansatz.

Bei dem Varianz-Kovarianz-Ansatz handelt es sich um ein analytisches Verfahren zur Bestimmung des VaR, einer Gesamtrisikoposition.[297] Der Varianz-Kovarianz-Ansatz wird häufig synonym mit der korrekteren Bezeichnung „Delta-Normal-Ansatz verwendet[298] und basiert auf der Portfoliotheorie nach F.M. Markowitz.

Dabei wird zunächst die Varianz für jede im Risikoportfolio befindliche Risikoposition ermittelt. Unter Berücksichtigung von Wechselwirkungen zwischen den einzelnen Risikopositionen erfolgt anschließend die Ermittlung der Varianz des gesamten Risikoportfolios. Daraus lassen sich im Anschluss die Standardabweichung des Portfolios sowie der VaR ableiten.[299] Unter der Bedingung, dass die Ergebnisse verschiedener Aktivitäten normalverteilt sind, kann anhand der folgenden Formeln das Gesamtrisiko als Vielfaches der Volatilität bzw. des VaR unmittelbar ermittelt werden.[300]

Für die Varianz der Summe zweier Zufallsvariablen gilt:

$$Var(X + Y) = Var(X) + Var(Y) + 2Cov(X,Y)$$

Für m Zufallsvariablen $X_1 \ldots\ldots X_m$ gestaltet sich die Formel wie folgt:

$$Var(X_1 + X_2 + \ldots\ldots + X_m) = \sum_{i=1}^{m} Var(X_i) + \sum_{i=1}^{m} \sum_{\substack{j=1, \\ j \neq 1}}^{m} Cov(X_i, X_j)$$

[296]   Vgl. Gleißner (2008), S. 141.

[297]   Vgl. Romeike; Hager (2009), S. 151.

[298]   Vgl. Romeike; Hager (2009), S. 151.

[299]   Vgl. Siemes; Dahms (2009), S. 53.

[300]   Vgl. Rommelfanger (2008), S. 37.

Alternativ lässt sich die Gesamtvarianz durch folgende vereinfachte Formel ermitteln:

$$Var(X_1 + X_2 + \ldots + X_m) = \sigma^T \cdot K \cdot \sigma$$

$$\sigma^T = (\sigma_{X_1}, \ldots, \sigma_{x_m})$$

ist dabei der Vektor der Einzelvolatilitäten und

$$K = \begin{pmatrix} 1 & \rho_{x_1 x_2} & \cdots & \rho_{x_1 x_{m-1}} & \rho_{x_1 x_m} \\ \rho_{x_2 x_1} & 1 & \cdots & \rho_{x_2 x_{m-1}} & \rho_{x_2 x_m} \\ \vdots & \vdots & \ddots & \vdots & \vdots \\ \rho_{x_m x_1} & \rho_{x_m x_1} & \cdots & 1 & \rho_{x_m x_1} \\ \rho_{x_m x_1} & \rho_{x_m x_1} & \cdots & \rho_{x_m x_{m-1}} & 1 \end{pmatrix}$$

symbolisiert die Matrix der Korrelationskoeffizienten.

Der Gesamt-VaR ergibt sich aus der Wurzel dieser Formel:

$$VaR_{Ges} = \sqrt{\sigma^T \cdot K \cdot \sigma}$$

Der Varianz-Kovarianz-Ansatz ist ein einfaches und schnell im Unternehmen zu implementierendes Verfahren.[301] Seine Anwendung erfordert allerdings, dass sich die Risikofaktoren vollständig durch Volatilitäten, Korrelationskoeffizienten und Mittelwerte beschreiben lassen.[302] Damit wird eine Normalverteilung impliziert, so dass Extremereignisse, so genannte „fattails", nicht berücksichtigt werden. Eine Aggregation von Risiken, die sich nicht durch eine Normalverteilung beschreiben lassen, ist damit unmöglich.[303] Auch wenn die Normalverteilungsannahme als zutreffend angesehen werden kann, besteht das Problem, die Parameter aus den vorliegenden Beobachtungsdaten zu schätzen. Ein weiterer Nachteil ist, dass nur lineare Abhängigkeiten zwischen Risiken berücksichtigt werden können. Nichtlineare Wechselwirkungen zwischen Risiken, wie z.B. eine multiplikative Verknüpfung zwischen Absatzmengen und Absatzpreisrisiken, gehen nicht in die Berechnung ein. Ein Bezug der Risiken zur Unternehmensplanung wird mittels dieses Ansatzes ebenfalls nicht geschaffen.[304]

---

[301]   Vgl. Romeike; Hager (2009), S. 153.
[302]   Vgl. Rommelfanger (2008), S. 38.
[303]   Vgl. Romeike; Hager (2009), S. 153.
[304]   Vgl. Gleißner (2008), S. 135 f.

Da die Bedingungen zur Anwendung des Varianz-Kovarianz-Verfahrens in der Praxis meist nicht gegeben sind[305] sowie die erforderliche Datenmenge mit zunehmender Anzahl der im Portfolio enthaltenen Risiken exponentiell anwächst, ist der Varianz-Kovarianz-Ansatz im Unternehmen meist nur für eine ausgewählte Anzahl an Risikopositionen (wesentliche Risiken) geeignet.[306] Ohne eine Fokussierung auf wesentliche Risiken wäre eine Anwendung dieses Verfahrens zur Risikoaggregation sehr aufwendig bzw. unmöglich.[307]

2.   Simulationsbasierte Verfahren der Risikoaggregation.

Zu den simulationsbasierten Verfahren der Risikoaggregation zählen sowohl die historische Simulation als auch die Monte-Carlo-Simulation. Beide Verfahren werden im Folgenden betrachtet und anschließend auf ihre Eignung zur Risikoaggregation hin kritisch überprüft.

Historische Simulation

Mit Hilfe der historischen Simulation werden Risikopositionen unter Verwendung historischer Daten unabhängig von Parametern bzw. Einflussfaktoren bewertet. Aus der Vergangenheit werden dazu Verteilungen für die zu betrachtende Risikoposition ermittelt, um ihre zukünftige Entwicklung und daraus eine Verteilung für die betrachtete Risikoposition abzuschätzen. Dabei werden innerhalb eines zuvor festgelegten Zeitraums n Werte für eine Risikoposition betrachtet, aus denen n-1 absolute bzw. relative Wertveränderungen ermittelt werden können. Der VaR lässt sich durch Betrachtung des Anteils von a der ermittelten Werte für ein Konfidenzintervall 1-a ermitteln.

Bei der historischen Simulation wird unterstellt, dass nur die Risikofaktoren, die in der Vergangenheit eingetreten sind, den Marktwert der zu betrachtenden Risikoposition in der Zukunft beeinflussen.[308] Demnach lassen sich mit Hilfe der historischen Simulation nur Entwicklungen prognostizieren, die sich in der Vergangenheit unter einer anderen Konstellation schon ereignet haben. Zukunftsorientierte Marktdaten, wie implizite Volatilitäten, werden nicht betrachtet.[309]

Monte-Carlo-Simulation

Ein weit verbreitetes Verfahren zur Risikoaggregation ist die Monte-Carlo-Simulation. Mittels dieser lassen sich Wahrscheinlichkeitsverteilungen von Zufallsgrößen experimentell bestimmen. Auf Basis von Risikofaktoren und deren Wahrscheinlichkeitsverteilungen können Ergebniswerte simuliert werden, deren Struktur und Verhalten noch unbekannt sind.[310]

---

[305]   Vgl. Rommelfanger (2008), S. 39.

[306]   Vgl. Siemes; Dahms (2009), S. 53.

[307]   Vgl. Siemes; Dahms (2009), S. 53.

[308]   Vgl. Romeike (2003), S. 190.

[309]   Vgl. Hager (2004), S. 138.

[310]   Vgl. Exner-Merkelt (2007), S. 23.

Der Name dieser Methode geht vermutlich auf die weltbekannte Spielbank in Monte-Carlo, einem Stadtteil des Fürstentums Monaco, zurück.[311] Analog dem Glücksspiel Roulette besteht der Kern dieser Simulation in der Erzeugung von Zufallszahlen. Während diese beim Roulette mittels eines einfachen mechanischen Zufallszahlengenerators ermittelt werden, werden die Zufallszahlen bei der Monte-Carlo-Simulation mit einem mathematischen Algorithmus erzeugt. Für den Benutzer wirken die errechneten Zahlen zwar zufällig, tatsächlich handelt es sich jedoch um Pseudo-Zufallszahlen, die nach einem bestimmten Algorithmus errechnet werden.[312]

Bei Anwendung der Monte-Carlo-Simulation im Rahmen des Risikomanagements werden zunächst die Risiken bzw. die durch Wahrscheinlichkeitsverteilungen beschriebenen Wirkungen der Einzelrisiken in einem Rechenmodell des Unternehmens den entsprechenden Positionen der Unternehmensplanung, etwa der Plan-Gewinn-u.-Verlustrechnung oder der Plan-Bilanz, zugeordnet und mit einer Zielgröße (z.B. Gewinn vor Steuern) verknüpft.[313]

Anschließend wird in mehreren tausend Simulationsläufen unter Verwendung von Zufallszahlen ein Geschäftsjahr simuliert. Dabei werden die unbekannten Parameter durch Zufallszahlen ermittelt, um so die Wirkungen der Einzelrisiken auf die entsprechenden Positionen der Plan-GuV oder Plan-Bilanz bestimmen zu können.[314] Die mittels Zufallszahlen generierten Parameter basieren wiederum auf einer Verteilung, die entweder theoretisch ermittelt werden muss oder sich aus historischen Daten ableiten lässt.[315]

Unter Simulationsgesichtspunkten lassen sich Risiken dabei generell in verteilungs- und ereignisorientierte Risiken unterscheiden. Verteilungsorientierte Risiken treten mit einer Wahrscheinlichkeit von 100 % auf und können als Schwankungsbreite um einen Planwert bzw. eine Zielgröße modelliert werden (beispielsweise das Zinsänderungsrisiko). Dagegen treten ereignisorientierte Risiken (wie z.B. Zusatzkosten durch einen Maschinenausfall) nur mit einer bestimmten Wahrscheinlichkeit, d.h. von 0-100 % auf und beeinflussen die jeweilige Zielgröße meist über das außerordentliche Ergebnis nur im Falle ihres Eintritts.[316]

Abbildung 3.22 stellt dar, dass sich bei jedem Simulationslauf andere Zusammensetzungen möglicher Ausprägungen der Risiken ergeben.

---

[311] Vgl. Hager (2004), S. 145.
[312] Vgl. Romeike (2003), S. 194.
[313] Vgl. Gleißner; Romeike (2008), S. 38 / Exner Merkelt (2007), S. 23 / Gleißner (2004b), S. 355.
[314] Vgl. Romeike (2003), S. 194.
[315] Vgl. Romeike (2003), S. 194 f.
[316] Vgl. Gleißner; Romeike (2008b), S. 203.

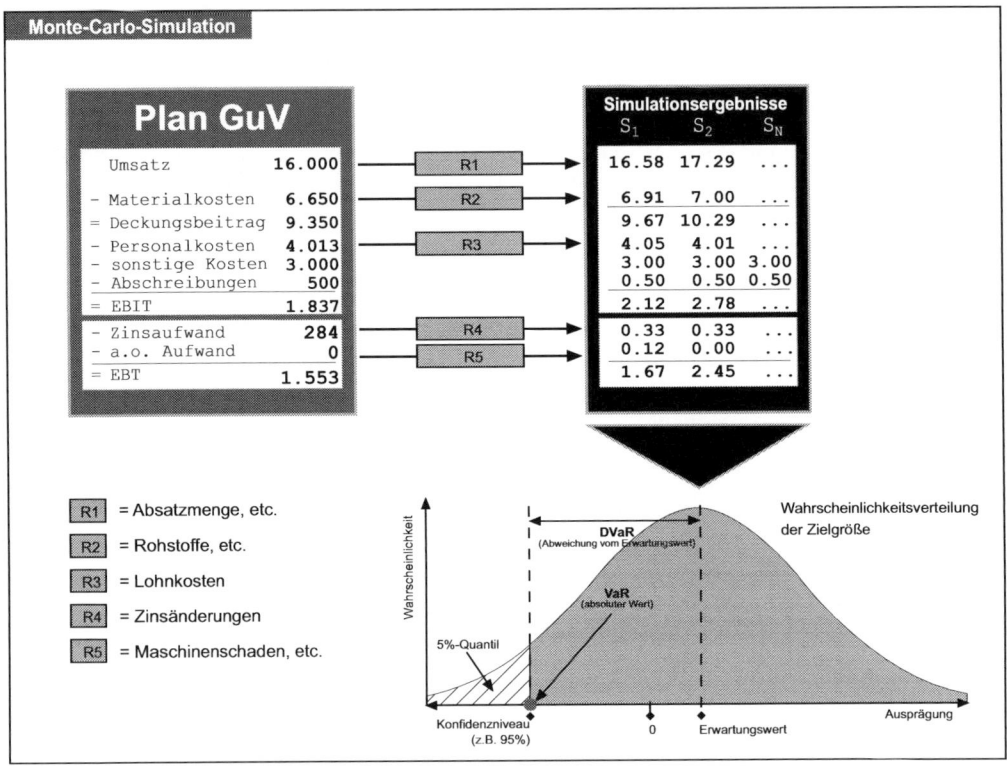

Abbildung 3.22: Ablauf der Monte-Carlo-Simulation[317]

Auf diese Weise erhält man in jedem Simulationslauf einen Wert für die betrachtete Zielgröße, wie beispielsweise den Gewinn. Mit Hilfe des Simulationsverfahrens wird somit das
komplexe Problem der analytischen Aggregation einer Vielzahl unterschiedlicher Wahrscheinlichkeitsverteilungen durch eine numerische Näherungslösung ersetzt.[318]

Das Ergebnis der Simulation liefert eine repräsentative Stichprobe aller möglichen Risiko-
Szenarien des betrachteten Unternehmens.[319] Aus den ermittelten Risiko-Szenarien ergeben
sich aggregierte Wahrscheinlichkeitsverteilungen (Dichtefunktionen). Daraus lassen sich
wichtige Kennzahlen bzw. Risikomaße, wie z.B. Risikoerwartungswerte, Standardab-
weichungen, Quantile und der VaR ableiten.

Darüber hinaus können z.B. der Eigenkapitalbedarf (RAC) sowie die Gesamtrisikoposition
(DVaR) eines Unternehmens als VaR-basierte Kennzahlen bestimmt werden. Mit einer an-
schließenden Sensitivitätsanalyse ist es möglich, bedeutende Einflussfaktoren (Einzelrisiken)
auf die Streuung der Zielgröße zu identifizieren.

---

317   Eigene Darstellung in Anlehnung an Siemes; Dahms (2009), S. 55.
318   Vgl. Gleißner; Meier (2001), S. 126.
319   Vgl. Gleißner (2004b), S. 355.

Eine gängige Methode zur Ermittlung der Sensitivitäten stellt die Bestimmung der Rangkorrelationen nach der Spearman-Koeffizienten-Berechnung dar. Dabei wird der Rangkorrelationskoeffizient zwischen der betrachteten Zielgröße und den unterschiedlichen Eingabeverteilungs-Werteproben ermittelt.[320] Dieser Wert kann zwischen -1 und 1 liegen. Ein Wert von null gibt an, dass die betrachteten Größen keine Korrelationen aufweisen und somit unabhängig voneinander sind. Bei einem Wert von +1 hingegen besteht eine völlig positive Korrelation. Das bedeutet: Wird ein „hoher" Eingabewert erhoben, muss die Werteprobe für die Zielgröße auch „hoch" sein.[321] Das Gegenteil gilt für einen Korrelationskoeffizienten von -1.

Zusammenfassend lässt sich der allgemeine Ablauf einer Monte-Carlo-Simulation wie folgt beschreiben:[322]

- Formulierung der Zusammenhänge zwischen den Inputgrößen (Einzelrisiken) und der Zielgröße (Outputgröße), z.B. Gewinn vor Steuern in einem Rechenmodell.
- Beschreibung der einzelnen Inputgrößen mit einer geeigneten Wahrscheinlichkeitsverteilung.
- Ermittlung der Zusammenhänge (Korrelationen) zwischen den verschiedenen Inputgrößen.
- Computergestützte Erzeugung der für die Monte-Carlo-Simulation benötigten Zufallszahlen und deren Umwandlung in die benutzten Verteilungen der Inputgrößen (z.B. Normalverteilung, Dreiecksverteilung oder Binomialverteilung). Dabei erhalten alle unabhängigen Inputgrößen eigens errechnete Zufallswerte.
- Ermittlung eines Szenarios aus den gewonnenen Zufallszahlen und den hinterlegten Verteilungen.
- Eine tausendfache Wiederholung der Simulation (Schritte 4 und 5), z.B. 50.000 Simulationsläufe, ergibt eine entsprechend hohe Anzahl an Szenarien mit unterschiedlichen Ergebniswerten.
- Aus den erhaltenen Realisationen der Zielgröße ergeben sich aggregierte Wahrscheinlichkeitsverteilungen. Dabei gilt: Je mehr Simulationsläufe durchgeführt werden, desto homogener wird die erhaltene Häufigkeitsverteilung der Outputgröße, so dass hieraus stabile Verteilungen, statistische Kennzahlen und Risikomaße abgeleitet werden können.
- Auswertung der erhaltenen Wahrscheinlichkeitsverteilungen anhand der ermittelten Kennzahlen bzw. Risikomaße.

Für die Durchführung der Risikoaggregation mittels Monte-Carlo-Simulation wird eine geeignete Software benötigt. Einerseits können hierfür Programme, in denen die Struktur des Aggregationsmodells schon in weiten Teilen vorgegeben ist, verwendet werden. Der Vorteil bei dieser Art von Software besteht darin, dass sie schnell im Unternehmen einsetzbar ist. Dabei kann allerdings auf die individuellen Anforderungen der Unternehmung nur bedingt eingegangen werden.

---

[320] Vgl. @Risk Benutzerhandbuch; S. 142.
[321] Vgl. @Risk Benutzerhandbuch; S. 412.
[322] Vgl. Rauh, Berenz, Heißenhuber (2007), S. 4 / Gleißner (2008), S. 144 / Rommelfanger (2008), S. 40 / Gleißner (2011), S. 190 ff.

Andererseits kann die Kalkulationssoftware Microsoft Excel mit einem Add-In (z.B. @Risk, Risk Kit oder Crystal Ball) verwendet werden. Diese Softwarelösung setzt keine spezielle Planungsstruktur voraus und kann individuell an die Bedürfnisse des Unternehmens angepasst werden.[323] In jedem Falle sollte aber darauf geachtet werden, dass die Risiken mit den passenden Verteilungsfunktionen beschrieben werden können, d.h., das Programm über die nötigen Verteilungen verfügt.[324]

Kritische Würdigung der Verfahren zur Risikoaggregation

Wie die vorherigen Ausführungen zeigen, werden in der Praxis unterschiedliche Verfahren zur Risikoaggregation verwendet, die jedoch teilweise im Hinblick auf die Bestimmung des Gesamtrisikoumfangs kritisch zu beurteilen sind.

Traditionelle Verfahren werden zwar aufgrund ihrer relativ einfachen Handhabung in vielen Unternehmen angewendet, geben jedoch den Gesamtrisikoumfang nicht realistisch wieder. Der durch die Addition von Höchstschadenswerten ermittelte Gesamtschadenswert ist beispielsweise nur für den sehr unwahrscheinlichen Fall bedeutsam, dass alle Risiken gleichzeitig eintreten.[325] Dagegen wird der Gesamtrisikoumfang bei der Addition von Schadenerwartungswerten regelrecht unterschätzt, da sich anhand des ermittelten Erwartungswerts die jeweilige Eintrittswahrscheinlichkeit und Schadenhöhe des Risikoeintritts nicht mehr nachvollziehen lassen. Die zur Bestimmung des Gesamtrisikoumfangs wichtige Berücksichtigung von Korrelationen (wechselseitigen Abhängigkeiten) erfolgt bei beiden Verfahren nicht.

Dagegen ermitteln analytische sowie simulationsbasierte Verfahren die Gesamtrisikolage des Unternehmens auf Basis des VaR. Verschiedene Risikopositionen werden somit über eine einzige Kennzahl vergleichbar.[326] Den VaR-basierten Verfahren ist die Aggregation einzelner Risiken somit inhärent.[327] In diesem Zusammenhang wird in der Literatur häufig zwischen Value at Risk und Cashflow-at-Risk (CFaR) unterschieden, wobei der VaR das Risiko in Bezug auf eine Bestandsgröße (Vermögenswert etc.), der CFaR dagegen das Risiko im Verhältnis zu einer Stromgröße (Gewinn, Cashflow etc.) beschreiben soll. Im Rahmen dieses Buches erfolgt keine eigens differenzierte Behandlung beider Termini, da bei beiden Zielgrößen von einem Risiko bezüglich des Wertes dieser Zielgröße gesprochen werden kann, d.h. von einem VaR.[328]

Der Varianz-Kovarianz-Ansatz als ein analytisches Verfahren wird meist zur Einschätzung finanzwirtschaftlicher Risiken genutzt. Unter der Annahme, dass sich alle Risiken durch eine Normalverteilung beschreiben lassen, können Risiken hier zu einer den Gesamtrisikoumfang beschreibenden Wahrscheinlichkeitsverteilung aggregiert werden.[329]

---

[323] Vgl. Gleißner; Romeike (2008c); S. 315.

[324] Vgl. Gleißner; Berger (2007); S. 39.

[325] Vgl. Gleißner; Meier (2001), S. 266.

[326] Vgl. Jorion (2007), S. 106.

[327] Vgl. Offerhaus; Hempel (2008), S. 220.

[328] Vgl. Offerhaus; Hempel (2008), S. 221.

[329] Vgl. Gleißner (2008), S. 135.

Für die Anwendung in einem unternehmensweiten integrierten Risikomanagement ist dieser Ansatz hingegen nicht von Bedeutung. Dies liegt zum einen daran, dass bei einem umfassenden Risikomanagementansatz auch Risiken zu aggregieren sind, die sich durch andere Verteilungen als die Normalverteilung (wie z.B. Dreiecksverteilung, Gleichverteilung, Binomialverteilung etc.) beschreiben lassen. Andererseits stellen analytische Verfahren keinen Bezug zur Unternehmensplanung her, so dass Wechselwirkungen, z.B. zwischen Absatzmengen und Absatzpreisen, nicht berücksichtigt werden können.[330]

Zumeist ist die Durchführung historischer Simulationen im Rahmen eines unternehmensweiten Risikomanagements ebenso wenig relevant wie der Varianz-Kovarianz-Ansatz. Dies liegt vor allem daran, dass viele Risikosituationen im Unternehmen nur selten eintreten und daher keine entsprechenden Zeitreihen von Schadensfällen im Unternehmen zur Auswertung vorhanden sind.[331]

Nur die Monte-Carlo-Simulation erfüllt die genannten Anforderungen an ein Risikoaggregationsverfahren im Sinne eines unternehmensweiten Risikomanagements. So lassen sich mit Hilfe der Monte-Carlo-Simulation Risiken erfassen, die durch beliebige Wahrscheinlichkeitsverteilungen beschrieben werden. Auch nichtadditive Verknüpfungen der Risiken (wie etwa multiplikative) können berücksichtigt werden. Ebenso wird ein Bezug zur Unternehmensplanung hergestellt. Dies ist bedeutsam, da Risiken zu Planabweichungen der Zielgrößen führen können.[332]

Da nur die Monte-Carlo-Simulation die genannten Anforderungen der Risikoaggregation im Rahmen eines unternehmensweiten Risikomanagements erfüllt, erfolgt im nächsten Kapitel, aufbauend auf den bisher dargestellten theoretischen Grundlagen, die Ermittlung des aggregierten Gesamtrisikos mittels Monte-Carlo-Simulation am Beispiel eines Maschinenbauunternehmens.

3.2.6 Schritt 6: Steuerung von Risiken

Nach Ermittlung des Gesamt-Bruttorisikos im Unternehmen ist zu entscheiden, welche Risiken unmittelbaren Handlungsbedarf für das Unternehmen auslösen und durch welche Strategien diese reduziert werden können. Wird ein Handlungsbedarf festgestellt, so müssen entsprechende Maßnahmen zur Risikosteuerung eingeleitet werden, welche die Schäden aus dem Risikoeintritt beseitigen oder verringern.[333]

Das Ziel der Risikosteuerung besteht darin, die ermittelte Gesamtrisikoposition eines Unternehmens gezielt durch Maßnahmen der Risikosteuerung positiv zu beeinflussen. Dadurch soll neben der Reduzierung der Gesamtrisikoposition ein ausgewogenes Verhältnis zwischen

---

[330] Vgl. Gleißner (2008), S. 135.

[331] Vgl. Offerhaus; Hempel (2008), S. 223.

[332] Vgl. Gleißner (2008), S. 224 f.

[333] Vgl. Gleißner; Meier (2001), S. 206.

Chancen und Risiken erreicht werden.[334] Die Risiko-Steuerungsmaßnahmen können dabei sowohl auf das Vermeiden von Risiken als auch auf eine Limitierung der Schadenhöhe oder die Verringerung der Eintrittswahrscheinlichkeit abzielen.[335]

Bei der Auswahl der anzuwendenden Steuerungsmaßnahmen sind die jeweils angestrebte und in der Risikopolitik des Unternehmens verankerte Risikopräferenz, die Risikoziele sowie die zur Sicherstellung einer wirtschaftlich sinnvollen Risikobewältigung anfallenden Kosten des Unternehmens zu berücksichtigen.[336] Dem Unternehmen stehen dabei grundsätzlich aktive und passive Risikosteuerungsmaßnahmen zur Verfügung, nach deren Anwendung ein Restrisiko (Nettorisiko) im Unternehmen verbleibt.

Aktive Risikosteuerungsmaßnahmen

Aktive Maßnahmen zur Risikosteuerung gestalten und beeinflussen die Risikostruktur mit dem Ziel, die Eintrittswahrscheinlichkeit und/oder die Tragweite der Risiken zu vermeiden, zu minimieren oder zu begrenzen indem sie den Risikoentstehungsprozess bereits an dessen Wurzel angehen.[337]

- Die **Risikovermeidung**, als aktive Risikosteuerungsmaßnahme, versucht die Einzelrisiken in ihrem Ursprung anzugehen und zu beseitigen. Danach könnte eine Risikovermeidung z.B. den Ausstieg aus einem gefährlichen Projekt oder Geschäftsbereich bedeuten.[338] Allerdings ist in diesem Zusammenhang zu beachten, dass ohne die Übernahme von Risiken auch keine Chancen generiert werden können.[339] Daher sollte die Strategie der Risikovermeidung nur im Ausnahmefall und nur auf einzelne Risiken angewendet werden, wenn keine anderen effektiven Maßnahmen der Risikobewältigung zur Verfügung stehen.[340]

- Eine weniger extreme Form der aktiven Risikosteuerungsmaßnahmen stellt die **Risikoverminderung** dar, bei der versucht wird, mit Hilfe geeigneter Steuerungsmaßnahmen die Eintrittswahrscheinlichkeit und/oder Schadenhöhe von Risiken auf ein erträgliches Maß zu reduzieren. Dabei kann zwischen personellen (z.B. Schulung), technischen (z.B. technische Sicherheitseinrichtungen) und organisatorischen Maßnahmen (z.B. Verbesserung von Arbeitsabläufen) unterschieden werden. Im Gegensatz zur Risikovermeidung verbleibt bei der Risikominderung noch ein Restrisiko im Unternehmen.[341]

---

[334] Vgl. Diederichs; Form; Reichmann (2004), S. 193.

[335] Vgl. Gleißner (2008), S. 159.

[336] Vgl. Pauli (2009), S. 21.

[337] Vgl. Altennähr; Nguyen; Romeike (2009), S. 117.

[338] Vgl. Altennähr; Nguyen; Romeike (2009), S. 118.

[339] Vgl. Schierenbeck; Lister (2002), S. 354.

[340] Vgl. Martin; Bär (2002), S. 103 / Schierenbeck; Lister (2002), S. 354.

[341] Vgl. Hölscher (2006), S. 367 f.

- Als weitere aktive Steuerungsmaßnahme lässt sich die **Risikobegrenzung** mit ihren Teilbereichen, der Risikostreuung (Risikodiversifikation) und Risikolimitierung, aufführen.[342] Die Risikodiversifikation basiert auf der Portfoliotheorie nach Markowitz,[343] die besagt, dass die Kombinationen nicht vollständig miteinander korrelierender Anlagemöglichkeiten innerhalb eines Portfolios die Summe der Einzelrisiken (teilweise) neutralisieren.[344] Mittels der Risikolimitierung lassen sich die Vorgaben des Managements bezüglich der Limits (z.B. Verlustobergrenzen) für das Eingehen von Risiken regeln.[345]

Passive Risikosteuerungsmaßnahmen

Im Gegensatz zu aktiven Risikosteuerungsmaßnahmen lassen passive Risikobewältigungsmaßnahmen die Risikostrukturen unverändert und beeinflussen folglich die Eintrittswahrscheinlichkeit und das Schadenausmaß nicht.[346] Die Strategien der passiven Risikobewältigung sind darauf ausgerichtet, eine entsprechende Risikovorsorge zu betreiben. Diese kann zum einen in der Abwälzung der Konsequenzen aus schlagend werdenden Risiken bestehen. Zum anderen kann diese darin bestehen, entsprechende Risikodeckungsmassen bereitzustellen, um Risikoauswirkungen auffangen zu können.[347]

- Bei der **Risikoüberwälzung** wird versucht, die finanziellen Wirkungen der Risiken auf andere Unternehmen zu übertragen.[348] Die Risiken werden z.B. durch einen Versicherungsvertrag, Finanzderivate,[349] Vertragsbedingungen (z.B. Leasing oder Factoring) oder alternative Instrumente (Risk Bonds, Contingent Capital, Versicherungsderivate)[350] auf einen anderen Risikoträger überwälzt.[351]

- Da die genannten Risikosteuerungsalternativen die bestehenden Risiken nicht vollständig eliminieren können bzw. sollen, bleibt im Unternehmen ein bestimmtes Restrisiko (Nettorisiko) bestehen. Dieses muss zwangsläufig bzw. bewusst von der Unternehmung selbst getragen, d.h. **übernommen** werden.[352] Ein **bewusstes Akzeptieren** von Risiken und damit der Verzicht auf die Anwendung der bereits aufgeführten Risikosteuerungsmaßnahmen bietet sich an, wenn sich ein Risiko sowohl durch eine geringe Eintrittswahrscheinlichkeit als auch ein geringes Schadenausmaß auszeichnet oder aber die Gegensteuerungsmaßnahmen einen unverhältnismäßig hohen Aufwand für das Unternehmen zur Folge hätten.[353]

---

[342] Vgl. Diederichs (2010), S. 191 / Wolf; Runzheimer (2009), S. 90 ff.

[343] Vgl. Markowitz (1952), S. 77 ff.

[344] Vgl. Schlienkamp (1998), S. 316.

[345] Vgl. Diederichs (2010), S. 191.

[346] Vgl. Denk; Exner-Merkelt; Ruthner (2008), S. 128.

[347] Vgl. Schierenbeck; Lister (2002), S. 352.

[348] Vgl. Denk; Exner-Merkelt; Ruthner (2008), S. 129.

[349] Finanzderivate dienen primär der Absicherung von Marktpreisrisiken.

[350] Zur Definition dieser Instrumente vgl. Schierenbeck; Lister (2002), S. 359.

[351] Vgl. Schierenbeck; Lister (2002), S. 356.

[352] Vgl. Zellmer (1990), S. 73.

[353] Vgl. Diederichs (2010), S. 194.

Zur Absicherung müssen in beiden Fällen entsprechende Deckungspotenziale in Form von Liquiditätsreserven und Eigenkapital im Unternehmen vorhanden sein bzw. gebildet werden **(Risikovorsorge)**, damit die Risiken getragen werden können.[354]

Abbildung 3.23 verdeutlicht das Zusammenwirken der genannten Risikosteuerungsmaßnahmen.

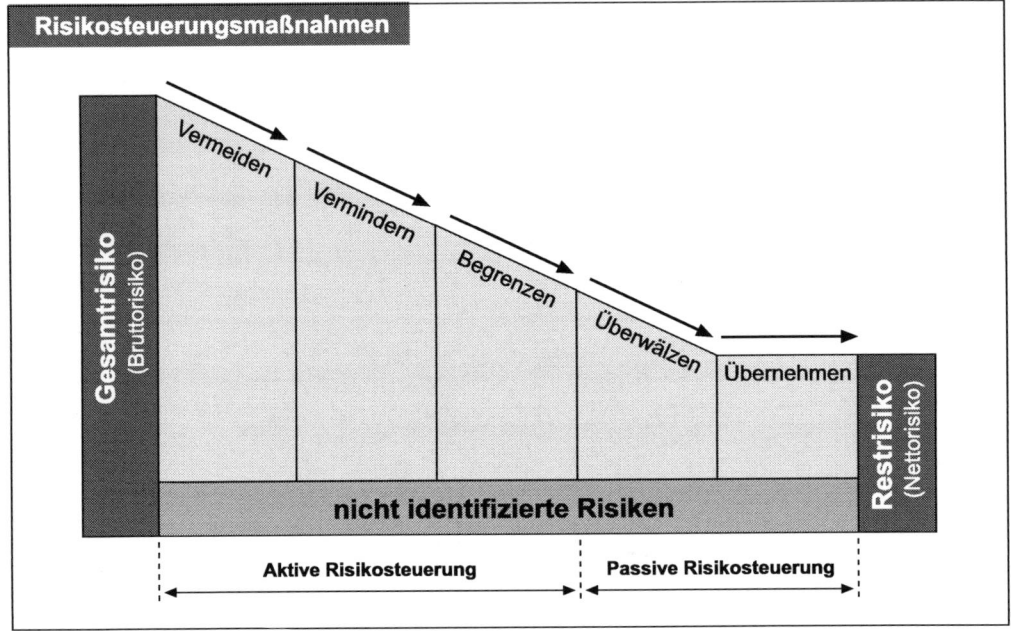

Abbildung 3.23: Risikosteuerungsmaßnahmen

Risikosteuerung durch Versicherungslösungen

Die Risikosteuerung in Form von Versicherungen zählt zu den wichtigsten Schadenvermeidungsstrategien von Unternehmen. Mit Hilfe von Versicherungslösungen lassen sich Betriebsrisiken vermeiden, vermindern oder begrenzen. Ferner werden insbesondere von größeren und international tätigen Unternehmen Instrumente des Finanzmarktes zur Abdeckung von Finanzrisiken – im wesentlichen Marktpreis-, Kredit- und Liquiditätsrisiken – herangezogen.[355]

Die nachfolgende Übersicht zeigt, welche Versicherungslösungen sich für einen Transfer von Betriebsrisiken anbieten, wobei einzelne Versicherungen auch durchaus mehrere Risiken abdecken können:

---

[354] Vgl. Schierenbeck; Lister (2002), S. 356.

[355] Vgl. Keitsch (2007), S. 86 ff. / Wolke (2007), S. 99 ff.

Versicherungslösungen für den Transfer von Betriebsrisiken			
Interne Betriebsrisiken	**Versicherungen bezüglich**	**Externe Betriebsrisiken**	**Versicherungen bezüglich**
1. Geschäftsrisiken Betriebsunterbrechungen Transportschäden Beschaffungs-, Produktions-, Absatzrisiken	Diverser Betriebsunterbrechungen Schäden durch Frachtführer Maschinenbruch Betriebsunterbrechungen Rückrufkostendeckung Lagerschäden Produktschutz Transport Werksverkehrsschäden Allgefahren - BU	**1. Elementar- / Katastrophenrisiken** (Explosionen, Überflutungen, etc.)	Sturm Hagel Feuer Unwetter Blitzschlag Explosion Naturkatastrophen
2. Prozessablauf - incl. IT-Risiken Ausfall von Soft- oder Hardware Technische Probleme / Ausfälle Waren- / Produktschäden Datensicherheit / -zugriff	Maschinenschaden Betriebs- und Produkthaft- pflicht Technische Schäden (Hardware, Elektronik, Maschinen, etc.) Computer-Missbrauch	**2. Gesetzliche Auflagen / Veränderungen**	Umwelthaftpflicht Betriebs- / Produkthaftpflicht Industrie-Rechtsschutz
3. Rechtsrisiken Haftpflichtrisiken Prozessrisiken	Umwelt Rechtsschutz KfZ Unfall Immobilien Vermögensschaden Directors & Officers Versicherungen	**3. Delikte von Drittparteien**	Haftpflicht Rechtsschutz Einbruch / Diebstahl
4. Personenrisiken Unfall Betrug Diebstahl Falsche Beratung	Diebstahl Vertrauensschaden Vermögensschaden Haftpflicht Unfall		

Abbildung 3.24: Überblick über den Transfer von Betriebsrisiken auf Versicherungen

Der Nutzen einer Versicherungslösung ergibt sich durch einen Vergleich der vom Unternehmen zu zahlenden Risikoprämie (inkl. Steuern) mit den anfallenden anteiligen Eigenkapital- bzw. Opportunitätskosten. „Demnach ist eine Risikotransferlösung (z.B. durch Versicherung) immer dann sinnvoll, wenn die zu entrichtende Prämie geringer ausfällt als die zur Risikoeigentragung zu kalkulierenden Kapitalkosten."[356]

---

[356] Vgl. Löffler; Hamker (2011), S. 141.

Nach Löffler/Hamker sind je nach Schadenhäufigkeit und -ausmaß der Risiken grundsätzlich folgende Vorgehensweisen sinnvoll:

- Kleine Risiken (Frequenzschäden) sind in der Regel nicht versicherungsrelevant, da die Versicherungsprämien zumindest mittelfristig höher ausfallen als die bei Risikoeigentragung anfallenden Kapitalkosten
- Mittlere Risiken sollten im Rahmen einer betriebsindividuellen Betrachtung geprüft werden. Je nach Risikoart und Versicherungsmarktsituation kann eine Risikoeigentragung oder ein Versicherungstransfer sinnvoll sein
- Groß- und Katastrophenrisiken können zum Ruin des Unternehmens führen. Bei einer Eigentragung dieser Risiken durch das Unternehmen entstehen in der Regel Kapitalkosten, die deutlich höher als die Versicherungsprämien sind. Deshalb sind für diese eher selten eintretenden Risiken, die dann aber ein hohes Schadenausmaß verursachen, Versicherungslösungen sinnvoll und unerlässlich

Abbildung 3.25: Vorgehensweise nach Schadenhäufigkeit und -ausmaß [357]

Versicherungslösungen tragen dazu bei, Eigenkapital als Risikopuffer einzusparen und haben damit positive Effekte auf das Unternehmensrating.[358] Jedes Unternehmen wird bestrebt sein, alternative Risikobewältigungsstrategien zu entwickeln, die eine Optimierung der Risikokosten für Versicherungslösungen ermöglichen.

---

[357]   Eigene Darstellung in Anlehnung an Löffler; Hamker (2011), S. 142.
[358]   Vgl. Gleißner (2008), S. 166.

Folgende Maßnahmen kommen hierbei in Betracht:[359]

- Wechsel zu einer anderen Versicherungsgesellschaft, die bei gleicher Risikoabdeckung günstigere Konditionen bietet
- Veränderung von Selbstbehalten
- Wegfall des Versicherungsschutzes für ausgewählte kleinere und mittlere Risiken
- Verknüpfung verschiedener versicherungstechnischer Risiken in einem Versicherungskonzept (Mulit Line Mulit Year)
- Nutzung eines externen Service Provider und Outsourcing der eigenen Versicherungs- und Schadenadministration

Unter Berücksichtigung der bestehenden Risikogesamtkosten für Versicherungslösungen und alternativer Transfervarianten kann mit Hilfe von Simulationsverfahren die für das Unternehmen unter Kostengesichtspunkten optimale Versicherungslösung ermittelt werden.[360]

Jedes Unternehmen sollte über einen **Versicherungsspiegel** verfügen, in dem die einzelnen Versicherungsarten und die wesentlichen Abschlusskonditionen, die Versicherungssummen, die Selbstbehalte und die Versicherungsprämien aufgeführt sind. Erfahrungen aus mittelständischen Unternehmen zeigen, dass im Risikomanagement vielfach kein zentraler Überblick und Zugriff über die abgeschlossenen Versicherungen des Unternehmens besteht, häufig resultieren wegen unterschiedlichen Zuständigkeiten Unter- und Überversicherungen oder sogar Doppelversicherungen.

Dem Risikomanagement sollte ein solcher Versicherungsspiegel vorliegen, der jährlich auf Aktualität hin zu überprüfen ist. Dabei sollte insbesondere auf folgende Aspekte geachtet werden:

- Ist bekannt, welche Risiken abgedeckt werden und wie weit sich der Versicherungsschutz erstreckt?
- Welche Risiken/Schadensereignisse sind ausgeschlossen?
- Welche vorzunehmenden Maßnahmen sind an die Wirksamkeit der Versicherung gekoppelt?
- Wie sind die aus dem Schadensereignis resultierenden Folgeschäden abgedeckt?
- Sind die Versicherungen mit einem Selbstbehalt versehen, um die Risikokosten im Verhältnis zum Risiko zu mindern?
- Wird im Beratungsgespräch zur Abdeckung von Versicherungsrisiken auf die verschiedenen Anbieter mit ihren zum Teil unterschiedlichen Versicherungsbedingungen verwiesen?
- Wird im Gespräch auf die Möglichkeiten einer Selbstbeteiligung hingewiesen, um die Risikokosten im Vergleich zur Risikoeintrittswahrscheinlichkeit möglichst gering zu halten?

---

[359] Vgl. Löffler; Hamker (2011), S. 147 f.
[360] Vgl. hierzu das TCR-Verfahren bei Gleißner (2008), S. 167 ff.

Neben Versicherungslösungen werden Unternehmen weitere interne präventive Maßnahmen zur Reduzierung von Risiken ergreifen; diese Maßnahmen betreffen vornehmlich den Betriebsbereich, die Vertragsbeziehungen und finanzielle Absicherungsinstrumente.

Einen Überblick über wichtige präventive Maßnahmen zeigt Abbildung 3.26.

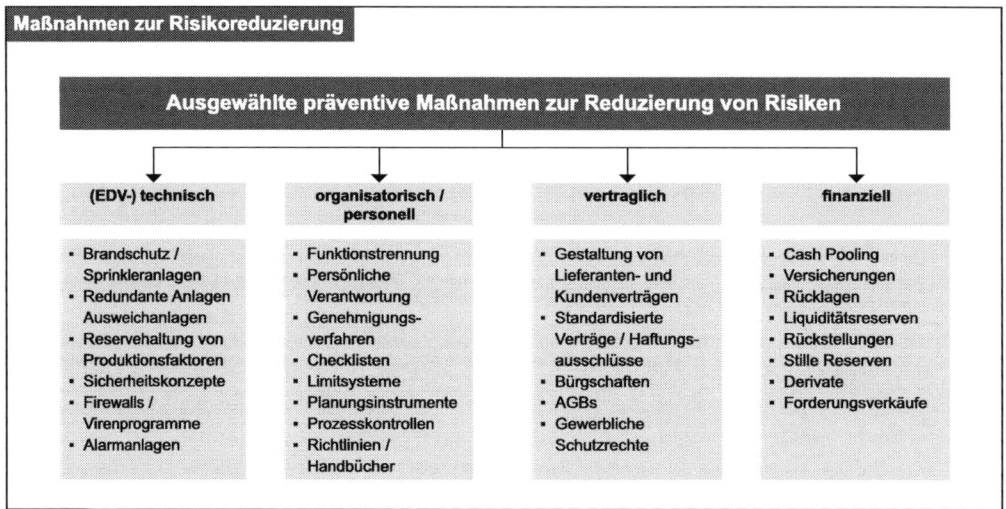

Abbildung 3.26: Ausgewählte präventive Maßnahmen zur Reduzierung von Risiken

3.2.7   Schritt 7: Risikoaggregation zur Ermittlung des Gesamt-Nettorisikos

Nach Berücksichtigung der vom Unternehmen getroffenen Risikosteuerungsmaßnahmen kann die Gesamt-Netto-Risikoposition eines Unternehmens bestimmt werden. Dazu müssen die im Unternehmen verbleibenden Restrisiken analog zur Bestimmung der Gesamt-Brutto-Risikoposition (Schritt 5) zu einem Gesamtrisiko aggregiert werden.

Durch einen Vergleich mit der zuvor ermittelten Brutto-Risikoposition des Unternehmens gibt die Netto-Risikoposition Aufschluss über den Erfolg der eingeleiteten Risikosteuerungsmaßnahmen.

Des Weiteren lässt sich aus dem gesamten Nettorisikoumfang ableiten, ob die zuvor ermittelte Risikotragfähigkeit (Schritt 1) des Unternehmens ausreichend ist, den verbleibenden Nettorisikoumfang tatsächlich zu tragen und damit der Fortbestand des Unternehmens nicht gefährdet ist.

Dabei sind drei Konstellationen denkbar:

- Die Risikotragfähigkeit des Unternehmens ist größer als die Gesamtposition der Nettorisiken; damit ist das Unternehmen nicht bestandsgefährdet.
- Die Risikotragfähigkeit des Unternehmens ist kleiner, als die Gesamtposition der Nettorisiken. In dieser Situation liegt eine Bestandsgefährdung des Unternehmens vor. In diesem Fall ist zu prüfen, durch welche Maßnahmen die Nettorisiken weiter gesenkt werden können oder ob es Möglichkeiten gibt, die Risikotragfähigkeit des Unternehmens zu erhöhen.
- Die Risikotragfähigkeit des Unternehmens entspricht den Gesamt-Nettorisiken; dieser eher theoretische Fall würde noch keine akute Bestandsgefährdung des Unternehmens bedeuten, könnte jedoch durch interne oder externe neue Risiken oder Veränderungen bei bereits identifizierten Risiken sehr schnell zu einer starken Gefährdung des Unternehmens führen.

Ein kontinuierlicher Abgleich zwischen der ermittelten Netto-Risikoposition mit der zuvor festgelegten Risikotragfähigkeit findet in der Phase der Risikoüberwachung und -kommunikation (Schritt 8) statt.

3.2.8 Schritt 8: Risiken überwachen und kommunizieren

Mit Hilfe der Risikoüberwachung soll sichergestellt werden, dass die aktuelle Risikosituation des Unternehmens jederzeit in allen Risikofeldern mit dem vorgegebenen Sollzustand übereinstimmt.[361] Dazu werden laufend Soll-Ist-Vergleiche, d.h. Abweichungsanalysen zwischen der Risikostrategie und der tatsächlichen Risikolage des Unternehmens, durchgeführt. Besonders geachtet wird dabei auf die Einhaltung der vorgegebenen Limits, insbesondere auf die Einhaltung der festgelegten Risikotragfähigkeit, sowie auf die zuvor definierten Risikosteuerungsmaßnahmen.[362] Auf diese Weise werden die eingeleiteten Risikosteuerungsmaßnahmen kontinuierlich auf ihre Wirksamkeit hin überprüft.[363]

Damit bereits im Vorfeld stagnierende oder negative Entwicklungen im Sinne einer Frühwarnfunktion erkannt werden können, werden im Rahmen der Risikoüberwachung Indikatoren beobachtet und gemessen, die Auskunft über die zukünftige Entwicklung eines Risikos geben.[364] Damit soll erreicht werden, dass noch vor dem prognostizierten Schadeneintritt rechtzeitig geeignete Risikobewältigungsmaßnahmen eingeleitet werden können.[365]

Die Risikoüberwachung beschränkt sich jedoch nicht nur auf die geschäftspolitischen Aktivitäten (Risikomanagement im engeren Sinne). Es ist auch eine permanente Überwachung des

---

[361] Vgl. Schierenbeck; Lister (2002), S. 370.

[362] Vgl. Martin; Bär (2002), S. 105.

[363] Vgl. Schierenbeck; Lister (2002), 370.

[364] Siehe dazu S. 54 „Frühwarnindikatoren".

[365] Vgl. Denk; Exner-Merkelt; Ruthner (2008), S. 133.

gesamten Risikomanagementsystems erforderlich (Risikomanagement im weiteren Sinne).[366] Die Risikoüberwachung im weiteren Sinne kann als übergeordneter, alle Prozesse des Risikomanagements überwachender Baustein gesehen werden.[367] In diesem Sinne wird z.B. kontrolliert, ob die Risikoüberwachung im engeren Sinne ordnungsgemäß abläuft. Insgesamt werden Qualität sowie Eignung von Aufbau und Ablauf der einzelnen Prozessphasen überprüft.[368]

Aufgabe des Risikoreportings ist es, über die identifizierten und bewerteten Risiken sowie über die eingeleiteten Maßnahmen zur Risikobewältigung und deren Wirksamkeit zu berichten. Der Fokus des Risikoreportings liegt somit darin, die Transparenz der Risikolage sowohl operativer Geschäfte als auch des Gesamtunternehmens sicherzustellen. Daher muss das Risikoreporting die Ergebnisse der Risikoüberwachung rechtzeitig, kontinuierlich sowie in klar strukturierter Form im Unternehmen kommunizieren.[369] Das Risikoreporting beinhaltet in Form einer Berichterstattung neben Ergebnissen der Risikoidentifikation, -analyse und -bewertung den Status der Planung, Steuerung und Umsetzung der Risikosteuerungsmaßnahmen sowie gleichermaßen Informationen aus der Risikoüberwachung.[370]

Besonders wichtig dabei ist, dass die Berichte stets zeitnah und in der richtigen Qualität und Quantität bei den entsprechenden Adressaten ankommen.[371] Zu möglichen Adressaten des Risikoreports gehören innerhalb des Unternehmens der Bereichsleiter, Vorstand sowie Aufsichtsrat.

Der Risikobericht zeigt zu bestimmten Berichtsstichtagen die vorhandene Risikostruktur (z.B. TOP 10 Risiken) auf und ermöglicht der Geschäftsführung, die Risikosituation einzuschätzen und ggf. weitere Maßnahmen zu treffen. Ad-hoc Risiken werden dagegen sofort an den Risikomanager bzw. die Geschäftsführung gemeldet. Externe Adressaten sind primär Wirtschaftsprüfer, Analysten und Rating-Agenturen.[372] Da z.B. die Unternehmensleitung andere Informationen benötigt als ein operativer Mitarbeiter des Risikomanagements, hängen Art und Umfang des Risikoberichts vom jeweiligen Empfänger ab.[373]

Die nachstehende Übersicht zeigt ein Beispiel, wie die Kommunikation zwischen Risikomanager und Risk Owner erfolgen kann und zur Erstellung eines Risikoberichtes führt, den die Geschäftsführung zu einem vorher festgelegten Stichtag verabschiedet.

---

[366]   Vgl. Schierenbeck; Lister (2002), S. 370 / Seidel (2005), S. 31.

[367]   Vgl. Seidel (2005), S. 31.

[368]   Vgl. Seidel (2005), S. 31.

[369]   Vgl. Schierenbeck; Lister (2002), S. 370.

[370]   Vgl. Denk; Exner-Merkelt; Ruthner (2008), S. 134.

[371]   Vgl. Pauli (2009), S. 23.

[372]   Vgl. Denk; Exner-Merkelt; Ruthner (2008), S. 134 f.

[373]   Vgl. Pauli (2009), S. 23.

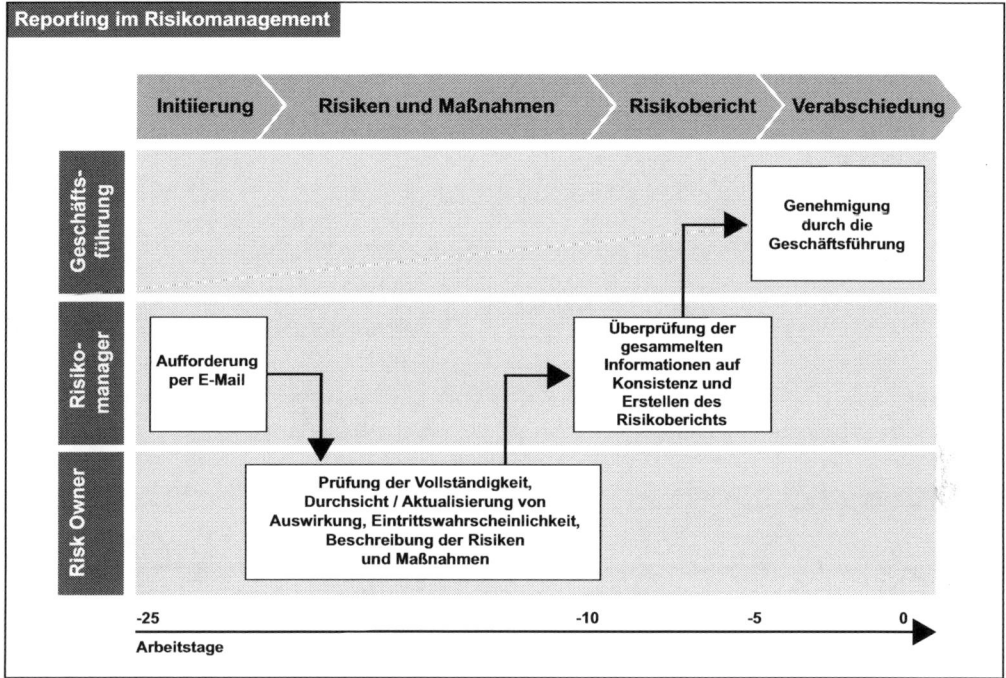

Abbildung 3.27: Reporting im Risikomanagement

Durch das Risikoreporting wird der Regelkreis des Risikomanagementprozesses einerseits geschlossen, andererseits unmittelbar wieder angestoßen, sofern die dargestellte Situation im Risikobericht Anlass dazu gibt.[374]

3.3 Umsetzung des Risikomanagementprozesses anhand eines internen Projektes

Damit die Etablierung des Risikomanagementprozesses und die Umsetzung der einzelnen Stufen konzeptionell, termin- und kostengerecht gelingen, ist eine innerbetriebliche Projektplanung erforderlich. Dies gilt insbesondere dann, wenn das Unternehmen eine betriebsindividuelle Konzeption des Risikomanagements entwickeln möchte und auf die Nutzung weitgehend standardisierter Softwarelösungen, die eine Implementierungsstruktur weitgehend vorgeben, verzichtet.

Die Einführung eines Risikomanagements ist dann vergleichbar mit anderen unternehmensinternen Projekten, die eine Projektplanung erfordern. In dieser werden die Termine für die einzelnen Projektphasen, Zeitdauer und Kosten sowie Inhalt und Umfang des Gesamtprojektes festgelegt. Um möglichen betriebsinternen Widerständen gegen die Einführung eines Risikomanagements entgegenzuwirken und den Projekterfolg zu gewährleisten, sollte die

---

[374] Vgl. Saitz; Braun (1999), S. 95.

Projektplanung im Vorfeld mit Vorstand oder Geschäftsführung abgestimmt werden und eine regelmäßige Kommunikation über den Projektverlauf stattfinden.

Es ist sinnvoll, die Projektleitung einem Mitarbeiter aus dem Controlling oder der internen Revision zu übertragen, da diese Abteilungen am ehesten mit den möglichen Risiken des Unternehmens und den betriebsinternen Schnittstellen vertraut sind. Je nach Größe und Komplexität des Unternehmens, kann das Projekt in Teilprojekte (z.B. Aufteilung auf einzelne Tochtergesellschaften, Profit- oder Cost-Center) oder nach bestimmten Aufgabenbereichen (z.B. Finanzabteilung prüft Finanzrisiken und Vertriebsabteilung prüft Geschäftsrisiken) untergliedert werden.

Der Projektablauf für die Einführung eines Risikomanagementsystems mit den wichtigsten Projektaktivitäten ergibt sich aus dem nachfolgenden Ablaufdiagramm:[375]

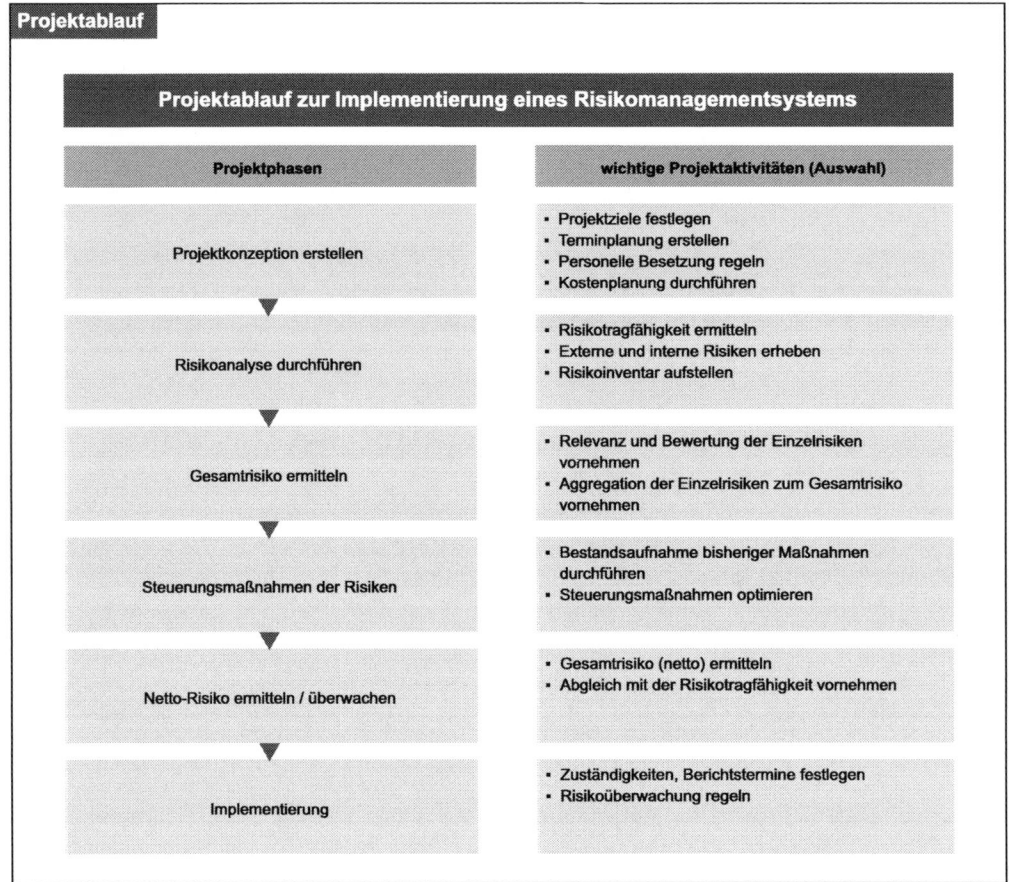

Abbildung 3.28: Projektablauf zur Implementierung eines RM-Systems

---

375   Vgl. hierzu ausführlich Gleißner (2008), S. 232 ff.

3.4 Häufige Defizite bei der Etablierung eines Risikomanagementsystems

Die Etablierung eines umfassenden und effizienten Risikomanagementsystems kann in der Praxis aus vielen Gründen scheitern. In vielen Praxisgesprächen wurden immer wieder folgende Gründe genannt:[376]

Grundlegende Defizite

- Fehlende Unterstützung durch Vorstand/Geschäftsleitung
- Aufgaben und Kompetenzen der Risikoverantwortlichen sind nicht eindeutig geregelt
- Die Konzeption für das Risikomanagement ist nicht allen Beteiligten transparent
- Es besteht keine klare Aufgabenteilung zwischen Controlling, Revision und Risikomanagement
- Risikotragfähigkeit und Risikosteuerung werden der Risikolage nicht entsprechend angepasst
- Es werden keine ausreichenden personellen und finanziellen Ressourcen für das Risikomanagement zur Verfügung gestellt
- Keine Verknüpfung des Risikomanagements mit der angestrebten Realisierung wichtiger Unternehmensziele

Ausgewählte prozessphasenbezogene Defizite

- Mängel bei der Festlegung der Risikotragfähigkeit
  - Keine Festlegung der Risikotragfähigkeit durch Vorstand/Geschäftsführung.
  - Keine Klarheit über Herkunft und Bestimmungsgrößen
  - Die Risikotragfähigkeit wird entsprechend der wirtschaftlichen Lage nicht angepasst.
  - etc.

- Mängel bei der Risikoidentifikation
  - Fehlende Systematik und Vollständigkeit
  - Doppelzählungen und fehlende Abgrenzungen
  - Keine periodische Aktualisierung
  - etc.

- Mängel bei der Bestimmung der Risikorelevanz
  - Fehlende oder mehrdeutige Relevanzklassen
  - Keine Herausstellung der Top-Ten-Risiken
  - Beschränkung auf finanzielle Risiken
  - etc.

---

[376] Vgl. Gleißner (2008), S. 223 ff.

- Mängel bei der Risikobewertung
  - Keine Festlegung eines einheitlichen Risikomaßes
  - Methoden der Risikobewertung unzureichend
  - Fehlerhafter Aufbau von „Risk Maps" und „Risk Rankings"
  - etc.

- Mängel bei der Risikoaggregation
  - Keine oder fehlerhafte Risikoaggregation
  - Risikoaggregation erfolgt nur für Brutto-Risiken
  - etc.

- Mängel bei der Risikosteuerung
  - Fehlende Konzeption, unzureichender Überblick über Maßnahmen und Kosten
  - Fehlender „Versicherungsspiegel"
  - Doppelversicherungen oder nicht „optimierte" Versicherungskosten
  - etc.

- Mängel bei der Risikoüberwachung/-kommunikation
  - Risikoberichterstattung erfolgt nicht periodisch, sondern reaktiv
  - Zeitabstände der Risikoüberwachung/-kommunikation sind zu groß
  - Risikoberichte „mutieren" zum Zahlenfriedhof; bedeutende und unbedeutende Risiken werden zu wenig differenziert
  - etc.

Gleißner sieht drei Ansätze, um die Qualität eines Risikomanagementsystems festzustellen:

1. System-Tests, die von Wirtschaftsprüfern übernommen werden und zeigen, ob die gesetzlichen und regulativen Anforderungen erfüllt sind.
2. Out-Put-Tests, die überprüfen, ob das Risikomanagement die erforderlichen Informationen (z.B. Gesamtrisiko, Eigenkapitalbedarf) der Unternehmensführung auch bereitstellen kann.
3. Abweichungs-Tests, die zeigen, ob tatsächlich Planabweichungen des Unternehmens auf vorher identifizierte Risiken zurückgeführt werden können.[377]

3.5 Software Tools zur Etablierung eines Risikomanagementsystems

Um vorstehende Defizite zu vermeiden, empfiehlt es sich ggf. mit externer Unterstützung ein Risikomanagement zu konzipieren und im Unternehmen einzuführen. Hierzu gibt es diverse Softwarelösungen auf dem Markt; die alternativ oder ergänzend zu einer intern entwickelten Excel-Lösung angewendet werden können. Die Vorteile einer kompletten Softwarelösung werden nachfolgend vorgestellt:

---

[377] Vgl. Gleißner (2008), S. 222.

- Das Risikomanagement (RM) erfolgt nach einem einheitlichen Konzept und ist schnell einsetzbar
- Die aktuelle Risikobeurteilung des Unternehmens erfolgt durch periodische und konsequente Datenauswertung
- Die Kosten für Informationsbeschaffung und -verarbeitung sinken langfristig
- Bewertungsfehler in der Risikobeurteilung können durch die Simulation von Alternativszenarien reduziert werden
- Risikoaggregationen können i.d.R. durch voreingestellte Tools vorgenommen werden
- Nachteile bei Excel-Lösungen (starre Konstrukte, Gefahr unvollständiger Summen, unterbrochene Verknüpfungen etc.) können vermieden werden
- Durch vordefinierte Rechenlogik ergibt sich Zeitersparnis
- Häufig ist eine Hotline des Anbieters bei auftretenden Problemen verfügbar

Einen Überblick über diverse Anbieter gibt die nachfolgende Übersicht; ausführlichere Informationen stellen die Anbieter bereit oder sind unter **BARC Software-Evaluation**, Kontakt: OXYGON Verlag GmbH, München, info@oxygon.de oder unter info@barc.de erhältlich.

Ausgewählte Software-Tools für das RM

Produkt	Umfang	Kontakt
AXA Risiko-Kompass	Risikoidentifikation, - bewertung, -aggregation, -bewältigung, Optimierung der Risikokosten, Risk Management Audits	AXA Risk & Claims Services Colonia-Allee 10-20 51067 Köln www.axa-riskandclaims.de
Risikomanager	Risikoanalyse und -bewertung zur Unternehmenssicherung und Verbesserung des Ratings	Rudolf Haufe Verlag Hindenburgstr. 64 79102 Freiburg www.haufe.de
Enterprise Risk Managemet proquest	Chancen- und Risikoidentifikation, Minimierung von Störfällen, Umgang mit Risikofaktoren	Proquest Pfarrhofstr. 1 A-4661 Roitham www.proquest.de
R2C risk to chance	Ganzheitliches Risikomanagement, Beschwerdemanagement, Prüfungsbericht	Schleupen AG Otto-Hahn-Str. 20 76275 Ettlingen www.schleupen.de
OBSERVAR	5 Module zum Risikomanagement, Interne Revision, Maßnahmennachverfolgung	Observar AG Feldstraße 1 CH-6300 Zug www.observar.ch
Risk City	Risikomanagement nach KonTraG als Einzelplatzlösung bis zur mehrsprachigen Konzernlösung	Decisio Unternehmensberatung Sattlerstraße 3 30916 Isernhagen www.decisio.de

Abbildung 3.29: Ausgewählte Software-Tools für das Risikomanagement

3.6   Wiederholungsfragen zu Kapitel 3

1. Welche Grundtatbestände und -regelungen werden in der Risikostrategie festgelegt?
2. Welche Stufen des Risikomanagementprozesses sind idealtypisch zu unterscheiden?
3. An welchen Kriterien bzw. Basisgrößen kann sich die Festlegung der Risikotragfähigkeit orientieren?
4. Was versteht man unter Kollektions- und Suchmethoden der Risikoidentifikation und für welche Risikofindung sind diese beiden Methoden geeignet?
5. Welche Bedeutung hat das Risikoinventar und wie ist ein solches aufgebaut?
6. Wer nimmt die Einordnung identifizierter Risiken in bestimmte Relevanzklassen vor und welchen Zweck erfüllen diese?
7. Welche Methoden der Risikobewertung sind zu unterscheiden?
8. Was versteht man unter Risk Maps und Risk Rankings?
9. Was versteht man unter einer Akzeptanz-Linie in einer Risk Map ?
10. Welche Strategien umfasst die aktive und passive Risikosteuerung?
11. Welches Kalkül bestimmt die Entscheidung des Unternehmens, bestimmte Risiken auf Versicherungen zu transferieren?
12. Was versteht man unter einer Aggregation von Risiken?
13. Was verstehen Sie unter einer „Brutto- und einer „Netto-Risikobewertung"?
14. Welche Lage- und Streuungsparameter zur statistischen Ermittlung von Risiken sind Ihnen bekannt?
15. Was versteht man unter stetigen und diskreten Verteilungen?
16. Beschreiben Sie folgende Verteilungen: Normalverteilung, Dreiecksverteilung, Betaverteilung und Gleichverteilung?
17. Unterscheiden Sie einseitige und zweiseitige Risikomaße?
18. Was verstehen Sie unter Value at Risk (VaR) und Deviation Value at Risk (DVaR)?
19. Welche traditionellen Verfahren der Risikoaggregation sind Ihnen bekannt und welche Einwendungen sind ihnen entgegenzuhalten?
20. Welche analytischen und simulationsbasierten Verfahren der Risikoaggregation sind Ihnen bekannt?
21. Beschreiben Sie Konzeption und Ablauf einer Monte-Carlo-Simulation?
22. Welche Ziele werden mit der Risikoüberwachung verfolgt ?
23. Welche Bedeutung kommt dem Risikoreporting zu?
24. Welche Fragen sind im Zusammenhang mit dem Risikoreporting zu klären?
25. Welche Defizite können bei der Etablierung eines umfassenden Risikomanagementsystems in der Praxis auftreten?
26. Welche Vorteile können komplette Software-Lösungen gegenüber einer selbst entwickelten excelbasierten Risikomanagementlösung aufweisen?

Lösungen siehe Seite 148.

4 Fallbeispiel zur Ermittlung des aggregierten Nettorisikos

4.1 Zielsetzungen und Prämissen des Fallbeispiels

Anhand des folgenden Fallbeispiels soll gezeigt werden, wie im Rahmen des Risikomanagementprozesses die Risikoaggregation mittels Monte-Carlo-Simulation dazu genutzt werden kann, den Gesamtrisikoumfang eines Unternehmens zu bestimmen.

Betrachtet wird dabei ein einperiodiges Planungsmodell, das auf einer stark vereinfachten Gewinn- u. Verlustrechnung (GuV) basiert, die jedoch alle Größen umfasst, um die Funktion der Risikoaggregation deutlich zu machen. Ausgehend von der durch die Risikoaggregation ermittelten Verteilungsfunktion der Gewinne sollen unter anderem der risikobedingte Eigenkapitalbedarf, die Eigenkapitaldeckung sowie die Überschuldungswahrscheinlichkeit bestimmt werden. Im Anschluss daran wird eine Sensitivitätsanalyse durchgeführt, um die relative Bedeutung der identifizierten Einzelrisiken unter Berücksichtigung von Wechselwirkungen für diese Gesamtrisikoposition aufzuzeigen.

Bei dem Beispielunternehmen handelt es sich um die Kölner Maschinenbau AG, einen fiktiven Zulieferer der Druckindustrie. Ein Maschinenbauunternehmen ist für diese Art der Simulation besonders gut geeignet, da es in der Regel sowohl Finanzrisiken, Geschäftsrisiken als auch operationellen Risiken unterliegt.[378] Die im folgenden Beispiel verwendeten Zahlen der Unternehmensplanung sind frei erfunden, wurden jedoch in Anlehnung an reale Unternehmensdaten erstellt.[379]

Im Fallbeispiel sollen nun die Auswirkungen der identifizierten Risiken auf das noch ungewisse Planjahr t_1 der Kölner Maschinenbau AG simuliert werden, um das entsprechende Gesamtrisiko zu ermitteln. Die Simulation des Geschäftsjahres t_1 findet zu Beginn des Jahres auf Basis aller bis zum 31. Dezember t_0[380] bekannten Informationen statt. Das Geschäftsjahr wird mittels Monte-Carlo-Simulation 50.000-mal „durchgespielt". Dabei gilt, je mehr Szenarien generiert werden, desto besser lassen sich stabile Verteilungen und statistische Kennzahlen ableiten.[381]

---

[378] Siehe dazu ausführlich Kapitel 2.1.3 „Risikokategorisierung".

[379] Diese wurden aus den im elektronischen Bundesanzeiger veröffentlichten Jahresabschlüssen entnommen.

[380] t_0 entspricht dem aktuellen Geschäftsjahr; t_1 entspricht dem Planjahr.

[381] Vgl. Gleißner (2004), S. 32.

4.2   Darstellung des benutzten Tools @Risk

Eine Risikoaggregation mittels Monte-Carlo-Simulation ist ohne den Einsatz von IT-Lösungen nur schwer durchführbar. Generell gibt es zwei Arten von Software, die hierzu verwendet werden können.

Zum einen gibt es Programme, in denen die Struktur des Aggregationsmodells schon weitgehend abgebildet ist und nur bedingt verändert werden kann. Diese zeichnen sich durch eine schnelle Einsetzbarkeit und einfache Anwendbarkeit aus. Die Schleupen AG bietet beispielsweise mit R2C eine solche Software an. Mittels dieser wird nicht nur die Risikoaggregation, sondern der gesamte Risikomanagementprozess unterstützt.

Andererseits gibt es auch Softwarelösungen, die keine spezielle Planungsstruktur voraussetzen. Hier kann diese individuell nach den Bedürfnissen des Unternehmens konfiguriert werden. Das Tabellenkalkulationsprogramm Microsoft Excel als Standardsoftware in Verbindung mit einem „Add-In" bietet dazu den benötigten technischen Funktionsumfang. Weitere geeignete „Add-Ins" sind u.a. „Crystall Ball" von Decisioneering, „Risk Kit" von Uwe Wehrspohn sowie „@Risk" von Palisade.

Diese „Add-Ins" ermöglichen, zusammen mit dem Tabellenkalkulationsprogramm „Microsoft Excel" eine quantitative Beschreibung von Risiken mittels geeigneter Verteilungsfunktionen, die Aggregation der Risiken sowie die Analyse von Ausgabeergebnissen. Von Vorteil für den Anwender ist dabei, dass er weitgehend auf eine bekannte Standardsoftware zurückgreifen kann. Des Weiteren kann das Planungsmodell des Unternehmens beliebig komplex aufgebaut werden. Vom Anwender werden dazu jedoch umfassende Statistikkenntnisse sowie Fertigkeiten im Umgang mit Microsoft Excel vorausgesetzt. Das grundlegende Konzept der Monte-Carlo-Add-Ins ist im Wesentlichen vergleichbar.

Die Software „@Risk" erlaubt nach Auffassung der Autoren eine besonders einfache und intuitive Handhabung. Im folgenden Fallbeispiel wir daher die Tabellenkalkulationssoftware „Microsoft Excel" in Verbindung mit dem Add-In „@Risk" verwendet.

Konzeption von @Risk

Als „Add-In" zu Microsoft Excel wird @Risk unmittelbar mit Excel verknüpft und verleiht diesem neue „Risikoanalyse-Fähigkeiten". Das @Risk-System stellt so die Tools zur Verfügung, die für das Konfigurieren, Ausführen und das Anzeigen der Ergebnisse von Risikoanalysen erforderlich sind.

Mittels @Risk können unter Verwendung von Funktionen unbestimmte Zellwerte in Excel als Wahrscheinlichkeitsverteilungen definiert werden. @Risk enthält ein grafisches Fenster, mit dessen Hilfe unbestimmten Werten die gewünschten Verteilungen zugewiesen werden können. Mit Hilfe der durch @Risk generierten Wahrscheinlichkeitsverteilungen können alle Arten von Unbestimmtheiten in den Zellwerten der Kalkulationstabelle spezifiziert werden. Eine Zelle, die z.B. die Verteilungsfunktion NORMAL (10;10) enthält, würde während der

Simulation Werteproben zurückgeben, die aus einer Normalverteilung (Mittelwert = 10) erhoben worden sind.

In @Risk stehen 37 unterschiedliche Verteilungstypen zur Verfügung. Verteilungen können dabei auch gestutzt werden, so dass lediglich Werteproben innerhalb eines bestimmten Wertebereichs angezeigt werden. In vielen Verteilungen können auch alternative Perzentilparameter verwendet werden. Damit lassen sich Werte für bestimmte Perzentilpositionen einer Eingabeverteilung anstelle der üblichen Verteilungsattribute angeben. Nähere Informationen zu @Risk sind unter www.palisade.com/risk/de erhältlich.

4.3 Rahmendaten der Kölner Maschinenbau AG

Die für die Risikoanalyse wichtigen Rahmendaten werden nachfolgend kurz vorgestellt; es handelt sich dabei um das Geschäftsmodell sowie die wirtschaftliche Situation des Unternehmens.

4.3.1 Geschäftsmodell des Unternehmens

Die Kölner Maschinenbau AG entwickelt und produziert Präzisionswalzen als Zulieferer für die Druckindustrie. Das mittelständische Unternehmen mit Sitz in Köln beschäftigt rund 250 Mitarbeiter. Sämtliche Produkte werden am Standort in Köln unter strengen Qualitätsvorgaben hergestellt. Die zur Herstellung benötigten Materialien bezieht das Unternehmen in Deutschland.

Im europäischen Währungsraum erzielt die Kölner Maschinenbau AG 70 % ihres Umsatzes. Die restlichen 30 % werden in den USA erwirtschaftet und in US $ fakturiert. Zu den europäischen Kunden des Unternehmens zählen mehrere kleine Hersteller digitaler Druckmaschinen sowie der Offset-Druckmaschinenhersteller Heidelburg als größter Einzelkunde. Letzterer macht rund 35 % des Umsatzes aus.

Die Kölner Maschinenbau AG verfügt über ein monatliches Kreditvolumen von insgesamt 5.700 T€, welches aus zwei endfälligen Krediten besteht. Daraus resultiert ein jährlicher Zinsaufwand in Höhe von 353,40 T€.

Im folgenden Geschäftsjahr steht dem Unternehmen Eigenkapital in Höhe von 1.800 T€ zur Verfügung.

4.3.2 Wirtschaftliche Situation des Unternehmens

Die aktuelle wirtschaftliche Lage der Kölner Maschinenbau AG ist in Abbildung 4.1 vereinfacht dargestellt. Auf eine detaillierte Bilanzbetrachtung wird dabei verzichtet.

Wirtschaftslage der Kölner Maschinenbau AG

Position	Wert in T€
Umsatz	15.000,00 T€
- davon größter Einzelkunde	5.250,00 T€
- davon Absatz in den USA	5.000,00 T€
Materialkosten	6.500,00 T€
Personalaufwand	4.000,00 T€
sonstige betriebl. Kosten	2.900,00 T€
Abschreibungen	500,00 T€
Zinsaufwand	353,40 T€
Bilanzsumme	10.000,00 T€
Eigenkapital	2.000,00 T€
Stand 31. Dezember t_1	Alle Angaben in T€

Abbildung 4.1: Wirtschaftslage der Kölner Maschinenbau AG

Die Geschäftsführung der Unternehmung rechnet im Jahr t_1 mit einer verbesserten Wirtschafts- und Finanzlage und plant daher für das kommende Jahr mit einer insgesamt höheren Absatzmenge als im Geschäftsjahr t_0 bei konstanten Preisen. Unter Zuhilfenahme geeigneter Planungs- u. Prognosesysteme hat die Kölner Maschinenbau AG ihre Plan-GuV für das Geschäftsjahr t_1 erstellt, die in Abbildung 4.2 zu sehen ist.

Vereinfachte Plan GuV der Kölner Maschinenbau AG für das Jahr t_1

Position	Wert in T€
Umsatz	16.000,00 T€
- Materialkosten	6.868,00 T€
= Deckungsbeitrag	9.132,00 T€
- Personalaufwand	4.013,00 T€
- sonstige betriebl. Kosten	2.900,00 T€
- Abschreibungen	500,00 T€
= EBIT (Betriebsergebnis)	1.719,00 T€
- Zinsaufwand	270,50 T€
- außerordentlicher Aufwand	0,00 T€
= EBT (Gewinn vor Steuern)	1448,50 T€
Stand 31. Dezember t_0	Alle Angaben in T€

Abbildung 4.2: Vereinfachte Plan-GuV der Kölner Maschinenbau AG

Dabei kalkuliert sie für das Jahr t_1 mit einem Gesamtumsatz in Höhe von 16.000 T€, was einer Steigerung gegenüber dem Vorjahr von ca. 6,67 % entspricht.

Aufgrund einer im Unternehmen vorhandenen Kostenvariabilität zwischen der Absatzmenge einerseits und den Material- und Personalkosten andererseits plant das Unternehmen bei Letzteren durch die erwartete Steigerung der Absatzmenge mit höheren Kosten. Die Kölner Maschinenbau AG unterstellt dabei eine 85 %ige Materialkosten- sowie eine 5 %ige Personalkostenvariabilität, so dass sich bei der Planung Materialkosten in Höhe von 6.868 T€ sowie Personalkosten von 4.013 T€ ergeben.

Da Ende März t_1 ein Kredit in Höhe von 3.800 T€ aus der Zinsbindung läuft und die Kölner Maschinenbau AG eine Anschlussfinanzierung mit 10-jähriger Laufzeit anstrebt, hat sie in ihrer Planung den Zinsaufwand ab April t_1 mit einem aus heutiger Sicht[382] wahrscheinlichen Zins kalkuliert. Diesen hat sie auf Basis der MFI-Zinsstatistik[383] der Deutschen Bundesbank mit 3,59 % in der Plan-Gewinn-und-Verlustrechnung angesetzt. Für das gesamte Kreditvolumen in Höhe von 5.700 T€ wird daher in t_1 mit einem Zinsaufwand von 270,50 T€ gerechnet.

4.4 Ermittlung des Gesamtrisikos im Unternehmen

4.4.1 Die Risikotragfähigkeitsbestimmung des Unternehmens

Um die Risikotragfähigkeit für das kommende Planjahr bestimmen zu können, hat die Kölner Maschinenbau AG zunächst den Marktwert derjenigen Positionen bestimmt, von denen sie sich im Risikofall trennen kann, ohne die Fortführung des Unternehmens zu gefährden.

Auch wenn die Kölner Maschinenbau AG im folgenden Jahr mit einem Gewinn in Höhe von rund 1.450 T€ plant, fließen in ihre Risikotragfähigkeitsbestimmung ausschließlich Positionen aus bereits realisierten Vermögenswerten, d.h. Substanzvermögen mit ein. Der Gewinn des laufenden Jahres wird an dieser Stelle nicht weiter berücksichtigt, da er noch erwirtschaftet werden muss und somit selbst eine unsichere Größe darstellt.

Nach Ermittlung der einzelnen Marktwerte für alle Aktiva und Passiva beträgt die marktwertorientierte Risikotragfähigkeit der Kölner Maschinenbau AG 1.800 T€. Damit entspricht sie in unserem Fallbeispiel der Höhe des in der Bilanz ausgewiesenen Eigenkapitals. Da die Kölner Maschinenbau AG betriebsnotwendige und damit für die Fortführung des Unternehmens unverzichtbare Aktiva jedoch nicht ins Risiko stellen möchte, hat sie den für das Planjahr bereitzustellenden Anteil der Risikotragfähigkeit gemäß ihrer Risikopräferenz vorsichtshalber auf 1.500 T€ festgelegt und auf alle Risiken verteilt, wie in Abbildung 4.3 ersichtlich.

---

382   Stand 31. Dezember t_0.
383   Siehe Anhang.

Abbildung 4.3: Risikotragfähigkeitsbestimmung der Kölner Maschinenbau AG

Auf Basis dieser festgelegten Risikotragfähigkeit wird die Kölner Maschinenbau AG nun gemäß ihrer Risikoneigung Entscheidungen über einzugehende Risiken treffen, aus denen entsprechend der Planung zukünftig Chancen realisiert werden sollen.

4.4.2 Identifiziertes Risikoinventar des Unternehmens

Im Anschluss an die Erstellung der Plan-GuV hat die Geschäftsführung der Kölner Maschinenbau AG in Zusammenarbeit mit den Risikoverantwortlichen im Rahmen eines Risikoworkshops zunächst einzelne Risiken systematisch identifiziert, kategorisiert und im folgenden vereinfachten Risikoinventar (siehe Abbildung 4.4) zusammengefasst.

Risiko	Beschreibung
Marktrisiken	
Wechselkursrisiko	Das Unternehmen erzielt 30 % seines Umsatzes durch Exportgeschäfte mit den USA, die in US-Dollar fakturiert werden. Dadurch besteht für die Kölner Maschinenbau AG ein erhöhtes Wechselkursrisiko.
Zinsänderungsrisiko	Derzeit hat die Kölner Maschinenbau AG Verbindlichkeiten gegenüber Kreditinstituten in Höhe von 5,7 Millionen Euro. Davon läuft ein Kredit in Höhe von 3,8 Millionen Euro im kommenden März aus der Zinsbindung. Das Unternehmen benötigt eine Anschlussfinanzierung über zehn Jahre mit einem festen Zins, woraus sich ein Zinsänderungsrisiko für das Unternehmen ergibt.
Geschäftsrisiken	
Absatzmengenschwankung	Bei der Kölner Maschinenbau AG kann die Absatzmenge aufgrund von konjunkturellen Schwankungen variieren.
Personalkostenschwankung	Die Kölner Maschinenbau AG plant keine Veränderungen in der Personalstruktur. Dennoch sind Änderungen der Personalkosten fluktuationsbedingt nicht auszuschließen.
Großkundenverlust	Es besteht die Gefahr, dass der Großkunde Heidelburg, aufgrund seiner schwierigen wirtschaftlichen Lage von einem Wettbewerber übernommen wird und dieser einen anderen Zulieferer als die Kölner Maschinenbau AG wählt. Daraus resultiert die Gefahr eines erheblichen Umsatzeinbruches.
Lieferantenausfallrisiko	Der Ausfall eines Lieferanten kann zu kurzfristigen Produktionsengpässen führen.
operationelle Risiken	
Elementarschäden	Naturkatastrophen wie zum Beispiel Erdbeben oder Überschwemmungen.
Gesetzliche Verordnungen	Umweltauflagen, Arbeitsschutz, Datenschutz etc.
Maschinenausfall	Für die Kölner Maschinenbau AG besteht das Risiko von Zusatzkosten durch einen eintretenden Maschinenausfall.
Schadenersatzforderung	Es besteht das Risiko, eine Schadenersatzforderung leisten zu müssen, beispielsweise in Folge eines Lieferverzuges.

Risikoinventar der Kölner Maschinenbau AG

Abbildung 4.4: Vereinfachtes Risikoinventar der Kölner Maschinenbau AG

Dabei handelt es sich lediglich um einen Auszug möglicher Risiken der Kölner Maschinenbau AG, die aber ausreichend sind, um die Funktion der Risikoaggregation zur Ermittlung der Gesamtrisikoposition beispielhaft darzustellen. Doppelzählungen und Überschneidungen wurden entsprechend eliminiert. Als Ergebnis der Risikoidentifikation ist festzustellen:

Die Kölner Maschinenbau AG unterliegt sowohl Marktrisiken in Form von Zinsänderungs- und Wechselkursrisiken, Geschäftsrisiken, wie beispielsweise einem eintretenden Großkundenverlust, als auch operationellen Risiken, zum Beispiel bedingt durch einen Maschinenausfall oder eine Schadenersatzforderung.

4.4.3   Festlegung von Relevanzkriterien und Bildung von Relevanzklassen

Um ein einfaches erstes Ranking der identifizierten Risiken vornehmen zu können und damit eine Vorauswahl der wesentlichen Risiken zu treffen, hat das Risikomanagement der Kölner Maschinenbau AG fünf Relevanzklassen gebildet nach deren Kriterien die einzelnen Risiken absteigend von „bestandsgefährdend" bis „unbedeutend" in ihrer Wirkung auf die marktwertorientierte Risikotragfähigkeit unterteilt werden sollen. Folgendes Relevanzschema hat das Risikomanagement dazu aufgestellt:

Relevanzkriterien und -klassen			
Relevanzklasse	**Risikorelevanz**	**Beschreibung**	**in % der Risikotrag-fähigkeit** (1.800 T€)
5	Existenzgefährdendes Risiko	Risiken, die mit einer hohen Wahrscheinlichkeit die Existenz des Unternehmens gefährden	> 100 %
4	Schwerwiegendes Risiko	Schwerwiegende Risiken, die die Risikotragfähigkeit um mehr als die Hälfte beanspruchen	≥ 50 %
3	Bedeutendes Risiko	Risiken, die zu einer spürbaren Reduzierung der Risikotragfähigkeit führen	≥ 25 %
2	Mittleres Risiko	Risiken, die eine spürbare Beeinträchtigung der Risikotragfähigkeit bewirken	≥ 5 %
1	Unbeutendes Risiko	Unbedeutende Risiken, die die Risikotragfähigkeit kaum beeinflussen	< 5 %

Abbildung 4.5: Relevanzkriterien und -klassen der Kölner Maschinenbau AG

Bei der Ersteinschätzung der Relevanz orientiert sich das Risikomanagement der Kölner Maschinenbau AG neben der Wirkungsdauer und der mittleren Ertragsbelastung (Erwartungswert) vor allem am realistischen Höchstschaden der jeweiligen Risiken.

4.4.4   Die Bewertung von Einzelrisiken

Qualitative Bewertung mittels Relevanzklassen

Auf Basis der beschriebenen Relevanzklassen sowie -kriterien hat die Kölner Maschinenbau AG folgende Relevanzskala für die im Risikoinventar genannten Risiken erstellt:

Relevanzskala der Kölner Maschinenbau AG

Relevanzklasse	Risiko	Relevanzklasse	Risiko
5	Großkundenverlust	2	Personalkostenschwankung
3	Absatzmengenschwankung	1	Zinsänderungsrisiko
3	Wechselkursrisiko	1	Lieferantenausfallrisiko
2	Maschinenausfall	1	Elementarschäden
2	Schadenersatzforderung	1	Gesetzliche Verordnungen

Abbildung 4.6: Relevanzskala der Kölner Maschinenbau AG

Nach dieser Ersteinschätzung zählt der Eintritt des Großkundenverlustes zu einem existenzgefährdenden Risiko, gefolgt von den als bedeutend in Relevanzklasse 3 eingestuften Risiken „Absatzmengenschwankung" und „Wechselkursrisiko". Der Maschinenausfall, die Schadenersatzforderung sowie die Personalkostenschwankung werden als mittlere Risiken der Relevanzklasse 2 zugeordnet.

Für die weitere Risikoanalyse und damit anstehenden Risikoaggregation werden Risiken der Relevanzklasse 1 aufgrund ihrer nur geringen Wirkung auf die Risikotragfähigkeit von der Kölner Maschinenbau AG nicht weiter berücksichtigt. Auch wenn das Zinsänderungsrisiko der Relevanzklasse 1 zugeordnet wurde, betrachten wir es in unserem Fallbeispiel jedoch weiterhin, um dem Leser die Vorgehensweise zur Ermittlung des Zinsänderungsrisikos aufzuzeigen.

Diese qualitative Risikobewertung mittels Relevanzeinschätzung dient der Kölner Maschinenbau AG als „Abbruchkriterium" für eine weitere vertiefende quantitative Analyse und soll u.a. verhindern, dass zu viel Aufwand für Risiken der kleineren Relevanzklassen aufgewendet wird. Dabei beachtet das Risikomanagement stets, dass gewisse Einzelrisiken isoliert betrachtet zwar von nachrangiger Bedeutung sein können, in Wechselwirkung mit anderen Risiken aber zu einem bestandsgefährdenden Risiko heranwachsen können.

Quantitative Beschreibung der Einzelrisiken mittels Wahrscheinlichkeiten

Um die Auswirkungen der jeweiligen Risiken mittels Simulation auf das Gesamtergebnis messbar machen zu können, ist es sinnvoll, zunächst die identifizierten Einzelrisiken mit der Unternehmensplanung zu verknüpfen.

Dabei werden die einzelnen Risiken genau den Positionen der Unternehmensplanung zugeordnet, bei denen sie Planabweichungen auslösen können. Jedes Risiko wirkt somit auf mindestens eine Position der Plan-Erfolgsrechnung oder Plan-Bilanz.

Bei der Kölner Maschinenbau AG bildet die Plan-Erfolgsrechnung (Plan-GuV) die Basis zur
Erstellung des für die Risikoaggregation notwendigen Rechenmodells und wird dafür auf
einem separaten Excel-Blatt systematisch aufgebaut. Abbildung 4.7 stellt das Rechenmodell
zur Bestimmung der Gesamtrisikoposition schematisch dar.

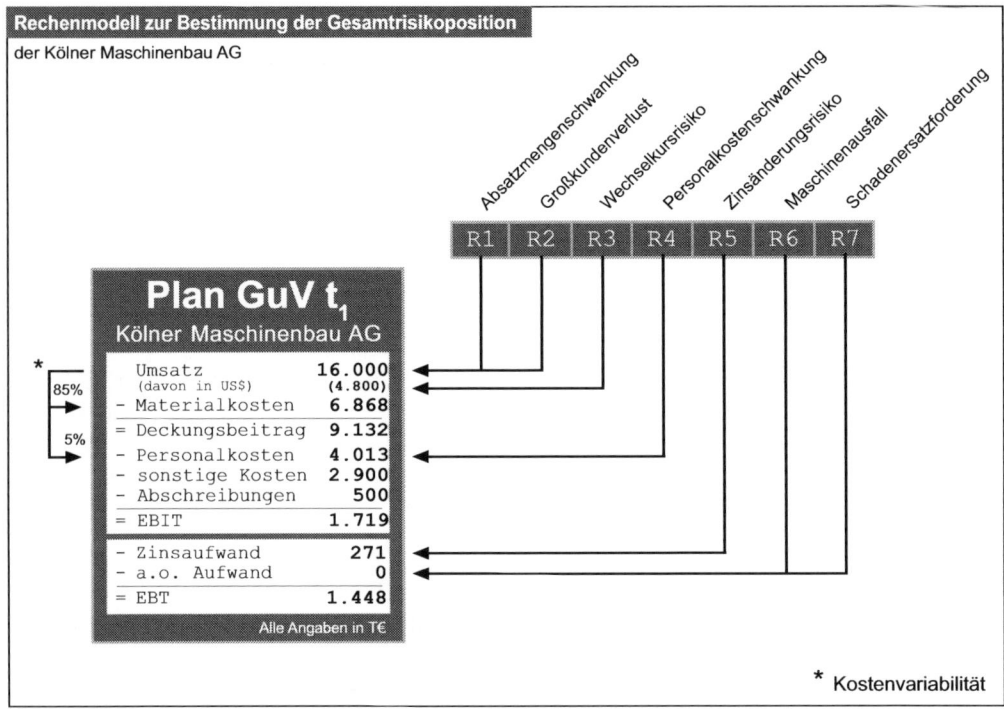

Abbildung 4.7: Rechenmodell zur Bestimmung der Gesamtrisikoposition[384]

Die Bildung eines Rechenmodells ist erforderlich, um die Auswirkungen der einzelnen Risiken auf die Gewinn- und Verlustrechnung mittels Risikoaggregation anhand der Monte-
Carlo-Simulation simulieren zu können.

Um nun die Auswirkungen der einzelnen Risiken auf die zugeordneten Positionen der Planung und schließlich mittels Simulation auf das Gesamtergebnis messbar zu machen, müssen
die jeweiligen Risiken in einem nächsten Schritt mit Hilfe von Wahrscheinlichkeitsverteilungen beschrieben werden.

---

[384]   Eigene Darstellung in Anlehnung an RMCE RiskCon GmbH & Co. KG.

Dazu verwendet das Unternehmen einerseits die aus zurückliegenden Geschäftsjahren gewonnenen Unternehmenszahlen sowie historische Zahlenreihen der Wechselkurs- und der Zinsentwicklungen. Andererseits greift die Kölner Maschinenbau AG, vor allem dort, wo keine historischen Daten zur Verfügung stehen, auf subjektive Einschätzungen fachlich kompetenter Experten zurück, um die identifizierten Risiken möglichst realistisch zu bewerten.

Die Verwendung subjektiver Daten im Rahmen des Risikomanagements ist grundsätzlich gerechtfertigt, wenn keine besseren Daten verfügbar sind, da eine völlige Vernachlässigung nicht objektiv bewertbarer Risiken meist zu einer größeren Fehleinschätzung der momentanen Risikosituation führt.[385]

Verteilungs- und ereignisorientierte Einzelrisiken

Unter Simulationsgesichtspunkten lassen sich die Risiken in verteilungs- und ereignisorientierte Risiken unterscheiden:[386]

Die verteilungsorientierten Risiken – dazu gehören in unserem Fallbeispiel die Marktrisiken, die Absatzmengenschwankung sowie die Personalkostenschwankung – werden jeweils als Schwankungsbreite um einen Planwert (Posten der Plan-GuV) modelliert.

Die ereignisorientierten Risiken, wie der Maschinenausfall oder aber die Schadenersatzforderung, fließen in das außerordentliche Ergebnis ein und werden durch ihre Schadenhöhe und Eintrittswahrscheinlichkeit von Experten beschrieben.

Eine Ausnahme der ereignisorientierten Risiken stellt der Großkundenverlust dar, da er im Rechenmodell unmittelbar mit dem Planumsatz verknüpft wurde. Dies erscheint als Alternative zum außerordentlichen Ergebnis sinnvoll, da so bei Eintritt des Umsatzausfalls im Modell auch gleichzeitig die bestehende Kostenvariabilität zwischen Umsatz und den Material- und Personalkosten berücksichtigt werden kann.

Verteilungsannahmen der Einzelrisiken

Im Folgenden werden nun die einzelnen Risiken der Kölner Maschinenbau AG mit geeigneten Verteilungsannahmen beschrieben. Dabei wird entsprechend der Reihenfolge der relevanten Plangrößen der Gewinn- und Verlustrechnung vorgegangen.

1. Absatzmengenschwankung

Da die Kölner Maschinenbau AG im kommenden Geschäftsjahr mit einer weltweit verbesserten Wirtschaftslage rechnet, geht die Geschäftsführung davon aus, dass der Umsatz aufgrund einer höheren Absatzmenge bei gleichbleibenden Preisen im Jahr t_1 um 1.000 T€ auf 16.000 T€ gesteigert werden kann. Allerdings muss hierbei das bereits identifizierte Risiko einer z.B. konjunkturell bedingten Absatzmengenschwankung berücksichtigt werden.

---

[385]   Vgl. Gleißner; Meier (1999), S. 926.

[386]   Vgl. Gleißner; Meier (1999), S. 927.

Aus historischem unternehmensinternen Datenmaterial, u.a. aus Plan-Ist-Abweichungen vergangener Geschäftsjahre, wurde eine Schwankungsbreite von 4 % ermittelt, d.h., es besteht gleichermaßen die Möglichkeit, dass sowohl positiv als auch negativ von der Plan-Absatzmenge in Höhe von 4 % abgewichen werden kann. Daher wird das Risiko der Absatzmengenschwankung in @Risk mittels Normalverteilung und einer Standardabweichung in Höhe von 4 % erfasst, wie in Abbildung 4.8 zu sehen ist.

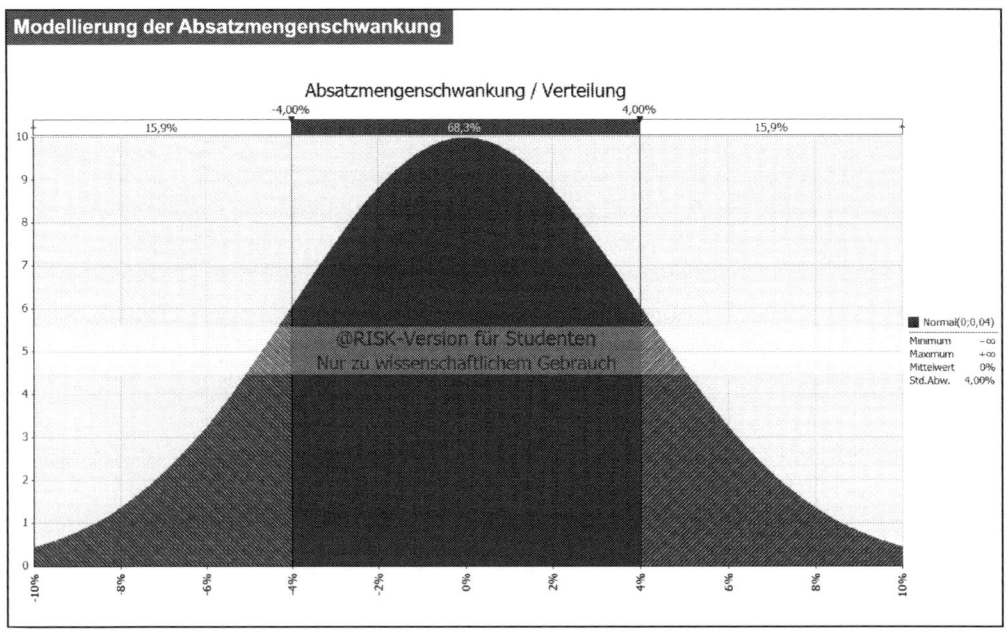

Abbildung 4.8: Modellierung der Absatzmengenschwankung

Des Weiteren ist im Rahmen der Absatzmengenschwankung zu beachten, dass aufgrund der im Unternehmen bestehenden Kostenvariabilität ein direkter Zusammenhang zwischen der abgesetzten Produktstückzahl und den Material- und Personalkosten besteht.

Dieser Einfluss der Absatzmengenschwankung auf die Material- und Personalkosten muss in der Simulation ebenfalls berücksichtigt werden. Da die Materialkosten zu 85 % variabel sind, hätte eine Erhöhung des geplanten Umsatzes in der Simulation von 4 % auf 16.640 T€ automatisch eine Steigerung der Materialkosten um 3,4 % auf 6.720 T€ zur Folge. Bei der nur 5 %igen Kostenvariabilität der Personalkosten wären die Auswirkungen entsprechend geringer, müssen aber ebenfalls in der Simulation berücksichtigt werden.

2. Großkundenverlust
Die Kölner Maschinenbau AG unterliegt dem ereignisorientierten Risiko eines Großkundenverlustes. Hierbei handelt es sich um den Großkunden Heidelburg, der aufgrund seines an der Börse niedrig bewerteten Börsenkurses von einem Wettbewerber übernommen werden könnte und dadurch dem Unternehmen als Kunde verloren gehen würde, falls dieser sich für einen anderen Walzenzulieferer entscheidet.

Damit würde die Unternehmung bei Eintritt des Großkundenverlustes an geplantem Umsatz verlieren. Die Eintrittswahrscheinlichkeit wird von der Geschäftsführung auf 5 % geschätzt bei einer Schadenhöhe von 35 % des Planumsatzes.

Zur Berücksichtigung dieser Annahmen eignet sich in @Risk die benutzerdefinierte, diskontinuierliche Verteilung, bei der genau zwei Resultate dargestellt werden können. Jedes Resultat hat dabei einen Wert X und einen Wahrscheinlichkeitsfaktor p, durch welche die Auftretenswahrscheinlichkeit des Resultats angegeben wird.[387] D.h., entweder tritt mit einer 5 %igen Wahrscheinlichkeit der Großkundenverlust in Höhe von 35 % des Planumsatzes ein oder er tritt mit 95 %iger Wahrscheinlichkeit (mit einer Schadenhöhe von null) nicht ein. Abbildung 4.9 stellt diesen Zusammenhang grafisch dar.

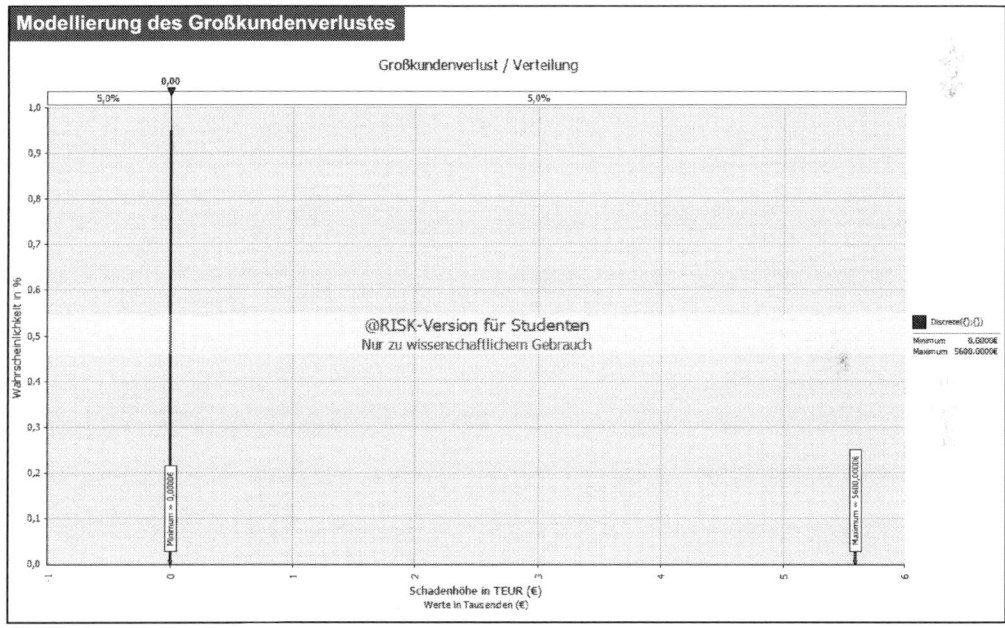

Abbildung 4.9: Modellierung des Großkundenverlustes

Da die Kölner Maschinenbau AG mit der Produktion der Druckwalzen generell erst nach Auftragseingang beginnt, würde sich im Falle des Großkundenverlustes zwar der Planumsatz verringern, ein Teil würde sich aber aufgrund der vorhandenen Kostenvariabilität zwischen der Absatzmenge einerseits und den Material- und Personalkosten andererseits kompensieren. Betroffen wären die Materialkosten mit 85 % sowie die Personalkosten mit 5 %.

3. Wechselkursrisiko
Die Kölner Maschinenbau AG erzielt 30 % ihres Umsatzes in den USA und fakturiert diesen in US $. Die Unternehmung geht davon aus, dass die US $-Schwankungen als ein wesentli-

---

387 Vgl. Palisaden Corporation (2009), S. 535.

ches Marktrisiko in der Vergangenheit normal verteilt waren.[388] Auf die Überprüfung dieser
gängigen Annahme, beispielsweise mittels des mathematischen „Chi-square"- oder „Kolmo-
gorow-Smirnov"-Tests verzichtet das Risikomanagement der Kölner Maschinenbau AG.[389]

Zur Berechnung der Standardabweichung der US $-Änderungen muss die Unternehmung
den Zeitraum für eine repräsentative historische Wechselkursvolatilität festlegen. In der Praxis werden dabei meist kürzer zurückliegende Beobachtungen stärker als zeitlich weiter
zurückliegende gewichtet.[390] Für die korrekte Risikoeinschätzung werden, der herrschenden
Meinung folgend, die relativen und logarithmierten Veränderungen der Risikofaktoren (hier
Wechselkursänderungen) verwendet.[391] Daher werden im Fallbeispiel die logarithmierten
Wechselkursänderungen der letzten 36 Monate berechnet. Die erste Wechselkursänderung
ergibt sich aus dem natürlichen Logarithmus des Quotienten $\ln($Wechselkurs $_{t-35}$
:Wechselkurs $_{t-36})$ und beträgt 0,00575 ($\ln(1,2785/1,3239)$). Alle folgenden Wechselkursän-
derungen werden analog ermittelt. Bei diesem Vorgehen wird angenommen, dass die Wech-
selkursschwankungen aus der Vergangenheit auch für die Zukunft repräsentativ sind.[392] Im
Fallbeispiel wird dieses Verfahren zur Risikoeinschätzung bei allen Marktpreisrisiken angewendet.

Die Kölner Maschinenbau AG ermittelt die Schwankungsbreite des US $ für den Zeitraum
von Januar t_{-2} bis Dezember t_0 mit Hilfe von Microsoft Excel auf Basis von Monatsdurch-
schnitten.

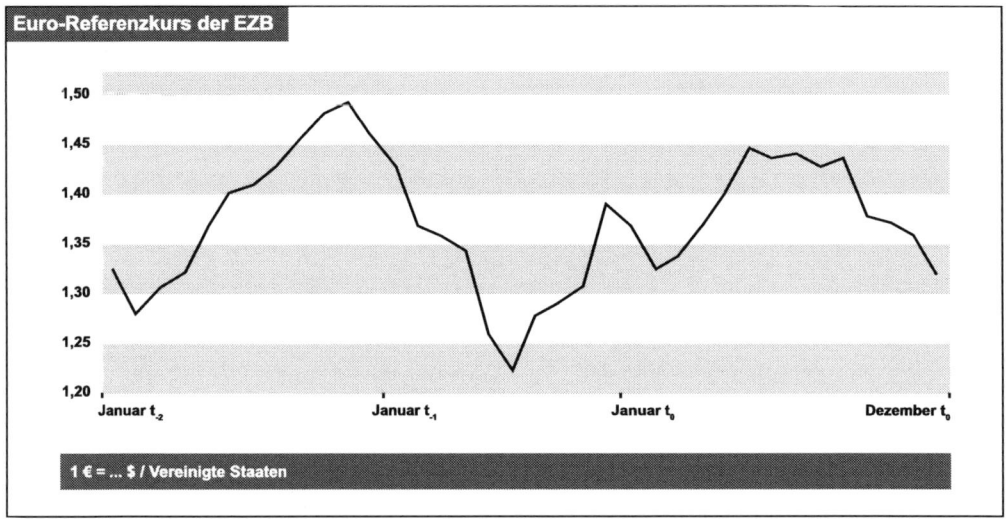

Abbildung 4.10: EUR/US-$ Wechselkurs von Januar t_{-2} bis Dezember t_0

---

[388]   Siehe hierzu auch Merbecks; Stegemann; Frommeyer (2004), S. 120.
[389]   Vgl. Romeike, Hager (2009), S. 448 f.
[390]   Vgl. Merbecks; Stegemann; Frommeyer (2004), S. 120.
[391]   Vgl. Romeike, Hager (2009), S. 336.
[392]   Vgl. Wiedemann; Hager (2005), S. 10.

Abbildung 4.10 stellt den EUR/US $-Wechselkurs von Januar t_{-2} bis Dezember t_0 auf Basis von Monatsdurchschnitten grafisch dar. Die Monatsvolatilität beträgt dabei 2,71 % und wurde mit Hilfe einer von der Bundesbank zur Verfügung gestellten Zahlenreihe ermittelt.[393]

Da sich der EUR/US $-Wechselkurs über das gesamte Jahr verändern kann, wird in der Simulation mit einer Standardabweichung über zwölf Monate gerechnet. Nach dem Wurzelgesetz, welches besagt, dass die Standardabweichung proportional mit der Zeit wächst, beträgt die Standardabweichung (Volatilität) über zwölf Monate 9,38 %.[394] Je weiter ein zu bestimmender Wechselkurs in der Zukunft liegt, desto größer ist die Spanne möglicher Werte und demnach die Unsicherheit über den zukünftigen Kurs.[395]

Für die Simulation wird das Wechselkursrisiko daher mit einer Normalverteilung und einer Standardabweichung von 9,38 % beschrieben. In Abbildung 4.11 wird dies verdeutlicht.

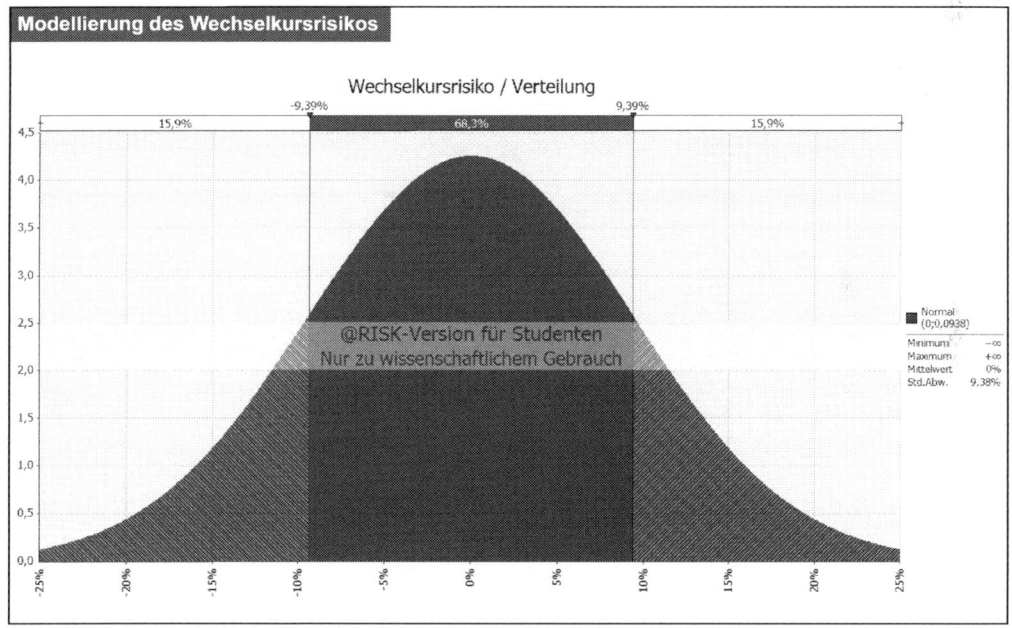

Abbildung 4.11: Normalverteilung zur Modellierung der Änderungen des US-$

4. Personalkostenschwankung

Die Kölner Maschinenbau AG beabsichtigt, im Geschäftsjahr t_1 keine Veränderungen in der Personalstruktur vorzunehmen, und plant daher mit den gleichen Personalkosten wie im Vorjahr in Höhe von 4.000 T€. Das Risiko kleinerer Abweichungen beim Personalaufwand

---

[393] t_0 entspricht dabei dem Jahr 2011, genaue Zahlenreihe siehe Anhang.

[394]   Vgl. Romeike, Hager (2009), S. 432.

[395]   Vgl. Romeike, Hager (2009), S. 440.

schätzt die Geschäftsführung als gleichwahrscheinlich mit einer Schwankungsbreite von 2,5 % ein. Daher wird in @Risk eine Uniform-Verteilung, auch Gleichverteilung genannt, mit einer Bandbreite von 2,5 % gewählt. Diese Verteilungsannahme visualisiert die folgende Abbildung.

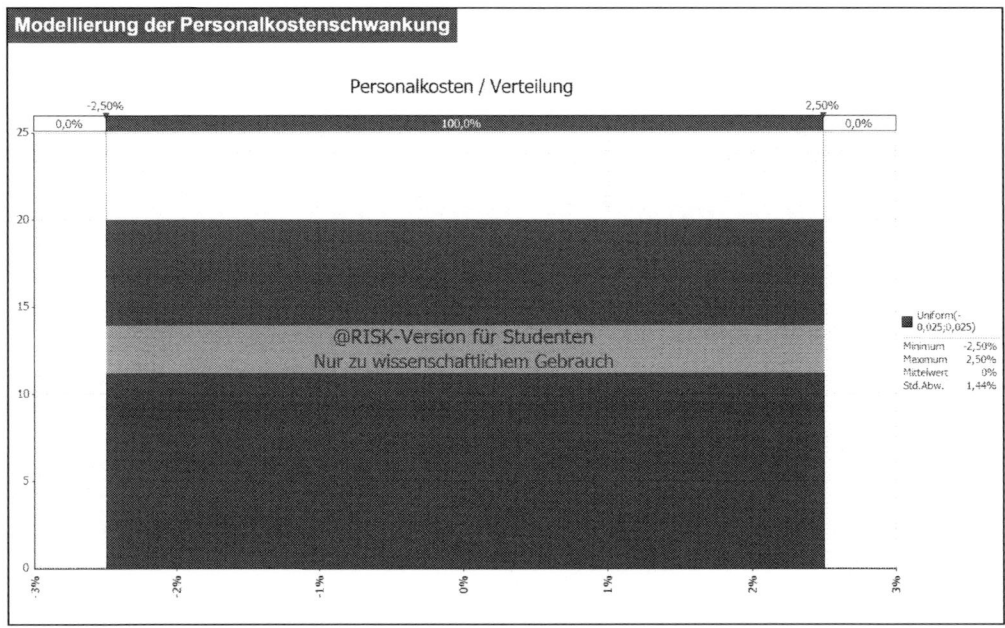

Abbildung 4.12: Uniformverteilung für die Personalkostenschwankung

5. Zinsänderungsrisiko

Im kommenden Geschäftsjahr kalkuliert das Unternehmen ebenso wie im Geschäftsjahr t_0 mit einem Kreditvolumen in Höhe von 5.700 T€. Dieses resultiert aus zwei endfälligen Darlehen mit einem jeweils festen Zinssatz.

Ein Kredit in Höhe von 1.900 T€ wird mit 5,6 % verzinst und befindet sich über das Planjahr t_1 hinaus noch in der Zinsbindung, so dass der Zinsaufwand hieraus bereits für das gesamte Planjahr t_1 feststeht und für die Simulation nicht relevant ist.

Der zweite Kredit in Höhe von 3.800 T€ läuft Ende März t_1 aus der Zinsbindung und wird derzeit mit 6,5 % verzinst. Geplant ist eine Anschlussfinanzierung mit einer 10-jährigen Laufzeit und einem festen Zins. Demnach muss ab April t_1 ein neuer Zins mit der kreditgebenden Bank vereinbart werden. Da dieser aber zum Zeitpunkt der Planungserstellung noch nicht feststeht, hat die Unternehmung in ihrer Planung mit einem aus heutiger Sicht[396] realistischen Zins kalkuliert. Diesen hat sie auf Basis der MFI-Zinsstatistik der Deutschen Bun-

---

[396] Stand: 31. Dezember t_0; t_0 entspricht dem Jahr 2011.

desbank[397] mit 3,59 % angesetzt. Da sich der Zins in den ersten drei Monaten des Jahres t_1 aber noch ändern kann und eventuell vom geplanten Zins abweichen wird, besteht in der Folge ein Zinsänderungsrisiko für die Kölner Maschinenbau AG, das im Modell ab April t_1 simuliert werden muss. Abbildung 4.13 verdeutlicht diesen Sachverhalt.

Zinsaufwand der Kölner Maschinenbau AG für das Jahr t_1

Monat	Kredit A	Zins p.a.	Zinsaufwand	Kredit B	Zins p.a.	Zinsaufwand	Gesamt
Januar	1.900,00 €	5,60 %	8,87 €	3.800,00 €	6,50 %	20,58 €	29,45 €
Februar	1.900,00 €	5,60 %	8,87 €	3.800,00 €	6,50 %	20,58 €	29,45 €
März	1.900,00 €	5,60 %	8,87 €	3.800,00 €	6,50 %	20,58 €	29,45 €
April	1.900,00 €	5,60 %	8,87 €	3.800,00 €	Muss simuliert werden!		
Mai	1.900,00 €	5,60 %	8,87 €	3.800,00 €	Muss simuliert werden!		
Juni	1.900,00 €	5,60 %	8,87 €	3.800,00 €	Muss simuliert werden!		
Juli	1.900,00 €	5,60 %	8,87 €	3.800,00 €	Muss simuliert werden!		
August	1.900,00 €	5,60 %	8,87 €	3.800,00 €	Muss simuliert werden!		
September	1.900,00 €	5,60 %	8,87 €	3.800,00 €	Muss simuliert werden!		
Oktober	1.900,00 €	5,60 %	8,87 €	3.800,00 €	Muss simuliert werden!		
November	1.900,00 €	5,60 %	8,87 €	3.800,00 €	Muss simuliert werden!		
Dezember	1.900,00 €	5,60 %	8,87 €	3.800,00 €	Muss simuliert werden!		
	Kredit A gesamt		106,44 €	Kredit B gesamt		Muss simuliert werden!	

Alle Angaben in T€

Abbildung 4.13: Zinsaufwand vor Simulation

Aufgrund einer möglichen Änderung des Zinses in den ersten drei Monaten des Jahres t_1 wird in der Simulation mit einer Standardabweichung über drei Monate gerechnet. Zinsänderungen werden dabei als normalverteilt angenommen.[398]

Die Monatsvolatilität der Zinssätze für Kredite über 1.000 T€ mit einer Zinsbindung von mehr als fünf Jahren beträgt von Januar t_{-2} bis Dezember t_0 6,17 %.[399] Nach dem Wurzelgesetz ergibt sich für einen Zeitraum von drei Monaten eine Standardabweichung (Volatilität) von 10,69 %.[400] Dabei gilt, je weiter ein zu bestimmender Zinssatz in der Zukunft liegt, desto größer ist die Spanne möglicher Werte und demnach die Unsicherheit über den zukünftigen

---

[397] Siehe Anhang.

[398] Siehe Abschnitt „Wechselkursrisiko".

[399] Berechnung siehe Anhang.

[400] (Monatsvolatilität) 6,17 % * $\sqrt{3}$ = 10,69% (Standardabweichung über drei Monate).

Zins.[401] Das Zinsänderungsrisiko lässt sich in @Risk mittels einer Normalverteilung und einer Standardabweichung in Höhe von 10,69 % simulieren, wie in Abbildung 4.14 ersichtlich ist.

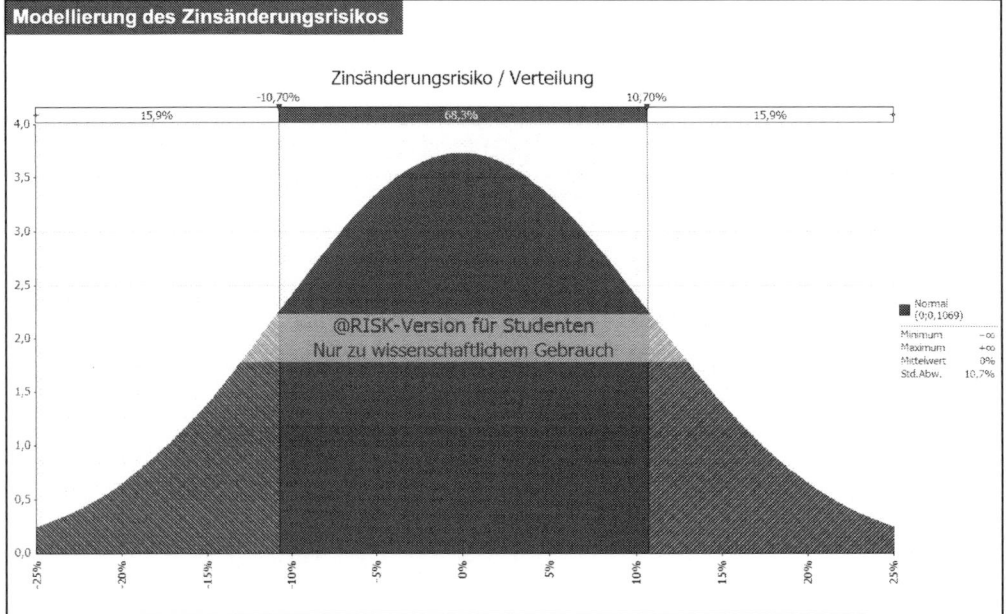

Abbildung 4.14: Modellierung der Zinsänderungen

Ein mögliches Szenario des Zinsaufwandes nach der Simulation wird in Abbildung 4.15 dargestellt.

---

[401] Vgl. Romeike, Hager (2009), S. 440.

Zinsaufwand der Kölner Maschinenbau AG für das Jahr t₁							Ein mögliches Szenario!
Monat	**Kredit A**	**Zins p.a.**	**Zinsaufwand**	**Kredit B**	**Zins p.a.**	**Zinsaufwand**	**Gesamt**
Januar	1.900,00 €	5,60 %	8,87 €	3.800,00 €	6,50 %	20,58 €	29,45 €
Februar	1.900,00 €	5,60 %	8,87 €	3.800,00 €	6,50 %	20,58 €	29,45 €
März	1.900,00 €	5,60 %	8,87 €	3.800,00 €	6,50 %	20,58 €	29,45 €
April	1.900,00 €	5,60 %	8,87 €	3.800,00 €	3,98 %	12,60 €	21,47 €
Mai	1.900,00 €	5,60 %	8,87 €	3.800,00 €	3,98 %	12,60 €	21,47 €
Juni	1.900,00 €	5,60 %	8,87 €	3.800,00 €	3,98 %	12,60 €	21,47 €
Juli	1.900,00 €	5,60 %	8,87 €	3.800,00 €	3,98 %	12,60 €	21,47 €
August	1.900,00 €	5,60 %	8,87 €	3.800,00 €	3,98 %	12,60 €	21,47 €
September	1.900,00 €	5,60 %	8,87 €	3.800,00 €	3,98 %	12,60 €	21,47 €
Oktober	1.900,00 €	5,60 %	8,87 €	3.800,00 €	3,98 %	12,60 €	21,47 €
November	1.900,00 €	5,60 %	8,87 €	3.800,00 €	3,98 %	12,60 €	21,47 €
Dezember	1.900,00 €	5,60 %	8,87 €	3.800,00 €	3,98 %	12,60 €	21,47 €
	Kredit A gesamt		106,44 €	Kredit B gesamt		175,14 €	281,58 €

Alle Angaben in T€

(Randbeschriftung April–Dezember: Simulierte Ergebnisse!)

Abbildung 4.15: Zinsaufwand mit einem möglichen Szenario

6. Maschinenausfall:

Des Weiteren unterliegt die Kölner Maschinenbau AG dem ereignisorientierten Risiko, dass aus einem möglichen Maschinenausfall Zusatzkosten entstehen können. Experten der Unternehmung schätzen die Eintrittswahrscheinlichkeit eines Maschinenschadens auf 10 %. Die Schadenhöhe selbst kann nicht exakt bestimmt werden. Es wird aber davon ausgegangen, dass bei Eintritt des Risikos der potenziell entstehende Schaden mindestens 50 T€ und maximal 500 T€ beträgt, wobei kleinere Schäden wahrscheinlicher als große Schadenssummen erscheinen.

Zur Darstellung dieses Sachverhaltes werden in @Risk zwei Verteilungsfunktionen benötigt. Eine Verteilung gibt dabei die Schadenhäufigkeit (Eintrittswahrscheinlichkeit) an, mittels einer weiteren Verteilung wird die Schadenhöhe beschrieben.

Die Eintrittswahrscheinlichkeit lässt sich in @Risk mittels einer als Hilfskonstrukt verwendeten Gleichverteilung (Uniform-Verteilung) darstellen. Dazu werden der Uniform-Verteilung die Parameter min. 0 % und max. 100 % zugewiesen, d.h. in der Simulation werden gleichwahrscheinlich Werte zwischen 0 % und 100 % erreicht. In einer weiteren Excel-Zelle wird danach eine Funktion angelegt, die bestimmt, ob das Ereignis (Maschinenausfall) eingetreten ist oder nicht.

Werden in der Simulation nun Werte erreicht, die kleiner als 10 % (Eintrittswahrscheinlich-keit) sind, so wird die Schadenhöhe des Maschinenausfalls in der simulierten GuV abgebil-det. Bei allen anderen Werten tritt das Ereignis nicht ein und hat somit keinen Einfluss auf das Ergebnis der Simulation.[402]Abbildung 4.16 zeigt die in @Risk verwendete Uniform-Verteilung zur Beschreibung des Schadeneintritts.

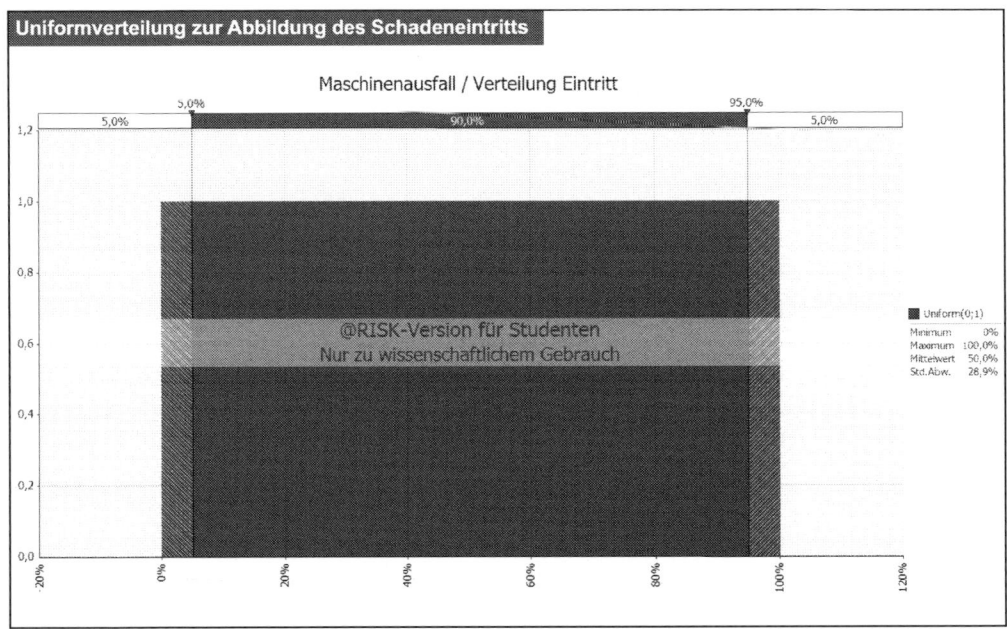

Abbildung 4.16: Beschreibung des Schadeneintritts bei einem Maschinenausfall

Zur Kennzeichnung der Schadenhöhe wird in @Risk eine Betaverteilung mit Minimum 50 T€ und Maximum 500 T€ ausgewählt. Die dafür notwendigen Parameter „Alpha" und „Be-ta" wurden mittels optischen Vergleichs so angepasst, dass kleine Schadenssummen bei der Simulation häufiger auftreten als größere Schäden.[403] In Abbildung 4.17 wird diese Vertei-lung dargestellt.

---

[402]   Vgl. Gleißner; Romeike (2005), S. 294 f.

[403]   Siehe dazu auch Kapitel 4.2.2.

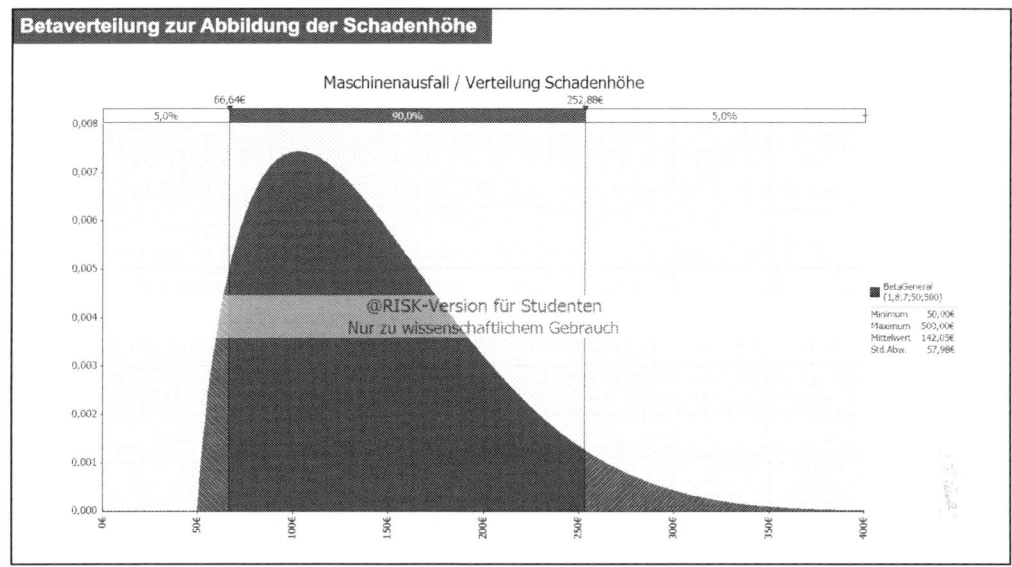

Abbildung 4.17: Beschreibung der Schadenhöhe bei einem Maschinenausfall

7. Schadenersatzforderung:

Als ein weiteres ereignisorientiertes Risiko der Kölner Maschinenbau AG wird die Gefahr gesehen, eine Schadenersatzforderung, beispielsweise aufgrund eines Lieferverzugs, leisten zu müssen. Die Geschäftsführung schätzt die Eintrittswahrscheinlichkeit dabei auf 5 %. Das Eintreten der Schadenersatzforderung wird analog zum Maschinenausfallrisiko mit einer als Hilfskonstrukt verwendeten Gleichverteilung in @Risk dargestellt, nach der das Risiko entweder eintritt oder nicht. In Abbildung 4.18 wird dieser Sachverhalt verdeutlicht.

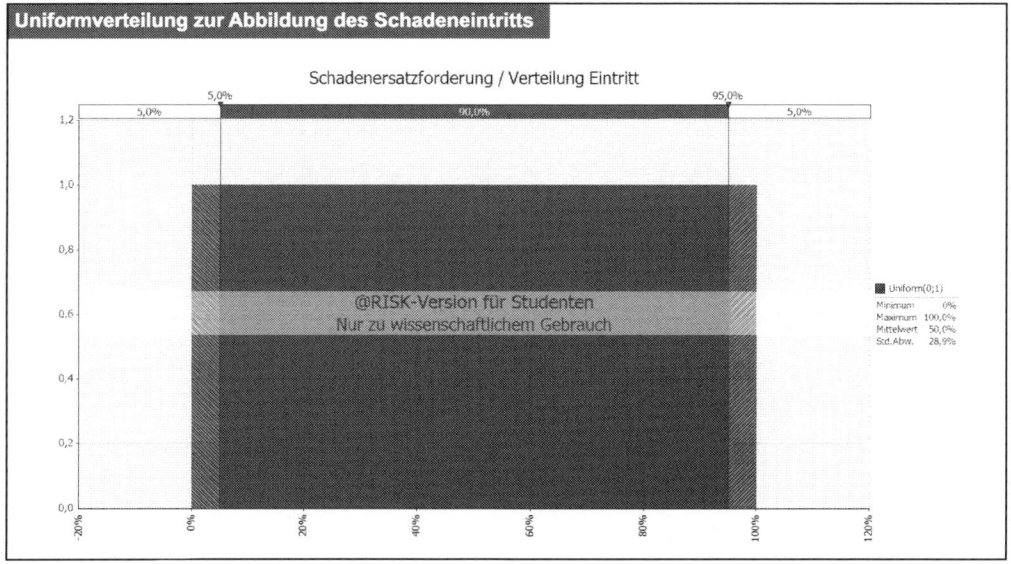

Abbildung 4.18: Uniform-Verteilung zur Abbildung des Schadeneintritts

Bei Eintritt der Schadenersatzforderung schätzen Experten die Schadenhöhe auf Minimum 100 T€ und Maximum auf 500 T€. Am wahrscheinlichsten wird eine Schadenhöhe von 250 T€ angenommen. Diese Angaben lassen sich in @Risk mit Hilfe einer Dreiecksverteilung abbilden, wie aus folgender Grafik hervorgeht.

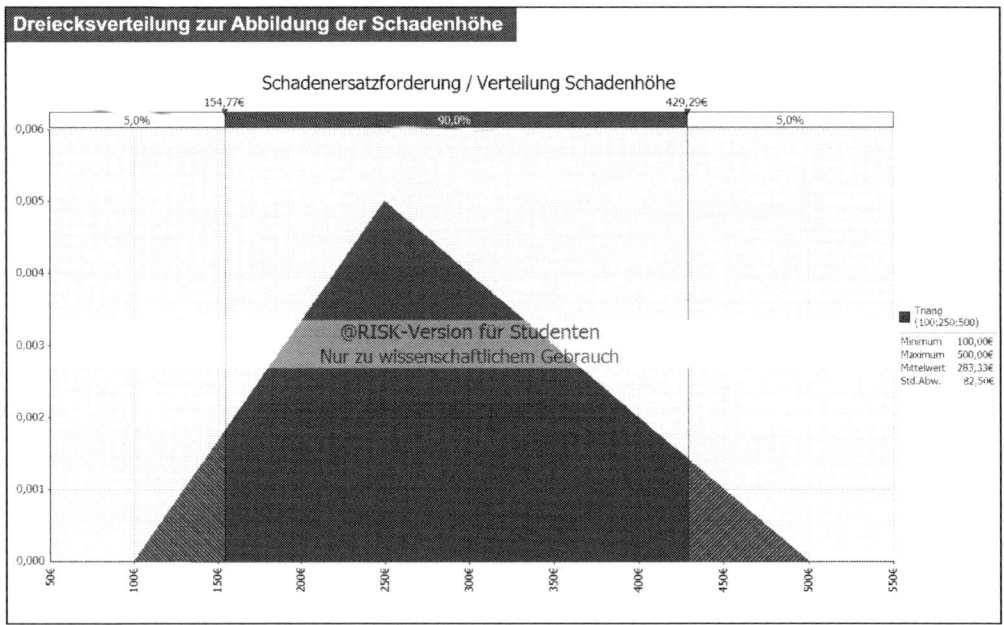

Abbildung 4.19: Dreiecksverteilung zur Beschreibung der Schadenersatzforderung

Korrelationen von Einzelrisiken

Nach Expertenschätzung ist in der Simulation des Weiteren zu berücksichtigen, dass das Risiko Maschinenausfall zum Risiko Schadenersatzforderung eine positive Korrelation von 0,5 aufweist. Durch den eventuellen Eintritt eines Maschinenschadens kann die Kölner Maschinenbau AG in Lieferverzug geraten, wodurch das Risiko einer Schadenersatzforderung steigt.

In @Risk basiert die Korrelation von Eingabeverteilungen auf dem von C. Spearman entwickelten Rangkorrelations-Koeffizienten. Dieser Koeffizient wird, anders als bei einem linearen Korrelationskoeffizienten, unter Verwendung der Werte-Rangordnung und nicht der Werte selbst berechnet.[404]

Im Gegensatz zu der von K. Pearson entwickelten Methode, bei der der dazugehörende Test für den Korrelationskoeffizienten an die Normalverteilung beider Variablen gebunden ist,[405] ist die in @Risk verwendete Methode nach C. Spearman „verteilungsunabhängig", d.h., es

---

404   Vgl. Palisaden Corporation (2009), S. 281.
405   Vgl. Hatzinger; Nagel (2009), S. 221.

können ganz beliebige Verteilungstypen in Korrelation gebracht werden.[406] Abbildung 4.20 zeigt die in @Risk zur Eingabe der Korrelation verwendete Matrix.

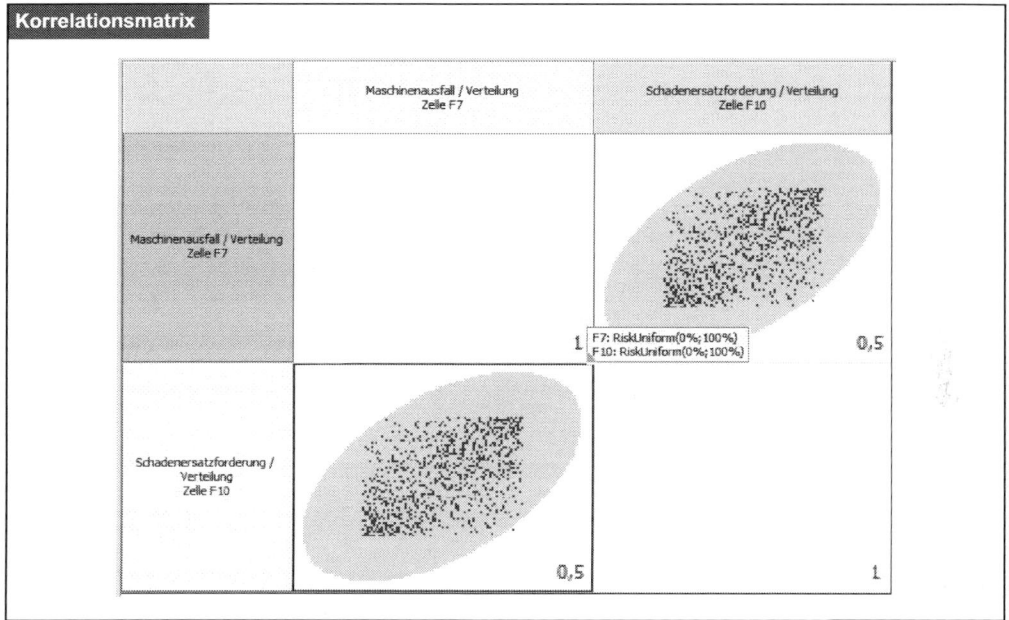

Abbildung 4.20: Korrelationsmatrix in @Risk

4.4.5 Spezifizierung des Risikoinventars

Bereits in Abschnitt 4.4.2 des Fallbeispiels wurde ein vereinfachtes Risikoinventar als Ergebnis der Risikoidentifikation der Kölner Maschinenbau AG dargestellt. Da zu diesem Zeitpunkt noch keine quantitativen Informationen über die Risiken vorlagen, wurden die Risiken in einem ersten Schritt identifiziert, beschrieben und kategorisiert.

Nachdem die identifizierten Einzelrisiken im vorangegangenen Abschnitt quantifiziert und mit Verteilungsannahmen belegt wurden, wird das Risikoinventar nun im Folgenden um diese Informationen erweitert.

---

[406] Vgl. Palisaden Corporation (2009), S. 281.

Erweitertes Risikoinventar der Kölner Maschinenbau AG		
Risiko	**Verteilung**	**Bewertung**
Marktrisiken		
Wechselkursrisiko	Normalverteilung	Schwankungsbreite 9,38 %
Zinsänderungsrisiko	Normalverteilung	Schwankungsbreite 10,69 %
Geschäftsrisiken		
Absatzmengenschwankung	Normalverteilung	Schwankungsbreite 4,00 %
Personalkostenschwankung	Uniform-Verteilung	Schwankungsbreite 2,50 %
Großkundenverlust	Benutzerdefinierte diskontinuierliche Verteilung	Eintrittswahrscheinlichkeit: 5 % Schadenhöhe: 35 % vom Umsatz
Operationelle Risiken		
Maschinenausfall	Uniform-Verteilung (als Hilfskonstrukt) Beta-Verteilung	Eintrittswahrscheinlichkeit: 10 % Schadenhöhe: 50 T€ - 500 T€
Schadenersatzforderung	Uniform-Verteilung (als Hilfskonstrukt) Dreiecks-Verteilung	Eintrittswahrscheinlichkeit: 5 % Schadenhöhe: 100 T€ - 500 T€

Abbildung 4.21: Erweitertes Risikoinventar der Kölner Maschinenbau AG

Abbildung 4.21 zeigt das erweiterte Risikoinventar der Kölner Maschinenbau AG. Aus dem Risikoinventar kann die Unternehmung lediglich ableiten, welche Risiken für sich alleine den Bestand des Unternehmens gefährden können. Um nun den Gesamtrisikoumfang ermitteln zu können, ist die Durchführung einer Risikoaggregation erforderlich. Dazu eignet sich in diesem Fallbeispiel nur die Risikoaggregation mittels Monte-Carlo-Simulation, da diese im Gegensatz zu analytischen Aggregationsverfahren u.a. auch Risiken mit beliebigen Wahrscheinlichkeitsverteilungen erfassen sowie einen Bezug zur Unternehmensplanung herstellen kann. Auf diese Weise können die vorhandenen Wechselwirkungen, z.B. zwischen Absatzmenge und Materialkosten, im Fallbeispiel berücksichtigt werden.[407]

4.4.6 Risikoaggregation zur Bestimmung der Gesamt-Brutto-Risikoposition

Bevor nun die Risikoaggregation anhand der Monte-Carlo-Simulation durchgeführt werden kann, müssen die Zielgrößen bestimmt werden, die hinsichtlich ihrer aggregierten Risikowirkung analysiert werden sollen.

Betrachtet werden im Fallbeispiel die Zielgrößen EBIT (Betriebsergebnis = Gewinn vor Finanzergebnis, außerordentlichem Aufwand und Steuern) und EBT (Gewinn vor Steuern), wobei im Folgenden primär der Gewinn vor Steuern betrachtet wird. Die Gesamtrisikoposi-

---

[407]   Vgl. Gleißner (2008), S. 136.

tion der Kölner Maschinenbau AG wird daher aus dem Simulationsergebnis des Gewinns vor Steuern bestimmt.

Nachdem im vorangegangenen Kapitel der Fallstudie alle identifizierten Risiken mit Verteilungsannahmen belegt und mit den Zielgrößen der Plan-GuV verbunden worden sind, kann nun ein Simulationslauf für das Geschäftsjahr t_1 der Kölner Maschinenbau AG durchgeführt werden. Dabei werden mittels Monte-Carlo-Simulation 50.000 Szenarien berechnet und so alle Risiken gleichzeitig auf die Zielgrößen aggregiert.

Nach Durchführung der Monte-Carlo-Simulation wurde in Abbildung 4.22 das in Abschnitt 4.4.4 bereits dargestellte Rechenmodell zur Bestimmung der Gesamtrisikoposition der Kölner Maschinenbau AG zur Verdeutlichung der Wirkung der Einzelrisiken auf das Gesamtergebnis beispielhaft um drei einzelne Szenarien aus den erhaltenen (50.000) Simulationsergebnissen erweitert.

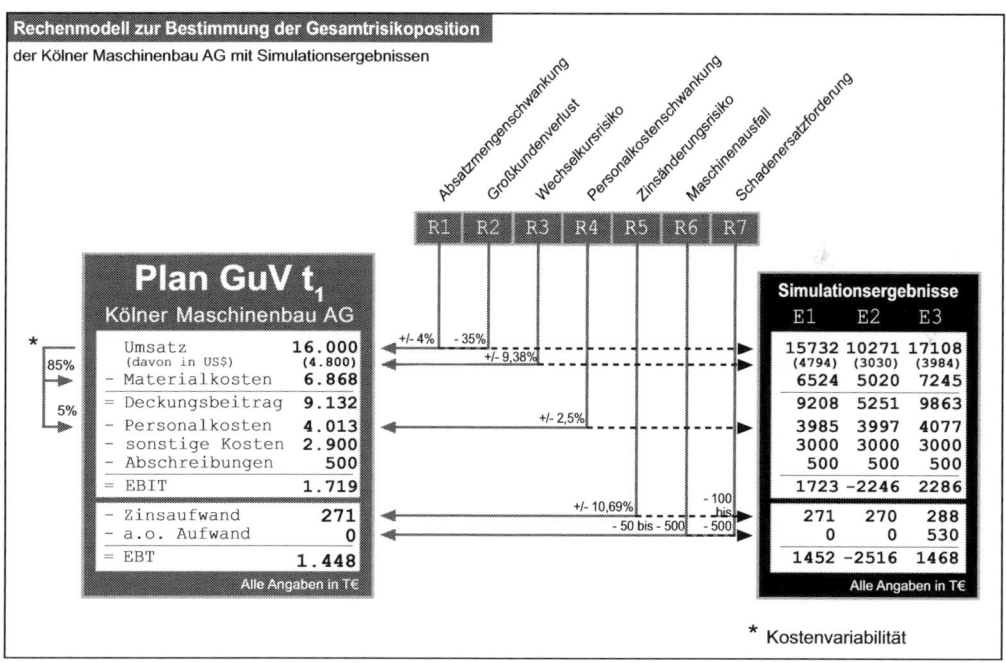

Abbildung 4.22: Rechenmodell mit beispielhaften Simulationsergebnissen

Bevor im folgenden Abschnitt die aus @Risk gewonnenen Ergebnisse der Simulation dargestellt u. ausgewertet werden, sei angemerkt, dass bei der Ermittlung der Gesamtrisikoposition (brutto) ausschließlich die Bruttorisiken des Unternehmens miteinfließen. Das Risikominderungspotenzial aus möglichen Risikosteuerungsmaßnahmen wird dabei außer Acht gelassen, um zunächst das gesamte Risikopotenzial der Kölner Maschinenbau AG ermitteln zu können.

Zur Ermittlung der Gesamt-Netto-Risikoposition wird die Kölner Maschinenbau AG später auf Basis der Simulation eine Sensitivitätsanalyse durchführen, um herauszufinden, welchen Einfluss die einzelnen Risiken auf den Gewinn vor Steuern haben und damit für das Gesamtergebnis bedeutsam sind. Mittels dieser Sensitivitätsanalyse kann die Kölner Maschinenbau AG so gezielte u. klar priorisierte Maßnahmen zur Risikosteuerung ableiten. Unter Berücksichtigung der getroffenen Risikosteuerungsmaßnahmen kann letztlich mittels erneuter Simulation die Nettorisikoposition bestimmt werden.

Darstellung und Auswertung der Ergebnisse

Nach Abschluss der Simulation liefert @Risk als Ergebnis eine Verteilungsfunktion (genauer Dichtefunktion) der Zielgröße Gewinn vor Steuern (EBT) für die Kölner Maschinenbau AG, die in Abbildung 4.23 grafisch dargestellt ist. Dabei wird auf der y-Achse die Wahrscheinlichkeit des Simulationsergebnisses und auf der x-Achse die Ausprägung in Tausend Euro dargestellt.

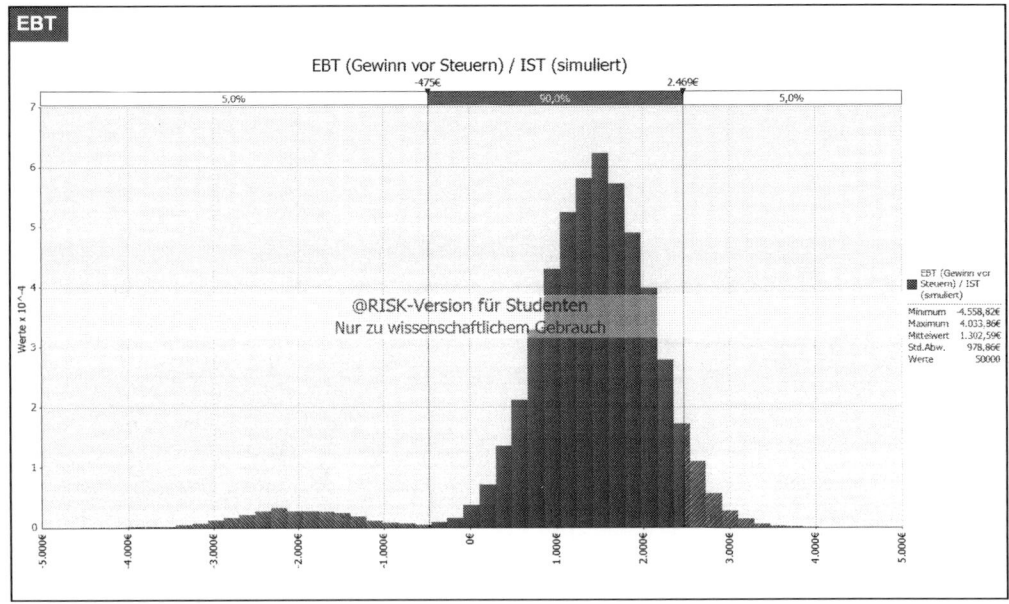

Abbildung 4.23: Simulationsergebnis der Zielgröße EBT

Aus der erhaltenen Dichtefunktion lassen sich verschiedene Kennzahlen auslesen, die für die Risikosituation der Kölner Maschinenbau AG von Bedeutung sind. Dazu gehören beispielsweise die Gesamtrisikoposition, der risikobedingte Eigenkapitalbedarf, die Eigenkapitaldeckung sowie die Überschuldungswahrscheinlichkeit der Unternehmung.

Bevor im weiteren Verlauf des Kapitels die genannten Kennzahlen aus der Verteilungsfunktion des Gewinns vor Steuern abgeleitet und interpretiert werden, werden zunächst wesentliche statistische Kennzahlen betrachtet, die grundlegende Informationen über die Verteilung selbst liefern[408] sowie relevante Quantilswerte beleuchtet die z.B. einen Rückschluss auf den Eigenkapitalbedarf der Kölner Maschinenbau AG ermöglichen.

Momente der Verteilung

Abbildung 4.24 zeigt zunächst die in der Simulation ermittelten statistischen Kennzahlen für die betrachteten Zielgrößen EBIT und EBT als Ergebnis der Monte-Carlo-Simulation. Diese werden auch als so genannte „Momente der Verteilung"[409] bezeichnet.

Momente der Verteilung					
Zielgrößen	**Planwert**	**Erwartungswert**	**Standardabweichung**	**Schiefe**	**Wölbung**
EBIT	1.719,00 T€	1.544,68 T€	974,44 T€	-2,00	8,82
EBT	1.448,50 T€	1.302,59 T€	978,86 T€	-1,98	8,73

Abbildung 4.24: Momente der Verteilung

Es ist zu erkennen, dass bei der Kölner Maschinenbau AG Plan- und Erwartungswert deutlich voneinander abweichen und somit keine erwartungstreue Planung des Geschäftsjahres t_1 vorliegt. Die Ursache hierfür ist vermutlich auf das ereignisorientierte Risiko des Großkundenverlustes zurückzuführen. Demnach beträgt die Differenz zwischen dem geplanten und dem erwarteten EBT 145,91 T€.

Darüber hinaus lässt sich anhand der ausgelesenen Schiefe- u. Wölbungsmaße erkennen, dass sich die Häufigkeitsverteilungen der Zielgrößen deutlich von denen einer Normalverteilung unterscheiden. Da die Schiefe (engl. Skewness) die Asymmetrie im Vergleich zur Gauß'schen Normalverteilung anzeigt, jene symmetrisch ist und eine Schiefe von Null besitzt, liegt im vorliegenden Fall bei einem Schiefemaß vom -2,00 bzw. -1,98 (und damit kleiner Null) eine sogenannte linksschiefe Verteilung vor.[410] Linksschief bedeutet in diesem Zusammenhang, dass häufiger Werte auftreten, die größer sind als der Mittelwert, sich der Gipfel also rechts vom Mittelwert befindet. Der linke Teil des Graphen ist somit flacher als der rechte.[411]

Des Weiteren besitzen die Verteilungsfunktionen der Zielgrößen eine Wölbung von 8,82 (EBIT) bzw. 8,73 (EBT). Auch die Wölbung (engl. Kurtosis) wird im Verhältnis zur Kurtosis einer Gauß'schen Normalverteilung, welche 3 beträgt, beurteilt.[412] Dieser Sachverhalt wird auch als „fattails" bezeichnet.[413] Die Häufigkeitsverteilungen des EBIT und des Gewinns vor

---

[408]   Vgl. Wenninger (2004), S. 7.
[409]   Vgl. Wenninger (2004), S. 7.
[410]   Eine linksschiefe Verteilung hat einen Wert < 0 und eine rechtsschiefe Verteilung einen Wert > 0.
[411]   Vgl. Schelten (1997), S. 28.
[412]   Vgl. Hager (2004), S. 59.
[413]   Vgl. Hager (2004), S. 59.

Steuern bei der Kölner Maschinenbau AG weisen einen wesentlich höheren Wölbungswert auf als 3 und werden somit als leptokurtisch bezeichnet.[414]

Dabei bildet insbesondere die unerwartet hohe Wahrscheinlichkeit für große negative Renditen eine Fehlerquelle für die Risikomessung. Es kommt hierbei zu einer Unterschätzung des Risikos, da für die Berechnung des VaR die Enden der Verteilung (tails) relevant sind und in den fattails die Wahrscheinlichkeiten für extreme Renditen höher sind, als von der Normalverteilung angenommen wird.

Quantilswerte

Neben den Momenten der Verteilung, die aggregierte Informationen der gesamten Verteilung liefern, sind auch die Quantilswerte der simulierten Dichtefunktionen von Bedeutung, da so punktuelle Informationen über die jeweilige Verteilung ausgegeben werden können.[415] In Abbildung 4.25 sind ausgewählte Quantile dargestellt, die mittels @Risk berechnet worden sind.

Quantile der Zielgrößen				
Zielgrößen	**0,50 %**	**1,00 %**	**2,50 %**	**5,00 %**
EBIT	-2.596,46 T€	-2.314,60 T€	-1.790,27 T€	-235,72 T€
EBT	-2.856,59 T€	-2.564,40 T€	-2.040,27 T€	-474,71 T€

Abbildung 4.25: Quantile der Zielgrößen als Simulationsergebnis

In dieser Tabelle ist zu sehen, welche Werte der Zielgrößen EBIT und EBT mit bestimmten Wahrscheinlichkeiten nicht unterschritten werden. Innerhalb dieser Streuung der Zielgrößen zeigt sich die Gesamtwirkung der Risiken unter Berücksichtigung ihrer Wechselwirkungen. In der zweiten Spalte der Tabelle entsprechen die 1 % beispielsweise dem 1 %-Quantil der ermittelten Gesamtrisikoverteilung. D.h., diese Werte werden mit der jeweiligen Wahrscheinlichkeit von (1-x %) nicht unterschritten.

Value at Risk

Daraus ergibt sich der VaR als negatives Quantil mit einem Konfidenzniveau von 99 %. In Abbildung 4.26 werden alternative VaRs mit einem Sicherheitsniveau von 99,5 % bis 95 % dargestellt. Im weiteren Verlauf dieses Kapitels werden die ermittelten Risikokennzahlen für die Kennzahlen des 99 %igen Konfidenzniveaus erläutert. Die Auswirkungen der anderen Konfidenzniveaus werden informationshalber mit ausgewiesen.

---

[414]   Vgl. Hager (2004), S. 60.
[415]   Vgl. Wenninger (2004), S. 10.

Value at Risk				
Zielgrößen	**VaR 99,50 %**	**VaR 99,00 %**	**VaR 97,50 %**	**VaR 95,00 %**
EBIT	2.596,46 T€	2.314,60 T€	1.790,27 T€	235,72 T€
EBT	2.856,59 T€	2.564,40 T€	2.040,27 T€	474,71 T€

Abbildung 4.26: Value at Risk

Der VaR gibt an, welchen Wert ein in Geldeinheiten ausgedrückter Verlust bis zum Ende einer vorgegebenen Betrachtungsperiode (z.b. ein Jahr) mit einer bestimmten Wahrscheinlichkeit (Konfidenzniveau z.b. 99 %) nicht überschreiten wird.

Der VaR als Maßstab für den wahrscheinlichsten Höchstschaden besagt, dass bei der Kölner Maschinenbau AG ein Verlust in Höhe von 2.564,40 T€ mit einer Wahrscheinlichkeit von 99 % nicht überschritten wird.[416] Daraus lässt sich unmittelbar auf den risikobedingten Eigenkapitalbedarf (RAC) des Unternehmens in Abhängigkeit des vorgegebenen Konfidenzniveaus schließen.[417]

Risikobedingter Eigenkapitalbedarf (RAC)
Die Kölner Maschinenbau AG müsste also bei einem Sicherheitsniveau von 99 % 2.564,40 T€ Eigenkapital bereithalten, um mögliche risikobedingte Verluste im kommenden Jahr tragen zu können.

Der risikobedingte Eigenkapitalbedarf bezieht sich damit ausschließlich auf den Unternehmensertrag (Gewinn) und gibt an, wie viel Eigenkapital benötigt wird, um mögliche Verluste einer Periode zu decken. Er bestimmt sich aus der Differenz von null und dem negativen Quantil einer Zufallsvariablen.

Nachfolgend stellt Abbildung 4.27 diesen Zusammenhang noch einmal grafisch dar.

---

[416] Siehe auch Kapitel 4.2.3 Risikomaße.
[417] Vgl. Gleißner (2008), S. 147.

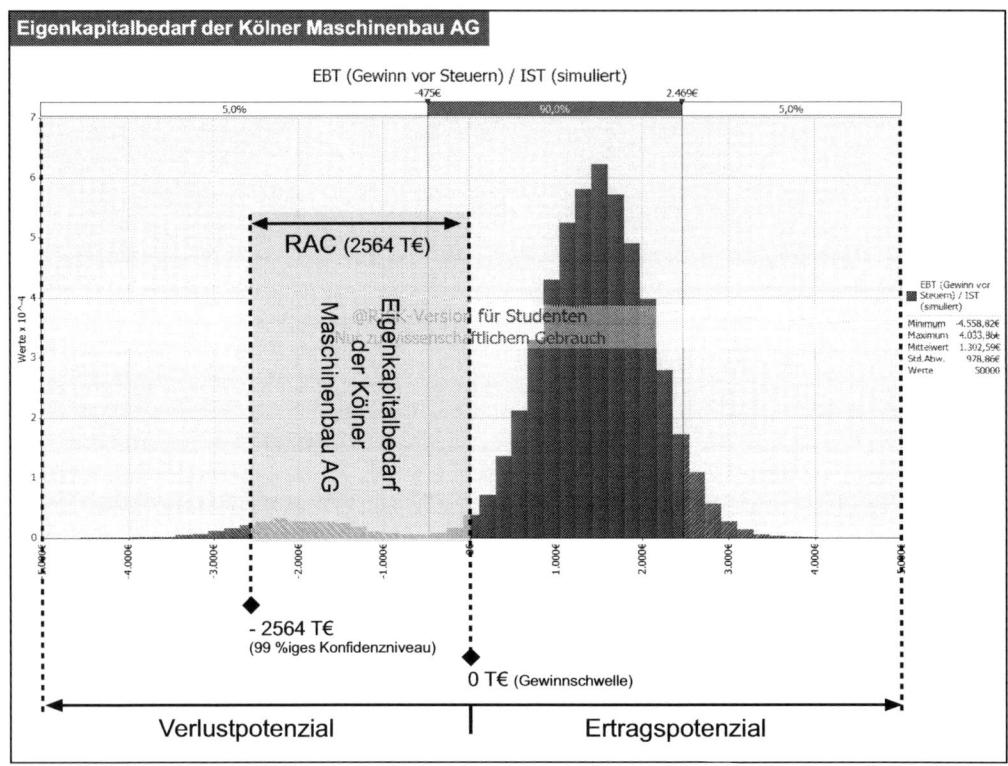

Abbildung 4.27: Risikobedingter Eigenkapitalbedarf der Kölner Maschinenbau AG

Neben den bereits genannten Informationen als Ergebnis der Risikoaggregation bestimmt die Kölner Maschinenbau AG als risikoadjustierte Rentabilitätskennzahl den Return-On-Risk-Adjusted-Capital (RoRAC).

Der RORAC

> Der RoRAC bestimmt die so genannte Risikorendite. Dabei wird der Erwartungswert der Dichtefunktion des Gewinns vor Steuern (EBT) in Relation zum risikobedingten Eigenkapitalbedarf (RAC) bei einem bestimmten Konfidenzniveau gesetzt.

Im Fallbeispiel lässt sich der RoRAC rechnerisch wie folgt bestimmen:

RoRAC in % = Erwartungswert des EBT / RAC * 100

Für die Kölner Maschinenbau AG ergibt sich ein RoRAC bei einem Sicherheitsniveau von 99 % von:

1302,59 T€ / 2564,40 T€ * 100 = 50,80 %

Der RoRAC ermöglicht als Rendite-Risiko-Profil eine Gegenüberstellung des Risiko-Chancen-Verhältnisses. Bei größeren RoRAC-Werten werden die knappen Risikodeckungsmassen wirkungsvoller genutzt.[418] Nach Auffassung von Gleißner/Romeike gelten dabei Werte über 20 % als ökonomisch annehmbar.[419] Diesen Wert sehen wir als Orientierungsgröße, der je nach Branche, Unternehmensgröße und Geschäftsmodell anzupassen ist.

Eigenkapitaldeckung

Aus dem Verhältnis von vorhandenem Eigenkapital und dem risikobedingtem Eigenkapitalbedarf (RAC) kann die Eigenkapitaldeckung (Eigenkapital/Eigenkapitalbedarf * 100) als weitere Kennzahl bestimmt werden.

Da die Unternehmung über Eigenkapital in Höhe von 1.800 T€ verfügt, ergibt sich bei einem RAC in Höhe von 2.564,40 T€ und einem Konfidenzniveau von 99 % eine Eigenkapitaldeckung der Kölner Maschinenbau AG von 70,19 % wie in Abbildung 4.28 ersichtlich.

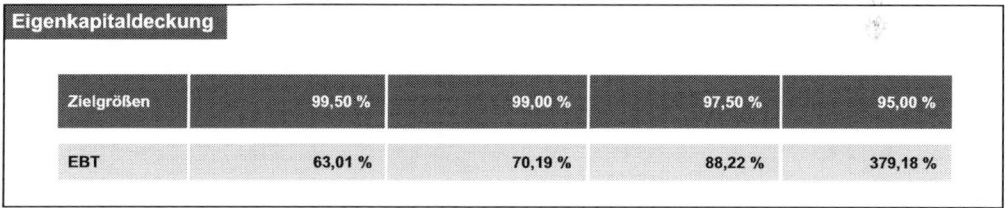

Eigenkapitaldeckung				
Zielgrößen	99,50 %	99,00 %	97,50 %	95,00 %
EBT	63,01 %	70,19 %	88,22 %	379,18 %

Abbildung 4.28: Eigenkapitaldeckung der Kölner Maschinenbau AG

Demnach sind tatsächlich nur gut zwei Drittel des notwendigen Eigenkapitals im Unternehmen vorhanden, um den simulierten Verlust zu decken.

Lower Partial Moments zur Messung der Überschuldungswahrscheinlichkeit

In diesem Zusammenhang ist die Wahrscheinlichkeit einer Überschuldung für die Kölner Maschinenbau AG von Interesse. Weder der VaR noch das Risk Adjusted Capital (RAC – Eigenkapitalbedarf) berücksichtigen den Verlauf der Dichtefunktion unterhalb des verwendeten Quantils. Gerade diese Informationen der Wahrscheinlichkeitsdichte von minus unendlich bis zu einer gegebenen Zielgröße (z.B. Gewinnschwelle minus vorhandenes Eigenkapital) sind für die Risikomessung (hier: Wahrscheinlichkeit der Überschuldung) jedoch unerlässlich. Dazu werden so genannte Lower Partial Moments (LPMs) verwendet.

Lower Partial Moments gehören zu den sogenannten Shortfall-Risikomaßen und betrachten ausgehend von einem zuvor bestimmten Grenzwert alle Informationen bis zum linken Rand einer Wahrscheinlichkeitsverteilung, so dass geprüft werden kann, welche Eigenschaften die Verteilung unterhalb dieses Wertes aufweist.[420]

---

[418] Vgl. Hölscher (2002), S. 27.
[419] Vgl. Gleißner; Romeike (2005), S. 310.
[420] Vgl. Wolke (2008), S. 54 f.

In unserem Beispiel verwenden wir als Grenzwert die Gewinnschwelle minus das vorhandene Eigenkapital und können somit die Wahrscheinlichkeit einer Überschuldung ermitteln.

Bei der Kölner Maschinenbau AG wird nun mit Hilfe von @Risk ermittelt, in wie vielen der simulierten Fälle der Verlust größer ist als das zur Deckung vorhandene Eigenkapital. Mittels @Risk ergibt sich bei der Unternehmung eine Überschuldungswahrscheinlichkeit von 3,21 %. Zur Verdeutlichung ist in Abbildung 4.29 die Verteilungsfunktion der Kölner Maschinenbau AG um das LPM-Maß ergänzt worden.

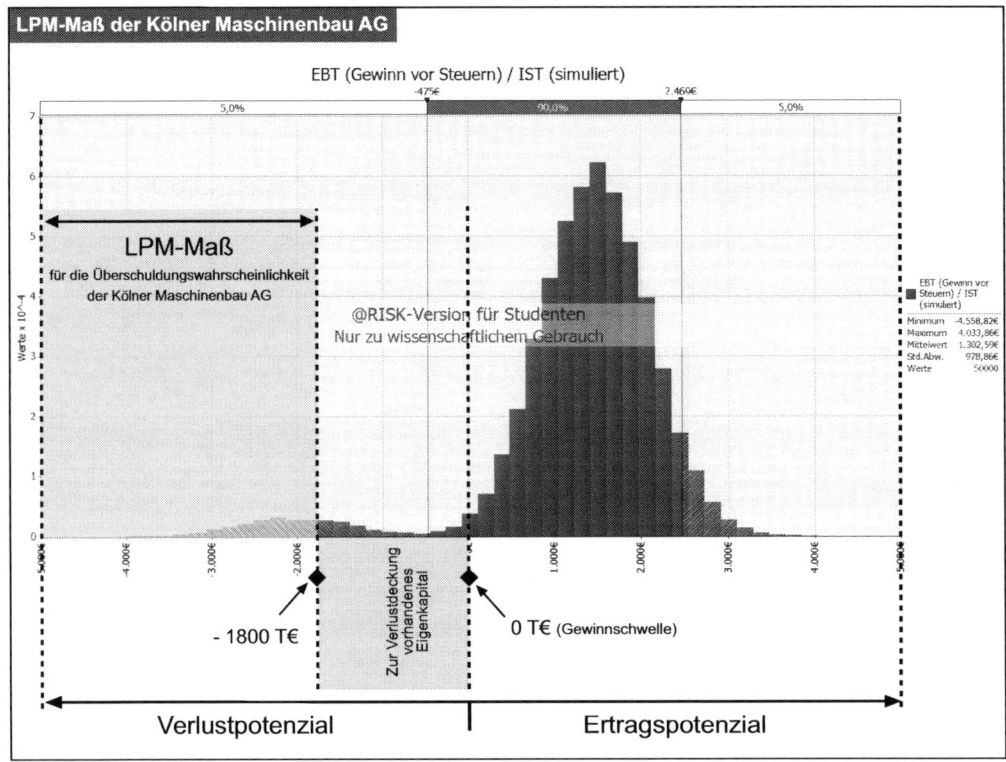

Abbildung 4.29: LPM-Maß bei der Kölner Maschinenbau AG

Da im vorliegenden Fallbeispiel auf eine Liquiditätsbetrachtung verzichtet wird, entspricht die Überschuldungswahrscheinlichkeit auch der geschätzten Insolvenzwahrscheinlichkeit (Ausfallwahrscheinlichkeit).[421]

---

[421]   Vgl. Gleißner (2008), S. 259 ff.

Bestimmung des Gesamtrisikoumfangs (Deviation Value at Risk)

Zur Bestimmung des Gesamtrisikoumfangs der Kölner Maschinenbau AG wird der Abweichungs-VaR (DVaR) verwendet.

Der Deviation Value at Risk (DVaR) ergibt sich aus der Differenz des Erwartungswertes und des 1-x %-Quantils zu einem bestimmten Konfidenzniveau. Damit stellt er unter dem betrachteten Sicherheitsniveau die maximale Abweichung vom Erwartungswert und damit einen Gesamtrisikoumfang (Risk-Exposure) dar. Der Gesamtrisikoumfang einer Unternehmung gilt aus ökonomischer Sicht auch als Maß für die Planungssicherheit.

Für die Kölner Maschinenbau AG ergeben sich die in Abbildung 4.30 dargestellten DVaRs:

DVaR Erwartung				
Zielgrößen	DVaR 99,50 %	DVaR 99,00 %	DVaR 97,50 %	DVaR 95,00 %
EBIT	4.141,14 T€	3.859,28 T€	3.334,95 T€	1.780,40 T€
EBT	4.159,18 T€	3.866,98 T€	3.342,85 T€	1.777,30 T€

Abbildung 4.30: DVaR bezogen auf den Erwartungswert

Demnach beträgt der Gesamtrisikoumfang bezogen auf den Gewinn vor Steuern der Kölner Maschinenbau AG bei einem Sicherheitsniveau von 99 % 3.866,98 T€. Das heißt, im Geschäftsjahr t_1 muss mit Abweichungen vom erwarteten Ergebnis von bis zu 3.866,98 T€ gerechnet werden.

Abbildung 4.31 veranschaulicht noch einmal grafisch die Schwankungsbreite des VaR und damit die Gesamtrisikoposition der Kölner Maschinenbau AG.

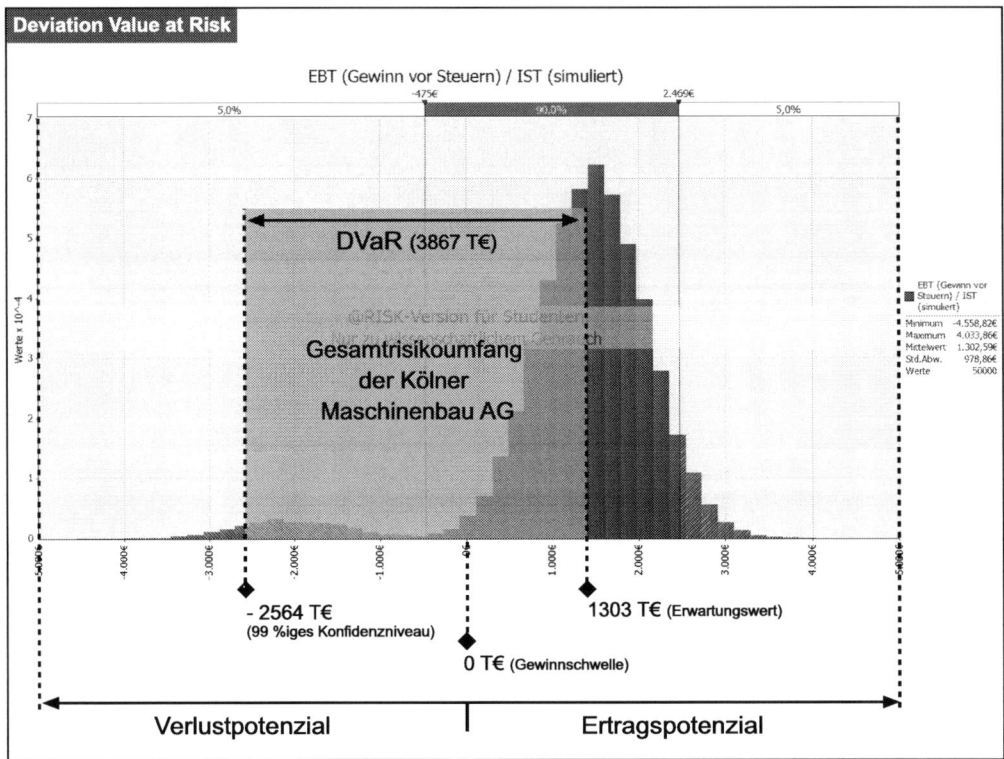

Abbildung 4.31: Deviation Value at Risk der Kölner Maschinenbau AG

Neben dem Erwartungswert kann auch der Planwert als Maßstab verwendet werden. Dabei ergeben sich folgende Werte:

DVaR Planung

Zielgrößen	DVaR 99,50 %	DVaR 99,00 %	DVaR 97,50 %	DVaR 95,00 %
EBIT	4.315,46 T€	4.033,60 T€	3.509,27 T€	1.954,72 T€
EBT	4.305,09 T€	4.012,90 T€	3.488,77 T€	1.923,21 T€

Abbildung 4.32: DVaR bezogen auf den Planwert

Wie in Abbildung 4.32 zu erkennen ist, ergeben sich bezogen auf die Planung höhere Abweichungs-VaRs. Dies ist damit zu erklären, dass die Basis der Risikoaggregation keine erwartungstreue Planung war und die ereignisorientierten Risiken in der Planung nicht mit ihrem jeweiligen Erwartungswert berücksichtigt wurden. D.h., vom geplanten Ergebnis muss bei einem betrachteten Konfidenzniveau von 99 % sogar mit Abweichungen von bis zu 4.012,90 T€ gerechnet werden.

Erweiterung durch eine Sensitivitätsanalyse

Im Anschluss an die Ermittlung des Gesamtrisikoumfangs wird eine Sensitivitätsanalyse (Empfindlichkeitsanalyse) durchgeführt, um herauszufinden, welchen Einfluss die identifizierten Risiken jeweils auf die Streuung der Zielvariablen (sowohl positiv als auch negativ), d.h. bei der Kölner Maschinenbau AG auf den Gewinn vor Steuern haben und damit für das Gesamtergebnis bedeutsam sind.

Die Sensitivitätsanalyse wird im Fallbeispiel mit Hilfe von @Risk auf Basis von Rangkorrelationen nach der Spearman-Koeffizientenberechnung durchgeführt. Dabei erfolgt die Berechnung der Sensitivitäten zwischen den angelegten Verteilungen und der Zielgröße. Daher können bei Risiken, die mittels mehrerer Verteilungen modelliert werden, keine Aussagen über den vollständigen Einfluss dieser Risiken auf die Zielgröße getroffen werden.[422]

Abbildung 4.33 zeigt das Ergebnis der Empfindlichkeitsanalyse für die Einzelrisiken der Kölner Maschinenbau AG.

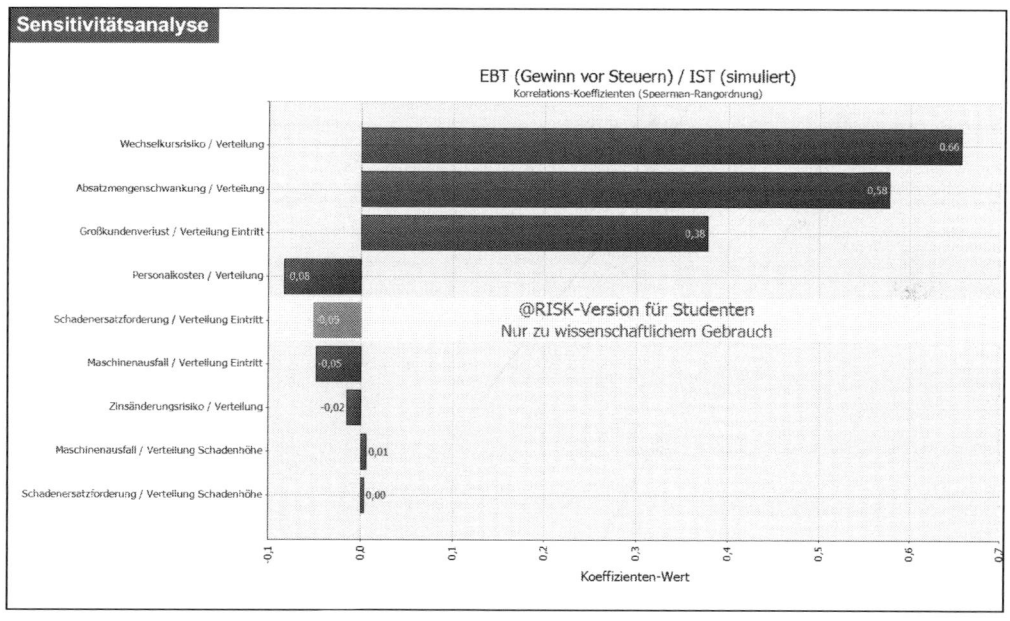

Abbildung 4.33: Sensitivitätsanalyse des EBT für alle Werte

In Abbildung 4.33 ist zu erkennen, dass das Währungsrisiko (Koeffizient 0,66), gefolgt von der Absatzmengenschwankung (Koeffizient 0,58) und dem Großkundenverlust (Koeffizient 0,38) den größten Einfluss auf den Gewinn vor Steuern (Zielgröße) ausübt. Im Gegensatz dazu haben die Personalkostenschwankung und das Zinsänderungsrisiko nur eine geringe Wirkung auf das EBT. Die Ergebnisse für das Risiko „Maschinenausfall" und „Schadener-

---

[422]   Vgl. Wolfrum (2008), S. 65.

satzforderung" können in diesem Zusammenhang jedoch nicht ausgewertet werden, da sie jeweils mit zwei Verteilungen modelliert wurden.

Auch wenn die Kölner Maschinenbau AG im Geschäftsjahr t_1 laut Simulationsergebnis mit hoher Wahrscheinlichkeit einen Gewinn erwirtschaften wird, so kann die Möglichkeit eines Verlustes nicht ausgeschlossen werden.

Daher werden im Folgenden ebenfalls mittels Sensitivitätsanalyse genau die Einzelrisiken betrachtet, die maßgeblich dafür sind, ob ein Verlust bzw. ein negatives Ergebnis eintritt. Dazu wurde in Microsoft Excel eine weitere Ausgabezelle definiert, die das EBT allein auf das Eintreten eines Verlustes hin untersucht und damit Rückschlüsse auf die dafür verantwortlichen Risiken zulässt. Abbildung 4.34 stellt das Ergebnis der Sensitivitätsanalyse für die Ausgabezelle dar.

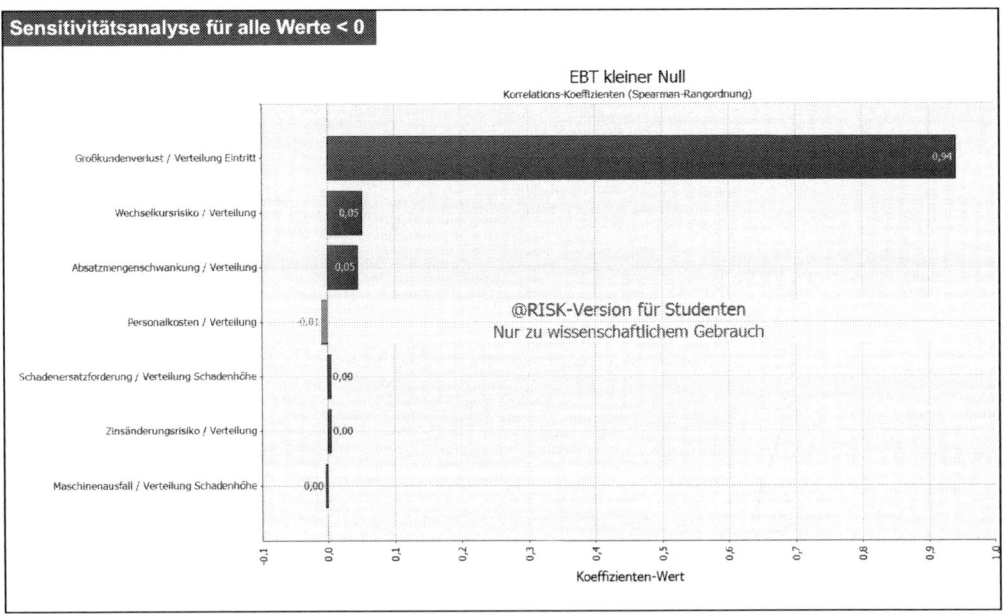

Abbildung 4.34: Sensitivitätsanalyse des EBT für alle Werte < 0

Aus dem Ergebnis dieser Sensitivitätsanalyse wird deutlich, dass fast ausschließlich das ereignisorientierte Risiko „Großkundenverlust" mit einem Koeffizienten von 0,94 einen negativen Gewinn vor Steuern bei der Kölner Maschinenbau AG verursachen kann.

Deshalb sollte die Kölner Maschinenbau AG vorrangig Maßnahmen einleiten, damit die Auswirkungen dieses Risikos möglichst nicht zum Tragen kommen und der Fortbestand des Unternehmens gesichert ist.

4.4.7 Maßnahmen zur Risikosteuerung

Auf Basis der Sensitivitätsanalyse hat die Kölner Maschinenbau AG gezielte und klar priorisierte Maßnahmen zur Reduzierung ihrer Gesamt-Brutto-Risikoposition eingeleitet. Diese Maßnahmen werden im Folgenden entsprechend der ermittelten Risikorelevanz auf einen negativen Gewinn vor Steuern kurz vorgestellt.

1. Großkundenverlust

Das Risiko einer Absatzreduktion durch Eintritt des Großkundenverlustes kann durch eine Verlängerung des Lieferantenvertrags gekoppelt an eine Absatzgarantie für eine Mindestmenge verringert werden. Des Weiteren hat die Kölner Maschinenbau AG Maßnahmen eingeleitet, um die Abhängigkeit vom Großkunden Heidelburg zukünftig zu relativieren. Beispielsweise ist die Vertriebsabteilung bemüht, mittels Sonderkonditionen, gezielten Verkaufsmaßnahmen und verstärkter Werbung, neue Kunden zu gewinnen. Ebenfalls wird versucht anhand von innerbetrieblichen Umstrukturierungen die Wettbewerbsposition weiter zu stärken.

Es wird allerdings angenommen, dass diese Maßnahmen erst mittelfristig zu einer spürbaren Reduzierung der Abhängigkeit vom Großkunden Heidelburg führen werden. Daher wird geschätzt, dass bei Eintritt des Großkundenverlustes in der worst-case-Betrachtung noch 25 % des Planumsatzes entfallen. Entsprechend der vorhandenen Kostenvariabilität zwischen der Absatzmenge einerseits und den Material- u. Personalkosten andererseits würde sich ein Teil des Planumsatzes entsprechend relativieren. Die Eintrittswahrscheinlichkeit wird weiterhin mit 5 % angenommen.

2. Absatzmengenschwankung

Zur Reduzierung einer konjunkturbedingten Absatzmengenschwankung hat die Kölner Maschinenbau AG ähnlich wie beim Großkundenverlust die Vertriebsabteilung angewiesen, verstärkt Neukunden zu gewinnen, um möglichen Schwankungen positiv entgegen wirken zu können.

Auch hier wird angenommen, dass diese Maßnahmen erst mittelfristig zu einem wesentlichen Erfolg führen werden. Daher wird das Risiko der Absatzmengenschwankung weiterhin normalverteilt mit einer Schwankungsbreite von 4 % angenommen.

3. Wechselkursrisiko

Bei einem Teil der Exportkunden erscheint es möglich, sie bei Zugeständnissen im Preisbereich oder bei Zahlungsbedingungen, für eine Fakturierung in Inlandswährung zu gewinnen. Hierdurch könnte das Wechselkursrisiko auf die ausländischen Vertragskontrahenten abgewälzt werden. Für die restlichen 3,5 – 4 Mio. Euro sollen Devisentermingeschäfte mit Banken vereinbart werden, die es ermöglichen, zu einem zukünftigen Termin US-Dollar zu einem heute vereinbarten Wechselkurs in Euro einzutauschen. Die Finanzabteilung hat hierbei zu prüfen, in welcher Höhe sich die Devisentermingeschäfte auf die bestehenden Kreditlinien der Kölner Maschinenbau AG wegen Abdeckung des Nichterfüllungsrisikos auswirken.

Alternativ werden Wechselkursversicherungen mit der Euler Hermes und kurzfristige Währungsswaps zur Vermeidung verbleibender Wechselkursrisiken geprüft. Die Kölner Maschinenbau AG geht davon aus, dass durch diese Maßnahmen das Wechselkursrisiko ausgeschlossen werden kann. Geringfügig anfallende Absicherungskosten werden dabei in Kauf genommen.

4. Schadenersatzforderung

Vor dem Hintergrund der vorliegenden Bestellungen hat die Kölner Maschinenbau AG die Kapazitätsauslastung des nächsten Jahres auf Leerlaufzeiten hin untersucht. Dabei zeigte sich, dass in manchen Monaten eine Unterauslastung vorliegen wird. Aufgrund dieser Erkenntnisse und der Zustimmung einiger Kunden, gegen Preisnachlass beim Liefertermin ggf. einen 14-tägigen Zeitpuffer zu akzeptieren, hat die Geschäftsführung entschieden, zunächst keine weiteren Risikosteuerungsmaßnahmen bei einer Schadenersatzforderung aufgrund eines Lieferverzugs zu ergreifen. Nach Entscheidung der Geschäftsführung soll das verbleibende Risiko einer Schadenersatzforderung, welches als minimal gesehen wird, von der Kölner Maschinenbau AG selbst getragen werden. Die Eintrittswahrscheinlichkeit des verbleibenden Risikos wird auf 3 % bei einer Schadenhöhe von Minimum 50 T€ und Maximum 250 T€ geschätzt. Am wahrscheinlichsten wird eine Schadenhöhe von 125 T€ angenommen.

5. Personalkostenschwankung

Den geplanten Umsatzanstieg kann die Kölner Maschinenbau AG mit vorhandener Personalkapazität lösen; mit dem Betriebsrat wurden dennoch vorsorglich Vereinbarungen zur Einführung von Überstunden getroffen. Weitere Maßnahmen werden zunächst nicht ergriffen. Kleinere Abweichungen beim Personalaufwand werden deshalb weiterhin von der Unternehmung als gleichwahrscheinlich mit einer Schwankungsbreite von 2,5 % angenommen.

6. Maschinenausfall

Zur Reduzierung des Maschinenausfallrisikos sollen zukünftig die Wartungsintervalle bei Maschinen, deren Garantie abgelaufen ist und die älter als zwei Jahre sind, erhöht werden. Eine notwendige Ersatzinvestition bei Totalausfall wird ausgeschlossen, da im Garantiefall eine Ersatzmaschine kurzfristig zur Verfügung gestellt werden kann. Eine entsprechende Vereinbarung zwischen der Kölner Maschinenbau AG und dem Maschinenhersteller, der über eine hohe Bonität und eine gute Reputation verfügt, wurde neu getroffen. Es wird geschätzt, dass so die Eintrittswahrscheinlichkeit des Maschinenausfallrisikos um die Hälfte auf 5 % halbiert werden kann. Der potenziell entstehende Schaden wird mit mindestens 20 T€ und maximal 300 T€ angenommen, wobei kleinere Schäden wahrscheinlicher als große Schadenssummen erscheinen.

7. Zinsänderungsrisiko

Zur Sicherung des aktuell niedrigen Zinsniveaus hat die Kölner Maschinenbau AG für das Ende März t_1 aus der Zinsbindung auslaufende Darlehen ein Forward Darlehen zu einem Zinssatz von 3,6 % abgeschlossen. Durch diese Maßnahme kann das Zinsänderungsrisiko gegen einen nur geringfügigen Zinsaufschlag vollständig ausgeschlossen werden.

4.4.8 Risikoaggregation zur Bestimmung der Gesamt-Netto-Risikoposition

Unter Berücksichtigung der getroffenen Risikosteuerungsmaßnahmen kann nun mittels erneuter Simulation die Nettorisikoposition der Kölner Maschinenbau AG ermittelt werden. Sie soll Aufschluss über den Erfolg der eingeleiteten Risikosteuerungsmaßnahmen sowie über das von der Kölner Maschinenbau AG zu tragende Restrisiko geben.

Dazu werden im Folgenden wesentliche Kennzahlen, unter anderem der VAR, der RAC, die Eigenkapitaldeckung, die Überschuldungswahrscheinlichkeit, sowie der DVaR, aus der erhaltenen Dichtefunktion ausgelesen und mit den bereits ermittelten Kennzahlen aus der Gesamt-Brutto-Risikoposition verglichen. Anschließend soll beurteilt werden, ob die Risikotragfähigkeit der Kölner Maschinenbau AG ausreichend ist, die verbleibenden Nettorisiken zu tragen.

Darstellung und Auswertung der Ergebnisse

Abbildung 4.35 zeigt die Verteilungsfunktion der Zielgröße Gewinn vor Steuern (EBT) der Kölner Maschinenbau AG unter Berücksichtigung der Auswirkungen der getroffenen Risikosteuerungsmaßnahmen.

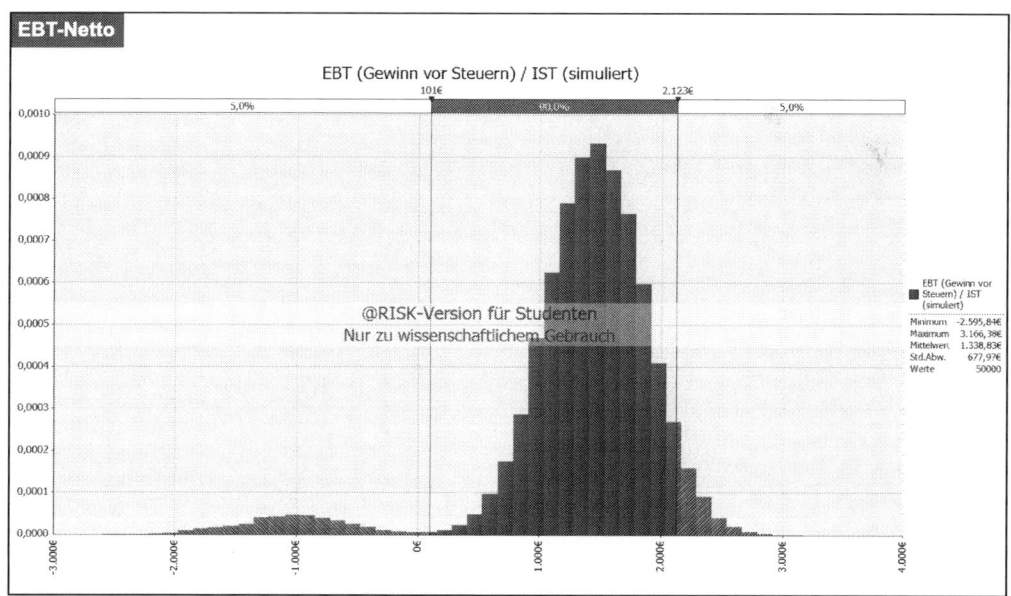

Abbildung 4.35: Simulationsergebnis des EBT nach Risikosteuerungsmaßnahmen

Aus dieser Verteilungsfunktion wurden die in Abbildung 4.36, Abbildung 4.37, Abbildung 4.38 u. Abbildung 4.39 dargestellten Kennzahlen ausgelesen, die im Folgenden mit den zuvor ermittelten Brutto-Kennzahlen verglichen werden. Dabei wird stets ein Konfidenzniveau von 99 % betrachtet.

Value at Risk		
Zielgrößen	VaR 99,00 % BRUTTO	VaR 99,00 % NETTO
EBT	2.564,40 T€	1.388,09 T€

Abbildung 4.36: Value at Risk brutto vs. netto

Aus der Abbildung ist ersichtlich, dass der VaR fast um die Hälfte von 2.564,40 T€ auf 1.388,09 T€ reduziert werden konnte. Dieser Wert besagt nun, dass die Kölner Maschinenbau AG mit einer Wahrscheinlichkeit von 99 % einen Verlust in Höhe von 1.388,09 T€ nicht überschreiten wird.

Aus dem VaR lässt sich unmittelbar der risikobedingte Eigenkapitalbedarf (RAC) des Unternehmens ableiten. Die Kölner Maschinenbau AG müsste demnach bei einem Sicherheitsniveau von 99 % 1.388,09 T€ bereithalten, um mögliche risikobedingte Verluste im kommenden Jahr tragen zu können. Der risikobedingte Eigenkapitalbedarf ist damit um 1.176,31 T€ geringer als bei der Bruttorisikobetrachtung. Abbildung 4.37 verdeutlicht diesen Sachverhalt.

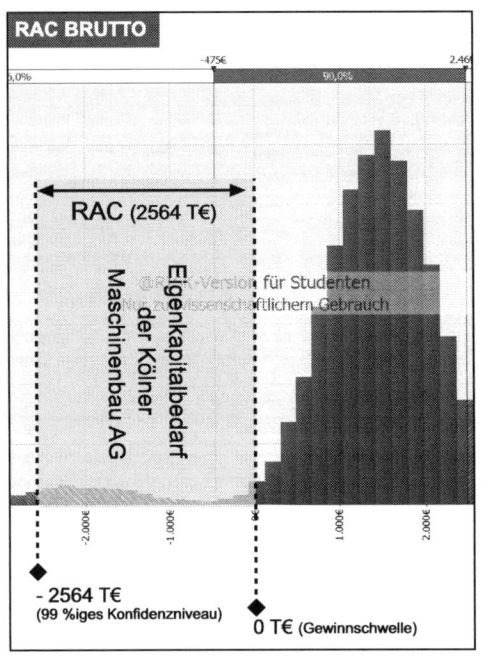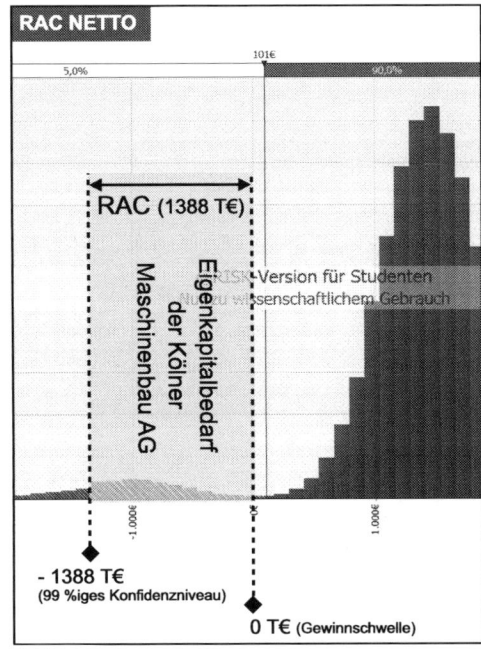

Abbildung 4.37: RAC der Kölner Maschinenbau AG brutto vs. netto

Da die Kölner Maschinenbau AG nach wie vor über Eigenkapital in Höhe von 1.800 T€ verfügt, ergibt sich nun bei einem Konfidenzniveau von 99 % eine wesentlich bessere Eigenkapitaldeckung mit 129,67 % als bei der Bruttobetrachtung wie in Abbildung 4.38 dargestellt.

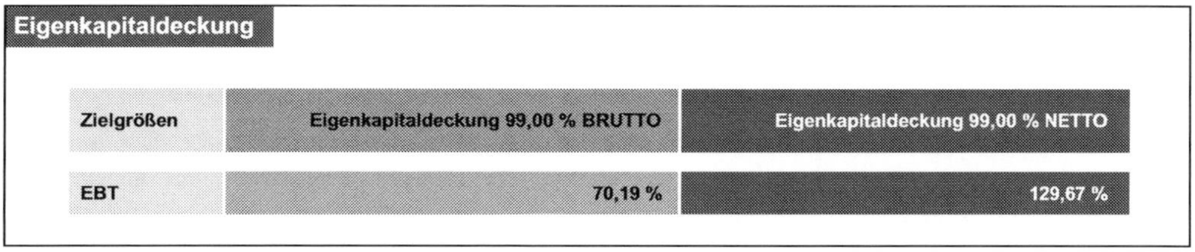

Abbildung 4.38: Eigenkapitaldeckung brutto vs. netto

Demnach würde das Eigenkapital der Kölner Maschinenbau AG innerhalb des betrachteten Konfidenzniveaus von 99 % im „worst-case", d.h. bei vollständigem Eintritt des simulierten Verlustes zur Deckung ausreichen.

Da aber weder der VaR noch das Risk Adjusted Capital (RAC – Eigenkapitalbedarf) den Verlauf der Dichtefunktion unterhalb des verwendeten Quantils berücksichtigen, überprüft die Kölner Maschinenbau AG sicherheitshalber gerade diese Informationen der Wahrscheinlichkeitsdichte von minus unendlich bis hin zur gegebenen Zielgröße (Gewinnschwelle minus vorhandenes Eigenkapital).

Sie verwendet dazu die so genannten Lower Partial Moments (LPM´s) und ermittelt, ob und wenn ja, in wie vielen der simulierten Fälle der Verlust größer ist als das zur Deckung vorhandene Eigenkapital. Als Ergebnis ergibt sich eine Überschuldungswahrscheinlichkeit von 0,25 %. Die Überschuldungswahrscheinlichkeit konnte demnach ebenfalls nach Einleitung von Risikosteuerungsmaßnahmen erfolgreich von 3,21 % auf 0,25 % gesenkt werden. Diesem nur sehr geringen Wert schenkt die Kölner Maschinenbau AG keine weitere Beachtung.

Um nun im Anschluss den gesamten Nettorisikoumfang der Kölner Maschinenbau AG bestimmen zu können, wird der Abweichungs-VaR (DVaR) ermittelt. Er stellt unter dem betrachteten Sicherheitsniveau die maximale Abweichung vom Erwartungswert bzw. vom Planwert und somit den gesamten Nettorisikoumfang der Kölner Maschinenbau AG dar.

Der DVaR bezogen auf den Erwartungswert beträgt 2.726,91 T€ und bezogen auf den Planwert 2.836,59 T€ bei einem Sicherheitsniveau von 99 %. D.h. im Geschäftsjahr t_1 muss mit Abweichungen vom erwarteten Ergebnis von bis zu 2.726,91 T€ gerechnet werden und entsprechend vom geplanten Ergebnis von bis zu 2.836,59 T€. Damit liegen die Abweichungen deutlich unter denen der Bruttobetrachtung. In Abbildung 4.39 wird dieser Sachverhalt verdeutlicht.

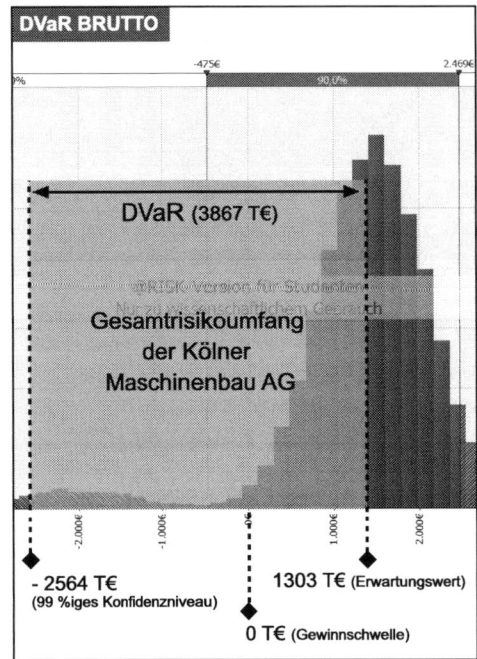
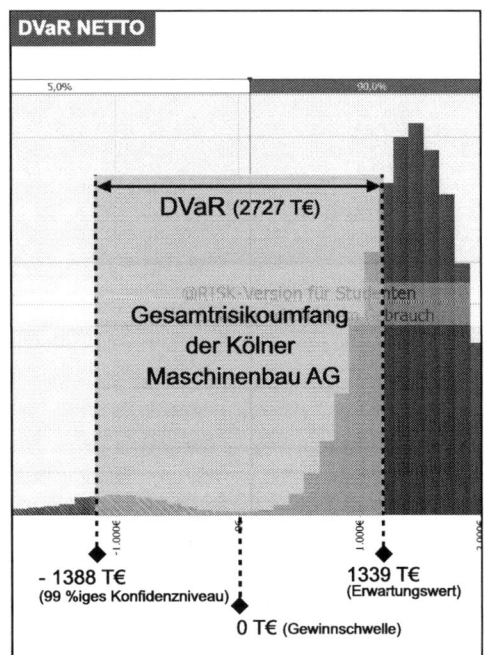

Abbildung 4.39: DVaR bezogen auf den Erwartungswert brutto vs. netto

Abschließend prüft die Kölner Maschinenbau AG, ob die zuvor festgelegte Risikotragfähigkeit, d.h. der Teil der marktwertorientierten Risikotragfähigkeit, den sie gemäß ihrer Risikopräferenz zur Risikodeckung einsetzen möchte, (siehe Kapitel 4.4.1) ausreichend ist, das ermittelte Risikopotenzial in Höhe von 1388,09 T€ (VaR) zu tragen.

Aus Abbildung 4.40 ist ersichtlich, dass die festgelegte Risikotragfähigkeit in Höhe von 1500,00 T€ größer ist als die Gesamtposition der Nettorisiken (VaR netto), nicht aber größer ist als die Gesamtposition der Bruttorisiken (VaR brutto).

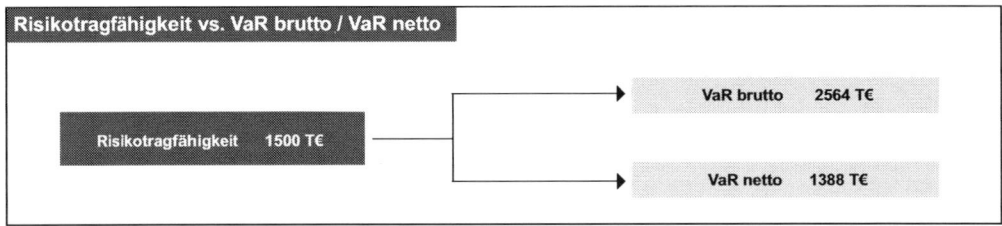

Abbildung 4.40: Risikotragfähigkeit vs. VaR brutto/VaR netto

Unten stehende Abbildungen verdeutlichen dies noch einmal grafisch.

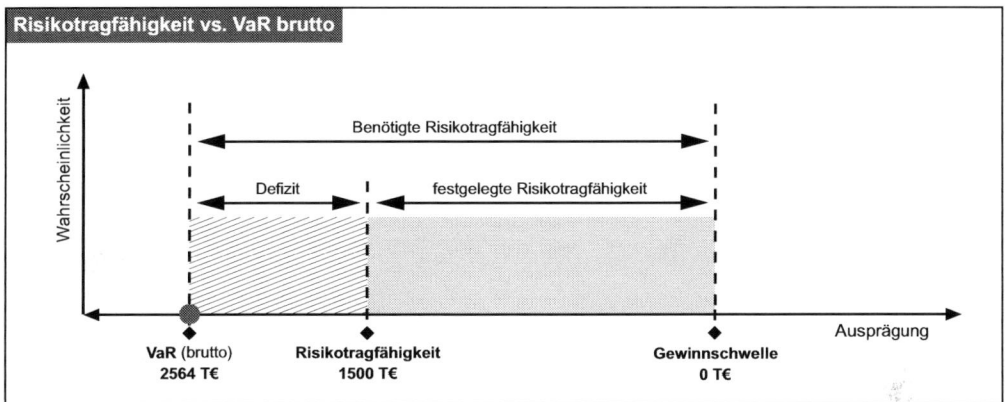

Abbildung 4.41: Risikotragfähigkeit vs. VaR brutto

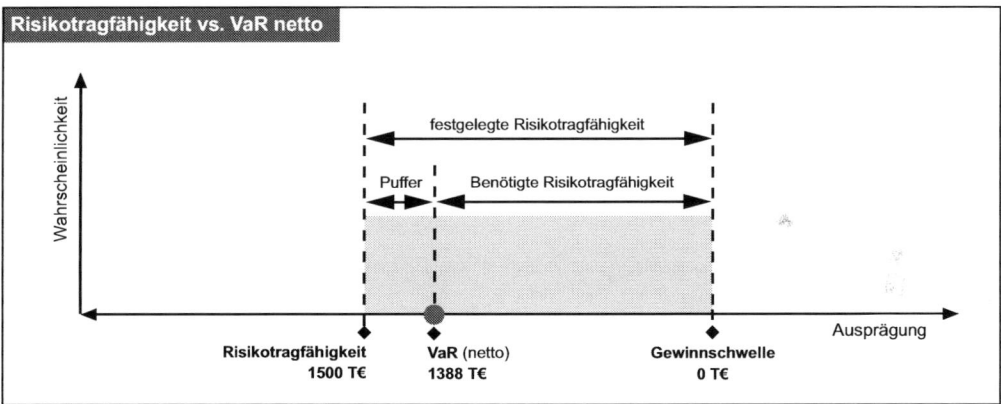

Abbildung 4.42: Risikotragfähigkeit vs. VaR netto

Daraus geht hervor, dass die Kölner Maschinenbau AG vor Einleitung von Risikosteuerungsmaßnahmen nicht in der Lage war, ihre Gesamtrisikoposition zu tragen und somit in
der Fortführung des Unternehmens gefährdet war. Durch die Einleitung von Risikosteuerungsmaßnahmen konnte diese erfolgreich gesenkt werden, so dass die Risikotragfähigkeit
der Kölner Maschinenbau AG nun ausreichend ist, die ermittelte Netto-Risikoposition zu
tragen. Eine Bestandsgefährdung liegt demnach nicht mehr vor.

4.5   Bedeutung der Risikoaggregation für die Kölner Maschinenbau AG

Die Ergebnisse der Risikoaggregation mittels Monte-Carlo-Simulation sind für die Kölner Maschinenbau AG von großer Bedeutung.

Ausgehend von der durch die Risikoaggregation ermittelten Verteilungsfunktion der Gewinne konnten beispielsweise unmittelbar der VaR, der risikobedingte Eigenkapitalbedarf, die Überschuldungswahrscheinlichkeit sowie der Gesamtrisikoumfang bestimmt werden.

Auf Basis der Bestimmung des Gesamtrisikoumfangs als Maß für die Planungssicherheit konnten von Seiten des Controllings die erwarteten Erträge mit den entsprechenden Risiken explizit gegeneinander abgewogen werden und somit der RORAC als risikoadjustierte Kennzahl bestimmt werden.

Des Weiteren konnten mittels Sensitivitätsanalyse genau die Risiken ermittelt werden, die die Gesamtrisikoposition des Unternehmens am stärksten beeinflussen. Aus der Kenntnis über die relative Bedeutung der einzelnen Risiken und den Gesamtumfang der Bedrohung, der z.B. durch die Eigenkapitaldeckung oder die Überschuldungswahrscheinlichkeit ausgedrückt wird, konnte die Kölner Maschinenbau AG auf Basis ihrer Risikopolitik und Risikostrategie gezielt adäquate Risikosteuerungsmaßnahmen zur Optimierung ihrer Gesamtrisikoposition einleiten und im Anschluss mittels erneuter Simulation ihre Nettorisikoposition bestimmen.

Daraufhin konnte die Kölner Maschinenbau AG die ermittelte Nettorisikoposition mit der zuvor festgelegten Risikotragfähigkeit abgleichen, um herauszufinden, ob alle wesentlichen Risiken durch das zur Verfügung stehende Risikodeckungspotenzial gedeckt sind und somit eine Bestandsgefährdung ausgeschlossen werden kann.

Damit stellt die Risikoaggregation mittels Monte-Carlo-Simulation eine wichtige Grundlage für die Kölner Maschinenbau AG dar, aus der wesentliche Kennzahlen und Risikomaße abgeleitet werden können, die für unternehmerische Entscheidungen notwendig sind. Dabei sollte allerdings beachtet werden, dass die Ergebnisse der Risikoaggregation nur so gut sein können wie die Qualität der verfügbaren Daten über die Risiken.

5   Fazit und Ausblick

Unternehmerisches Handeln geht zwangsläufig mit Risiken einher. Manche Risiken – wie Erdbeben, Flutkatastrophen, Flugzeugabstürze etc. – sind „exotisch" und nur schwer ins unternehmerische Kalkül zu ziehen. Interne Risiken können dagegen eher identifiziert und gesteuert werden.

Angesichts der Veränderungsschnelligkeit und -dynamik von Rahmenbedingungen in einer globalisierten und verflochtenen Wirtschaft mag die Prognose von bestandsgefährdenden Risiken für einen Zeitraum von 1–2 Jahren aussichtslos erscheinen. Gleichwohl zeichnen sich erfolgreiche Unternehmen dadurch aus, dass sie identifizierte Chancen und Risiken systematisch abwägen, erkannte Risiken systematisch steuern und verbliebene Restrisiken so bemessen, dass die Risikotragfähigkeit des Unternehmens nicht überschritten wird.

Daher sollte der Aufbau eines Risikomanagements nicht vorrangig wegen gesetzlicher Anforderungen erfolgen, sondern vor allem aus der Erkenntnis heraus, dass dieses dem Unternehmen zum Erkennen von Risiko- und Chancenpotenzialen vor allem selbst nützt und seine Wettbewerbsfähigkeit verbessert. Insofern ist das Risikomanagement als bedeutender strategischer Faktor einer Unternehmung zu qualifizieren.[423]

Die Ermittlung des Netto-Risikos erfolgt in 7 Schritten; wird die Überwachung und Kommunikation der Risiken mit berücksichtigt, so umfasst der Aufbau des Risikomanagementsystems insgesamt 8 Schritte:

1. Festlegung der Risikotragfähigkeit
2. Identifizierung von Risiken
3. Bestimmung der Risikorelevanz
4. Bewertung der Risiken
5. Ermittlung des Brutto-Risikos (Gesamtposition)
6. Steuerung der Risiken
7. Ermittlung des Netto-Risikos (Gesamtposition)
8. Überwachung und Kommunikation der Risiken

Die Bewertung und Steuerung von Risiken sowie die Bestimmung des Gesamt-Nettorisikos zählen zu den schwierigsten Phasen bei der Implementierung eines Risikomanagementsystems. Die Ermittlung des Gesamt-Nettorisikos als Ergebnis der vorgelagerten Schritte gibt

---

[423]   Vgl. Keitsch 2007, S. 289.

Aufschluss darüber, ob die Risikotragfähigkeit eines Unternehmens zur Deckung möglicher Verluste ausreichend ist, um eine Bestandsgefährdung des Unternehmens zu vermeiden.

Die Risikoaggregation ist dabei eine wesentliche Voraussetzung zur Ermittlung des unternehmerischen Gesamtrisikos und ermöglicht Aussagen darüber, in welchen Streuungsbändern sich wichtige Unternehmenszielgrößen, wie beispielsweise EBIT oder Eigenkapitalhöhe bewegen müssen, um ein Überschreiten der Risikotragfähigkeit und damit die Gefahr einer Überschuldung oder Insolvenz zu vermeiden.

Die Monte-Carlo-Simulation stellt ein geeignetes Verfahren zur Risikoaggregation dar. Sie wird aber in Unternehmen häufig nicht angewendet, da das Zusammenführen bedeutender Einzelrisiken mittels dieser Methode komplex und aufwändig ist. Die Präferenz traditioneller Verfahren führt aber häufig dazu, dass kein „realistisches" Gesamtrisiko ermittelt und risikogerechte Kapitalkostensätze nicht hergeleitet werden können. Gleichwohl ist kritisch zu sehen, dass Risikobewertungen allgemein immer ein Konstrukt darstellen und die Ergebnisse nur so gut sein können, wie die Qualität und Stabilität der verfügbaren Daten über die Risiken. In diesem Zusammenhang kommt einem oft das Zitat von A. Einstein in Erinnerung:

„Not everything that counts can be counted, and not everything that can be counted counts".

Ein Risikomanagementsystem sollte in der Unternehmenshierarchie sichtbar verankert werden und durch eine transparente Organisation, einheitliche Methoden, klare Verantwortlichkeiten sowie eine regelmäßige Kommunikation gekennzeichnet sein.[424] „Risikomanagement ist Tagesgeschäft! Es vollzieht sich auf jeder hierarchischen Ebene, in jedem Unternehmensteil und zu jeder Zeit. Es ist keine „One-Man-Show" oder „Einmalveranstaltung". Es ist Aufgabe der gesamten Organisation! Das heißt, dass Risikomanagement nur innerhalb bestehender Prozesse funktioniert und funktionieren kann."[425]

Die fehlende inhaltliche Ausgestaltung des Risikomanagements im KonTraG bietet Unternehmen je nach Unternehmensgröße, Branche und Organisationsstruktur einen breiten Ermessensspielraum für die Gestaltung. Konkretisierungen ergeben sich durch den Prüfungsstandard 340 des IDW, der den Abschlussprüfern nach eindeutigeren Kriterien die Möglichkeit bietet, das Risikomanagement im Unternehmen kritisch zu prüfen und Beurteilungen in den Geschäftsbericht mit aufzunehmen. Damit kommt dem Abschlussprüfer eine wichtige Rolle zur Qualitätsbeurteilung des betrieblichen Risikomanagements zu.

Unternehmerische Chancen und Risiken unterliegen einem ständigen Wandel. Bei Geschäfts- und Betriebsrisiken ist mit neuen Ausprägungen zu rechnen. Geschäftsrisiken werden durch die Zunahme internationaler Verflechtungen der Beschaffungs- und Absatzmärkte und neuer

---

[424]   Vgl. Diederichs (2011), S. 76 ff.

[425]   Vgl. Diederichs (2011), S. 80.

Geschäftsmodelle (Internetmarktplätze, -vertrieb) neue Risiken generieren. Bei den Betriebs-risiken werden insbesondere Ablaufprozesse, IT-Sicherheit bei Netzwerken, Betriebssyste-men, Anwendungen, Zugriffsrechten und Datentransfers weiter an Bedeutung gewinnen. Auch Verhaltensrisiken und eine „motivationsunschädliche" Risikosteuerung von „high risky people", also Mitarbeiter des Unternehmens, die hohe Risiken und Schäden verursachen können, werden bedeutsamer werden. Die geeignete Identifizierung, Messung und Steuerung solcher Risiken ist jedoch noch nicht so weit entwickelt wie bei den finanzwirtschaftlichen Risiken und wird das Risikomanagement in den nächsten Jahren vor neue Aufgaben stellen.

Risikomanagement als eine controllingnahe Funktion im Unternehmen ist auf dem Weg, sich zu einem eigenständigen betriebswirtschaftlichen Bereich mit interdisziplinärer Ausrichtung zu entwickeln. Zunehmend bieten Hochschulen Lehrprogramme und Zusatzqualifikationen zum Risikomanagement an. Dabei steigt die Nachfrage von Unternehmen nach Absolventen mit entsprechenden Qualifikationen stetig an.

Kurzantworten zu den Wiederholungsfragen

Kapitel 2:

Zu 1.) In der BWL gibt es keine allgemein anerkannte Definition des Risikobegriffs. Häufig wird unter dem Risiko die Gefahr gesehen, dass ein erzieltes Ergebnis vom erwarteten Ergebnis negativ abweicht und damit Schaden und Verluste verursacht. Im modernen Sprachgebrauch wird unter Risiko eine Zielwertabweichung verstanden, bei der auch die Chance als positive Abweichung vom erwarteten Ergebnis berücksichtigt wird.
→Vgl. hierzu ausführlich Kapitel 2.1.1

Zu 2.) Ein einheitliches Systematisierungsraster der Risiken gibt es nicht. Je nach Analyseziel und Unterscheidungskriterium lassen sich Risiken unterschiedlich systematisieren: Stellt man auf die unternehmerische Entscheidungsebene ab, so lassen sich strategische von operativen Risiken abgrenzen. Wird auf den Zeithorizont abgestellt, so können einmalige von kontinuierlichen Risiken unterschieden werden. Weitere Unterscheidungskriterien, nach denen Risiken systematisiert werden können, sind: die Art der Zielabweichung (symmetrische/nicht symmetrische Risiken), der Aggregationsgrad (Einzelrisiken/Gesamtrisiken), die Beeinflussbarkeit (interne/externe Risiken), die Quantifizierbarkeit (quantitative/qualitative Risiken), Berücksichtigung von Sicherungsmaßnahmen (Bruttorisiko/Nettorisiko), Auswirkung monetärer Größen (Erfolgsrisiken/Liquiditätsrisiken) und die Einordnung nach verschiedenen Unternehmensbereichen (leistungswirtschaftliche/finanzwirtschaftliche Risiken)
→ Vgl. hierzu ausführlich Kapitel 2.1.2

Zu 3.) Die Kategorisierung umfasst das Zusammenfassen von gleichartigen oder funktional ähnlichen Risiken im Unternehmen. Häufig wird zwischen Finanz-, Geschäfts- und operationellen Risiken unterschieden, die in weitere Einzelrisiken untergliedert werden können. Andere Kategorisierungsansätze gehen von den Geschäftsprozessen oder der Aufbauorganisation des Unternehmens aus. Zielsetzung solcher Kategorisierungen ist es, eine bessere Zuordnung der identifizierten Risiken und der eingesetzten Steuerungsinstrumente zu ermöglichen.
→ Vgl. hierzu ausführlich Kapitel 2.1.3

Zu 4.) Das strategische Risikomanagement ist Aufgabe der Geschäftsführung oder des Vorstands und umfasst Grundsatzentscheidungen zu Zielsetzungen, Umfang und Inhalt des Risikomanagements. Das operative Management wird von einer Abteilung oder Stabsstelle – zumeist als Teilbereich des Controlling – wahrgenommen und ist für die praktische Durchführung des Risikomanagementprozesses zuständig.
→ Vgl. hierzu ausführlich Kapitel 2.2.1

Zu 5.) Es gibt nicht ein Gesetz, sondern zahlreiche gesetzliche und regulative Vorgaben zum Risikomanagement, die je nach Branche (z.B. Banken, Versicherungen) noch durch spezielle Vorschriften ergänzt werden. Bedeutsam ist für alle Unternehmen das KonTraG, das den Vorstand verpflichtet, ein Überwachungssystem einzurichten, damit existenzbedrohende Entwicklungen des Unternehmens früh erkannt werden. Spezifiziert wird diese Verpflichtung u.a. durch den IDW-Prüfungsstandard 340, durch den Deutschen Rechnungslegungs-Standard 5 und das Bilanzrechtsreformgesetz.

→ Vgl. hierzu ausführlich Kapitel 2.2.3

Zu 6.) Nein, das Risikomanagement ist nicht nur für Aktiengesellschaften vorgeschrieben. Das KonTraG hat auch „Ausstrahlungswirkung" auf den Pflichtenrahmen der Geschäftsleitung anderer Gesellschaftsformen. So ist beispielsweise auch ein GmbH-Geschäftsführer verantwortlich für die Einrichtung eines angemessenen Risikomanagements.

→ Vgl. hierzu ausführlich Kapitel 2.2.3 Punkt 1

Zu 7.) Der Deutsche Rechnungslegungs-Standard umfasst Grundsätze für die Konzernrechnungslegung und verfolgt in Nr. 5 die Zielsetzung, den Adressaten des Lageberichtes entscheidungsrelevante und verlässliche Informationen über die Risikolage eines Unternehmens bereitzustellen. Hierzu werden den Konzernunternehmen operativ wichtige Einzelregelungen vorgegeben, deren Beachtung auch für den Lagebericht von Einzelunternehmen empfohlen wird.

→ Vgl. hierzu ausführlich Kapitel 2.2.3 Punkt 4

Zu 8.) Der Prüfungsstandard 340 des IDW konkretisiert die rechtlichen Vorgaben des KonTraG. Wenngleich dieser keine gesetzliche Vorschrift darstellt, so hat dieser doch einen großen Einfluss auf die praktische Ausgestaltung des Risikomanagementsystems im Unternehmen. Auf der Grundlage des Prüfungsstandards und der gesetzlichen Anforderungen, wird der Abschlussprüfer im Prüfungsbericht darlegen, ob das eingerichtete Risikomanagementsystem seine Aufgaben erfüllen kann.

→ Vgl. hierzu ausführlich Kapitel 2.2.3 Punkt 5

Zu 9.) Die Prüfungshandlungen des Abschlussprüfers orientieren sich an dem IDW-Prüfungsstandard 340. Dabei handelt es sich um eine „Systemprüfung" hinsichtlich des eingerichteten Risikomanagements, aber nicht um eine „Vorstands- oder Geschäftsführungsprüfung".

→ Vgl. hierzu ausführlich Kapitel 2.2.3 Punkt 5

Zu 10.) Der SOX gilt für deutsche Unternehmen, die in den USA eine Börsennotierung haben. Der Kontroll- und Berichtsaufwand verbunden mit erheblichen Haftungsrisiken dieser Unternehmen hat sich erheblich erhöht.

→ Vgl. hierzu ausführlich Kapitel 2.2.3 Punkt 7

Zu 11.) Das Risikomanagement lässt sich grundsätzlich zentral oder dezentral organisieren. Bei beiden Konzepten handelt es sich um idealtypische Ausprägungen, die in der Praxis je nach Größe und Geschäftsstruktur des Unternehmens zu Mischformen führen können.
→ Vgl. hierzu ausführlich Kapitel 2.3.1

Zu 12. Risikomanagement und interne Revision haben unterschiedliche Aufgaben. Die Revision prüft, ob die Vorgaben des Vorstands und die gesetzlichen und satzungsmäßigen Bestimmungen bei der Ausgestaltung des Risikomanagements eingehalten wurden; sie übernimmt aber keine originären Aufgaben des Risikomanagements.
→ Vgl. hierzu ausführlich Kapitel 2.3.1

Zu 13.) Der Risk Owner ist für die Identifizierung, Überwachung, Bewertung und Kommunikation von Einzelrisiken in seinem Verantwortungsbereich zuständig, während der Risikomanager als Leiter des Risikomanagements für die Umsetzung und Koordination des Prozesses zuständig ist und der Unternehmensführung direkt berichtet.
→ Vgl. hierzu ausführlich Kapitel 2.3.2

Zu 14.) Die Risikodokumentation soll eine dauerhafte und personenunabhängige Funktionsfähigkeit des Risikomanagements sicherstellen. In einem Risikomanagementhandbuch könnte eine solche Dokumentation bezüglich folgender Punkte erfolgen: Ziele und Begriffsdefinitionen des Risikomanagements, risikopolitische Grundsätze, eine Kurzdarstellung des Risikomanagmentprozesses sowie eine Darstellung der Organisations- und Berichtsstruktur.
→ Vgl. hierzu ausführlich Kapitel 2.3.3

Kapitel 3:

Zu 1.) Die Risikostrategie ist als ein Teil der Unternehmensstrategie zu verstehen, in der die Rahmenbedingungen für das Risikomanagement festgelegt werden. Hier werden u.a. Aussagen zur Gesamtkonzeption des Risikomanagements, zur Risikotragfähigkeit und zu Risikosteuerungsmaßnahmen getroffen. Aussagen hierzu finden sich auch häufig im Risikobericht als Teil des publizierten Geschäftsberichtes.
→ Vgl. hierzu ausführlich Kapitel 3.1

Zu 2.) Folgende 7 Phasen sind zu unterscheiden: Risikoidentifikation, Risikorelevanz, Risikobewertung, Risikoaggregation (brutto), Risikosteuerung, Risikoaggregation (netto) und Risikoüberwachung.
→ Vgl. hierzu ausführlich Kapitel 3.2

Zu 3.) Die Risikotragfähigkeit eines Unternehmens beinhaltet die Höhe potenzieller Schäden, die ein Unternehmen tragen kann, ohne seine Existenz zu gefährden. Die Risikotragfähigkeit leitet sich aus den Substanzwerten und Substanzreserven des Unternehmens ab, die marktwertbezogen bewertet werden müssen und damit keine konstanten Größen darstellen.
→ Vgl. hierzu ausführlich Kapitel 3.2.1

Zu 4.) Kollektionsverfahren – wie Checklisten oder Befragungen von Experten – dienen der Identifikation bestehender und offensichtlicher Risiken. Suchmethoden werden in Kreativitätsmethoden (z.B. Brainstorming) und analytische Methoden (z.B. Baumanalyse) differenziert und haben die Zielsetzung, zukünftige oder latente Risiken aufzuspüren.
→ Vgl. hierzu ausführlich Kapitel 3.2.2

Zu 5.) Im Risikoinventar werden alle Risiken des Unternehmens nach einem zuvor festgelegtem Raster (Risikokategorien) inventarisiert. Da Risiken in allen Bereichen des Unternehmens auftreten können, sind alle Funktionsbereiche und Prozesse hierarchieunabhängig einzubeziehen.
→ Vgl. hierzu ausführlich Kapitel 3.2.2

Zu 6.) Im Risikoinventar sind unbedeutende und existenzgefährdende Risiken gleichermaßen enthalten. Mit Hilfe von Relevanzklassen kann ein einfaches erstes Ranking der Risiken erfolgen, die damit die Gesamtbedeutung eines Einzelrisikos zum Ausdruck bringen. Relevanzklassen können sich an der Ertragsbelastung, dem Höchstschaden oder an der Wirkungsdauer der Risiken orientieren. Eine entsprechende Zuordnung erfolgt zumeist von dem Risk Owner.
→ Vgl. hierzu ausführlich Kapitel 3.2.3

Zu 7.) Aufgabe der Risikobewertung ist es, die Auswirkungen der identifizierten Risiken auf die Unternehmensziele und das Ausmaß der Bestandgefährdung festzustellen. Es sind qualitative und quantitative Bewertungsmethoden zu unterscheiden. Die erstgenannte Methode wird herangezogen, wenn keine validen Informationen zur Risikoquantifizierung vorliegen; die quantitative Risikobewertung ermöglicht es, anhand eines Risikomaßes die wertmäßige Höhe der Risiken einzuschätzen und eine Rangordnung zu erstellen.

→ Vgl. hierzu ausführlich Kapitel 3.2.4

Zu 8.) Risk Maps und Risk Rankings zählen zu den Standardinstrumenten des Risikomanagements. Die Risk Map ermöglicht eine zweidimensionale Darstellung der Einzelrisiken und positioniert diese auf den Achsen Eintrittswahrscheinlichkeit und Schadenausmaß. Risk Rankings listen die erfassten Risiken nach den erfolgten Bewertungen der Einzelrisiken z.B aufsteigend sortiert auf.

→ Vgl. hierzu ausführlich Kapitel 3.2.4

Zu 9.) Die Akzeptanzlinie („Risikoschwelle") markiert die Risikotragfähigkeit des Unternehmens. Das heißt, dass Risiken jenseits dieser Schwelle für das Unternehmen bestandsgefährdend sind.

→ Vgl. hierzu ausführlich Kapitel 3.2.4

Zu 10.) Aktive Risikosteuerungsmaßnahmen umfassen die Vermeidung, Verminderung und Begrenzung der identifizierten Einzelrisiken. Unter passiver Risikosteuerung wird die Überwälzung durch Risikotransfer beispielsweise auf Versicherungen oder das Übernehmen der Risiken verstanden. Im letztgenannten Fall werden die Risikoauswirkungen vom Unternehmen nach Schadeneintritt selbst getragen.

→ Vgl. hierzu ausführlich Kapitel 3.2.6

Zu 11.) Der Transfer von Risiken zu einer Versicherung ist immer dann sinnvoll, wenn die zu entrichtende Prämie geringer ausfällt als die zu kalkulierenden Kapitalkosten bei einer eigenen Übernahme dieser Risiken.

→ Vgl. hierzu ausführlich Kapitel 3.2.6

Zu 12.) Um die Gesamtrisikoposition eines Unternehmens und ihre Auswirkungen auf die Unternehmensziele beurteilen zu können, müssen die Einzelrisiken und die zwischen ihnen bestehenden Wechselwirkungen zu einem Gesamtrisiko zusammengefasst werden. Hierzu stehen verschiedene Verfahren zur Verfügung.

→ Vgl. hierzu ausführlich Kapitel 3.2.5

Zu 13.) Unter einer Brutto-Risikobewertung ist die Bewertung eines Einzel- oder Gesamtrisikos ohne Berücksichtigung einer Risikosteuerungsmaßnahme zu verstehen, bei der Bewertung des Netto-Risikos ist die ergriffene Risikosteuerungsmaßnahme berücksichtigt.

→ Vgl. hierzu ausführlich Kapitel 3.2.5

Zu 14.) Zu den Lage- und Streuungsparameter, die im Risikomanagement häufig verwendet werden, zählen Erwartungswert, Varianz und Kovarianz.

→ Vgl. hierzu ausführlich Kapitel 3.2.5

Zu 15.) Bei stetigen Verteilungen kann eine Zufallsvariable innerhalb eines festgelegten Intervalls jeden belieben Wert annehmen. Hierzu zählen beispielsweise die Normal-, Dreiecks-, Beta- sowie Gleichverteilung. Mit diskreten Verteilungen lassen sich Wahrscheinlichkeiten für Ereignisse bestimmter Zufallsvariablen angeben, deren Wertebereich endlich oder abzählbar unendlich ist. Hierzu zählt beispielsweise die im Risikomanagement oft angewendete Binomialverteilung.

→ Vgl. hierzu ausführlich Kapitel 3.2.5

Zu 16.) Charakteristisch für die Normalverteilung ist der symmetrische und glockenförmige Kurvenverlauf. Bei der Dreiecksverteilung wird die Verteilung aus dem Minimal-, dem Maximal- und dem wahrscheinlichen Wert ohne Berücksichtigung einer Wahrscheinlichkeitseinschätzung bestimmt. Mit der Betaverteilung können verschiedene symmetrische und asymmetrische Verteilungsformen spezifiziert werden. Die Gleichverteilung stellt die einfachste stetige Verteilungsform dar, wobei die betrachtete Zufallsvariable nur Werte zwischen einem Minimum und einem Maximum annehmen kann.

→ Vgl. hierzu ausführlich Kapitel 3.2.5

Zu 17.) Zu den einseitigen Risikomaßen zählen der VaR, der DVaR sowie alle Shortfall-Risikomaße, welche nur die negativen Abweichungen vom Erwartungswert zeigen. Zu den zweiseitigen Risikomaßen zählt die Standardabweichung, welche die negativen und positiven Abweichungen vom Erwartungswert zeigt.

→ Vgl. hierzu ausführlich Kapitel 3.2.5

Zu 18.) Unter VaR verstehen wir den wahrscheinlichen Höchstschaden einer Risikoposition für eine vom Unternehmen festgelegte Sicherheitswahrscheinlichkeit (Konfidenzniveau). Wird der VaR als Abweichung vom Erwartungswert definiert, spricht man vom DVaR, der damit den Gesamtrisikoumfang aufzeigt.

→ Vgl. hierzu ausführlich Kapitel 3.2.5

Zu 19.) Zu den traditionellen Verfahren der Risikoaggregation zählen die Addition von Höchstschadenwerten bei Einzelrisiken sowie die Addition von Schadenerwartungswerten, die zumeist für ein Jahr ermittelt werden. Beide Verfahren haben methodische Schwächen, die im Wesentlichen darin begründet sind, dass viele Risiken andere Verteilungsformen aufweisen und die wechselseitigen Abhängigkeiten zwischen den Einzelrisiken unberücksichtigt bleiben.

→ Vgl. hierzu ausführlich Kapitel 3.2.5

Zu 20.) Zu den analytischen Verfahren zählen der Varianz-Kovarianz-Ansatz sowie der Delta-Gamma-Ansatz. Zu den im Risikomanagement am häufigsten verwendeten simulationsbasierten Verfahren zählen die historische Simulation und die Monte-Carlo-Simulation.
→ Vgl. hierzu ausführlich Kapitel 3.2.5

Zu 21.) Bei der Monte-Carlo-Simulation handelt es sich um ein Verfahren der stochastischen Simulation, die nicht auf Vergangenheitswerten, sondern auf einer Simulation der Risikoparameter beruht. Die einzelnen Schritte sind in Kapitel 3.2.5 detailliert beschrieben.
→ Vgl. hierzu ausführlich Kapitel 3.2.5

Zu 22.) Mit der Risikoüberwachung soll sichergestellt werden, dass die bei der Identifikation festgestellten Risiken und das aggregierte Gesamtrisiko der tatsächlichen Risikolage entsprechen. Dies ist Voraussetzung, um die eingeleiteten Risikosteuerungsmaßnahmen auf ihre Wirksamkeit zu überprüfen. Im weiteren Sinne wird unter der Risikoüberwachung die regelmäßige Überprüfung der einzelnen Risikophasen verstanden, um die Qualität des Prozesses sicherzustellen.
→ Vgl. hierzu ausführlich Kapitel 3.2.8

Zu 23.) Das Risikoreporting hat die Aufgabe, Einzelrisiken und deren Veränderungen sowie das Gesamtrisiko des Unternehmens den entsprechenden Adressaten (z.B. Risikomanager, Bereichsleiter, Geschäftsführung) zu vermitteln. Der Risikobericht zeigt zu bestimmten Berichtstagen die vorhandene Risikosituation auf und ermöglicht der Geschäftsführung, die aktuelle Risikosituation des Unternehmens einzuschätzen und ggf. neue Risikosteuerungsmaßnahmen zu treffen.
→ Vgl. hierzu ausführlich Kapitel 3.2.8

Zu 24.) Beim Risikoreporting ist zu klären, wer und wann die Einzelrisiken überprüft und wie und an wen die Ergebnisse dieser Überprüfung kommuniziert werden.
→ Vgl. hierzu ausführlich Kapitel 3.2.8

Zu 25.) Die Etablierung eines Risikomanagementsystems kann durch grundlegende Defizite beeinträchtigt werden. Hierzu zählt beispielsweise die fehlende Unterstützung oder Ressourcenbereitstellung durch den Vorstand oder die Geschäftsleitung. Es können sich aber auch Defizite bei der konzeptionellen Gestaltung der einzelnen Risikostufen (z.B. bei der Risikoidentifikation, -bewertung, -aggregation und -steuerung) ergeben.
→ Vgl. hierzu ausführlich Kapitel 3.4

Zu 26.) Der größte Vorteil bei Einsatz einer bereits entwickelten Software-Konzeption liegt darin, dass das Risikomanagement nach einem einheitlichen Konzept schnell und zumeist kostengünstig umgesetzt werden kann und Fehler bei selbst entwickelten Excel-Lösungen eher verhindert werden können.
→ Vgl. hierzu ausführlich Kapitel 3.5

Literatur

Albrecht, Prof. Dr. Peter; **Maurer**, Prof. Dr. Raimond: Investment- und Risikomanagement – Modelle, Methoden, Anwendungen, Stuttgart: Schäffer-Poeschel Verlag GmbH & Co. KG, 2002

Altenähr, Volker; **Nguyen**, Tristan; **Romeike**, Frank: Risikomanagement kompakt, in: Meder, Prof. Dr. H.; u.a. (Hrsg.): Veröffentlichungen an den Berufsakademien in Baden-Würtemberg, Band 5, Karlsruhe: Verlag Versicherungswirtschaft GmbH, 2009

Beck, Hanno: Die Nickeligkeiten des Prognosegeschäftes, in: FAZ, 06.01.2009, Nr. 4, S. 13

Bieta, Volker; **Milde**, Hellmuth: Der naive Umgang mit Risiken in den Banken, in: FAZ, 14.10.2005, Nr. 239, S. 29

Bitz, Horst: Risikomanagement nach dem KonTraG – Einrichtung von Frühwarnsystemen zur Effizienzsteigerung und zur Vermeidung persönlicher Haftung, Stuttgart: Schäffer-Poeschel Verlag, 2000

Bourier, Günther: Wahrscheinlichkeitsrechnung und schließende Statistik, 5. Auflage, Wiesbaden: Verlag Dr. Th. Gabler/GWV Fachverlage GmbH, 2006

Braun, Herbert: Risikomanagement – Eine spezifische Controllingaufgabe, in: Horváth, Prof. Dr. Péter: Controlling-Praxis CP 7, Darmstadt: S. Toeche-Mittler Verlag, 1984

Brühwiler, Bruno: Internationale Industrieversicherung – Riskmanagement, Unternehmensführung, Erfolgsstrategien, Karlsruhe: VVW, 1994

Burger, Anton; **Buchhart**, Anton: Risiko-Controlling, München, Wien: R. Oldenbourg Verlag, 2002

Creditreform, Wirtschafts- und Konjunkturforschung: Insolvenzen, Neugründungen, Löschungen – Jahr 2004, Neuss: Verband der Vereine Creditreform e.V., 2004

Creditreform, Wirtschaftsforschung: Insolvenzen, Neugründungen, Löschungen – 1. Halbjahr 2010, Neuss: Verband der Vereine Creditreform e.V., 2010

Denk, Robert; **Exner-Merkelt**, Dr. Karin; **Ruthner**, Raoul: Corporate Risk Management, 2. Auflage, Wien: Linde Verlag GmbH, 2008

Diederichs, Marc: Risikomanagement und Risikocontrolling – Risikocontrolling, ein integrierter Bestandteil einer modernen Risikomanagement-Konzeption, 2. Auflage, München: Verlag Franz Vahlen, 2010

Diederichs, Marc: Risikomanagement: So sorgen Sie für Akzeptanz und Anwendung im Unternehmen, in: Klein, Andreas (Hrsg.): Risikomanagement und Risikocontrolling, München: Planegg, 2011

Diederichs, Marc; **Form**, Stephan; **Reichmann**, Thomas: Standard zum Risikomanagement, in: Controlling, 16 (2004), Heft 4/5, S. 189-198

DRSC – Deutsches Rechnungslegungs-Standard Committee (Hrsg.): Deutscher Rechnungslegungs-Standard Nr. 5 (DRS 5) – Risikoberichterstattung, in: Band, 53 (2001), Nr. 98a, S. 4-8

Duden: Das Herkunftswörterbuch – Etymologie der deutschen Sprache, 4. Auflage, Mannheim, Wien, Zürich: Dudenverlag, 2006

Duden: Deutsches Universal Wörterbuch, Mannheim, Wien, Zürich: Bibliographisches Institut, 1983

Dürr, Prof. Dr. Walter; **Mayer**, Prof. Dr. Horst: Wahrscheinlichkeitsrechnung und schließende Statistik, 6. Auflage, München: Carl Hanser Verlag, 2008

Eckey, Hans-Friedrich; **Kosfeld**, Reinhold; **Türk**, Matthias: Wahrscheinlichkeitsrechnung und induktive Statistik, 1. Auflage, Wiesbaden: Verlag Dr. Th. Gabler/GWV Fachverlage GmbH, 2005

Ehrmann, Prof. Dr. Harald: Kompakt Training Risikomanagement – Rating, Basel II, hrsg. von Olfert, Prof. Dipl.-Kfm. Klaus, Ludwigshafen: Friedrich Kiehl Verlag, 2005

Exner-Merkelt, Dr. Karin: Crystall Ball als Tool im Risikomanagement, in: CFO aktuell, 2007, Nr. 1, S. 23-26

Farny, Dieter: Grundlagen des Risk Management, in: Goetze, Wolfgang; Sieben, Günter (Hrsg.): Risk Management – Strategien zur Risikobeherrschung, Band 5, Köln, 1978, S. 11-37

Fasse, Dr. Friedrich-W.: Risk-Management im strategischen internationalen Marketing, in: Barth, Prof. Dr. Klaus; u.a.: Duisburger Betriebswirtschaftliche Schriften, Band 10, Hamburg: S+W Steuer- und Wirtschaftsverlag, 1995

Feucht, Michael: MaRisk und externe Risikoberichterstattung nach HGB und IAS/IFRS, in: Becker, Axel; Gruber, Walter; Wohlert, Dirk (Hrsg.): Handbuch MaRisk – Mindestanforderungen an das Risikomanagement in der Bankpraxis, Frankfurt: Fritz Knapp Verlag, 2006, S. 425-450

Fiege, Stefanie: Risikomanagement- und Überwachungssysteme nach KonTraG – Prozess, Instrumente, Träger, 1. Auflage, Wiesbaden: Deutscher Universitäts-Verlag, 2006 (zugl. Diss. Berlin, 2005)

Finke, Robert: Grundlagen des Risikomanagements, Weinheim: Wiley-VCH Verlag, 2005

Frey, Herbert C.; **Nießen**, Gero: Monte-Carlo-Simulation – Quantitative Risikoanalyse für die Versicherungsindustrie, München: Gerling Akademie Verlag GmbH, 2001

Füser, K.; **Gleißner**, W; **Meier**, G.: Risikomanagement (KonTraG) – Erfahrungen aus der Praxis, in: Der Betrieb 15 (52. Jg.) 1999, S. 753 – 758

Gerogii, Hans-Otto: Stochastik – Einführung in die Wahrscheinlichkeitstheorie und Statistik, 3. Auflage, Berlin: Walter de Gruyter GmbH & Co. KG, 2007

Gleißner, Dr. Werner: Auf nach Monte Carlo – Simulationsverfahren zur Risiko-Aggregation, in: Risknews, 2004, 1, S. 31 - 37.

Gleißner, Dr. Werner: Die Aggregation von Risiken im Kontext der Unternehmensplanung, in: ZfCM – Zeitschrift für Controlling und Management, 2004(b), Heft 5, S. 350-359

Gleißner, Dr. Werner: Grundlagen des Risikomanagements im Unternehmen, München: Verlag Franz Vahlen GmbH, 2008

Gleißner, Dr. Werner; **Berger**, Thomas: Einfach lernen! Risikomanagement, Studentensupport.de, 2007

Gleißner, Dr. Werner; **Meier**, Günter: Risikoaggregation mittels Monte-Carlo-Simulation, in: Versicherungswirtschaft, 1999, Heft 13, S. 926-929

Gleißner, Dr. Werner; **Romeike**, Frank: Risikomanagement – Umsetzung, Werkzeuge, Bewertung, 1. Auflage, München: Haufe Verlag, 2005

Gleißner, Werner: „Serie: Risikomaße und Bewertung", Teil 1: Grundlagen - Entscheidungen unter Unsicherheit und Erwartungsnutzentheorie, Teil 2: Downside-Risikomaße - Risikomaße, Safety-First-Ansätze und Portfoliooptimierung, Teil 3: Kapitalmarktmodelle - Alternative Risikomaße und Unvollkommenheit des Kapitalmarkts, in: RISIKOMANAGER, 2006, Ausgaben 12/13/14, S. 1-11/17-23/14-20

Gleißner, Werner: Risikopolitik und strategische Unternehmensführung, in: Der Betrieb, 2000, Heft 33, S. 1625-1629

Gleißner, Werner: Quantitative Verfahren im Risikomanagement: Risikoaggregation, Risikomaße und Performancemaße, in: Klein, Andreas (Hrsg.): Risikomanagement und Risikocontrolling, München: Planegg, 2011

Gleißner, Werner: Datenprobleme und unsichere Wahrscheinlichkeitsverteilungen, in: Klein, Andreas (Hrsg.): Risikomanagement und Risikocontrolling, München: Planegg, 2011

Gleißner, Werner; **Meier**, Günter (Hrsg.): Wertorientiertes Risiko-Management für Industrie und Handel – Methoden, Fallbeispiele, Checklisten, 1. Auflage, Wiesbaden: Verlag Dr. Th. Gabler, 2001

Gleißner, Werner; **Mott**, Bernd P.: Risikomanagement auf dem Prüfstand – Nutzen, Qualität und Herausforderungen in der Zukunft, in: Risk, Fraud & Governance (ZRFG), 2008, Heft 2, S. 53-63

Gleißner, Werner; **Romeike**, Frank: Grundlagen und Grundbegriffe einer risikoorientierte Unternehmensführung, in: Euroforum Verlag GmbH (Hrsg.): Risikoorientierte Unternehmensführung, Lektion 1, Düsseldorf: Euroforum Verlag GmbH, 2008

Gleißner, Werner; **Romeike**, Frank: Integriertes Chancen- und Risikomanagement – Verknüpfung mit strategischer Planung, wertorientierter Unternehmenssteuerung und Controlling, in: Erben, Roland Hrsg.): Risikomanagement in der Unternehmensführung – Wertgenerierung durch chancen- und kompetenzorientiertes Management, 1. Auflage, Weinheim: Wiley-Vch Verlag, 2008(b), S. 195-220

Gleißner, Werner; **Romeike**, Frank: IT-Lösungen für das Risikomanagement, in: Erben, Roland (Hrsg.): Risikomanagement in der Unternehmensführung – Wertgenerierung durch chancen- und kompetenzorientiertes Management, 1. Auflage, Weinheim: Wiley-Vch Verlag, 2008(c)

Gleißner, Werner; **Wolfrum**, Marco: Risikomaße, Performancemaße und Rating – die Zusammenhänge, in: Everling, Oliver (Hrsg.): Risk Performance Management – Chancen für ein besseres Rating, 1. Auflage, Wiesbaden: Verlag Dr. Th. Gabler/GWV Fachverlage GmbH, 2009

Gleißner, Werner; **Wolfrum**, Marco: Risk Map und Risiko-Portfolio – Eine kritische Betrachtung, in: ZfV Zeitschrift für Versicherungswesen, 2006, Heft Nr. 5, S. 149-153

Graf, Thomas: Risikomanagement in einem internationalen Maschinen- und Anlagenbaukonzern, in: Hölscher, Reinhold; Elfgen, Ralph (Hrsg.): Herausforderung Risikomanagement – Identifikation, Bewertung und Steuerung industrieller Risiken, 1. Auflage, Wiesbaden: Verlag Dr. Th. Gabler, 2002, S. 143-156

Gräf, Jens: Risikomanagement und Integration in das Führungssystem, in: Klein, Andreas (Hrsg.): Risikomanagement und Risikocontrolling, München: Planegg, 2011

Gunkel, Marcus A.: Effiziente Gestaltung des Risikomanagements in deutschen Nicht-Finanzunternehmen – Eine empirische Untersuchung, 1. Auflage, Norderstedt: Books on Demand, 2010 (zugl. Diss. Düsseldorf, 2010)

Haas, Stefan: Modell zur Bewertung wohnwirtschaftlicher Immobilien-Portfolios unter Beachtung des Risikos, 1. Auflage, Wiesbaden: Gabler Verlag I Springer Fachmedien GmbH, 2010

Hager, Peter: Corporate Risk Management – Cash Flow at Risk und Value at Risk, in: Wiedemann, Prof. Dr. Arnd (Hrsg.): competence center finanz- und bankmanagement, Band 3, 1. Auflage, Frankfurt: Bankakademie Verlag, 2004

Hatzinger, Reinhold; **Nagel**, Herbert: PASW Statistics – Statistische Methoden und Fallbeispiele, München: Pearson Studium, 2009

Hempel, Mario; **Offerhaus**, Jan: Risikoaggregation als wichtiger Aspekt des Risikomanagements, in: Deutsche Gesellschaft für Risikomanagement e.V. (Hrsg.): Risikoaggregation in der Praxis – Beispiele und Verfahren aus dem Risikomanagement von Unternehmen, Heidelberg, Berlin: Springer Verlag, 2008, S. 3-12

Henking, Dr. Andreas; **Bluhm**, Dr. Christian; **Fahrmeir**, Prof. Dr. Ludwig: Kreditrisikomessung – Statistische Grundlagen, Methoden und Modellierung, Heidelberg: Springer Verlag Berlin, 2006

Hermann, Dirk Christian: Strategisches Risikomanagement kleiner und mittlerer Unternehmen, 1. Auflage, Berlin: Verlag Dr. Köster, 1996 (zugl. Diss. Leipzig 1996)

Hoffman, Douglas G.: Managing Operational Risk – 20 Firmwide Best Practice Strategies, Wiley Verlag, New York, 2002

Hohnhorst, Georg von: Anforderungen an das Risikomanagement nach dem KonTraG, in: Hölscher, Reinhold; Elfgen, Ralph (Hrsg.): Herausforderung Risikomanagement – Identifikation, Bewertung und Steuerung industrieller Risiken, 1. Auflage, Wiesbaden: Verlag Dr. Th. Gabler, 2002, S. 91-108

Hölscher, Reinhold: Aufbau und Instrumente eines integrativen Risikomanagements, in: Schierenbeck, Henner (Hrsg.): Risk Controlling in der Praxis, 2. Auflage, Stuttgart: Schäffer-Poeschel Verlag, 2006, S. 341-400

Hölscher, Reinhold: Risikokosten-Management in Kreditinstituten – Ein integratives Modell zur Messung und ertragsorientierten Steuerung der bankbetrieblichen Erfolgsrisiken, in: Schierenbeck, Dr. Henner: Schriftenreihe des Instituts für Kreditwesen, Band 36, Frankfurt: Fritz Knapp Verlag, 1987

Hölscher, Reinhold: Von der Versicherung zur integrativen Risikobewältigung: Die Konzeption eines modernen Risikomanagements, in: Hölscher, Reinhold; Elfgen, Ralph (Hrsg.): Herausforderung Risikomanagement – Identifikation, Bewertung und Steuerung industrieller Risiken, 1. Auflage, Wiesbaden: Verlag Dr. Th. Gabler, 2002, S. 3-32

Horvath, Peter: Controlling, 10. Auflage, München: Vahlen Verlag, 2006

Imboden, Dr. Carlo: Risikohandhabung – Ein entscheidungsbezogenes Verfahren, in: Müller, Prof. Dr. Walter (Hrsg.): Prüfen und Entscheiden, Band 9, Bern, Stuttgart: Verlag Paul Haupt, 1983

IDW - Institut der Wirtschaftsprüfer in Deutschland e.V. (Hrsg.): IDW Prüfungsstandard: Die Prüfung des Risikofrüherkennungssystems nach § 317 Abs. 4 HGB (IDW PS 340), in: WPg, 1999, Heft 16, S. 658-662

Jorion, Phillipe: Value at Risk – The New Benchmark for Managing Financial Risk, 3rd edn, New York: McGraw-Hill Professional, 2007

Kaiser, Karin: Erweiterung der zukunftsorientierten Lageberichterstattung – Folgen des Bilanzrechtsreformgesetzes für Unternehmen, in: Der Betrieb, 58, Heft 7, S. 345-353

Kajüter, Dr. Peter: Die Regulierung des Risikomanagements im internationalen Vergleich, in: ZfCM Controlling & Management, 2004, Sonderheft 3, S. 12-25

Keitsch, Detlef: Risikomanagement, 2. Auflage, Stuttgart: Schäffer-Poeschel Verlag, 2004

Keitsch, Detlef: Risikomanagement, Stuttgart: Schäffer-Poeschel Verlag, 2007

Keller, Prof. Dr. Hildegard Elisabeth: Auf sein Auventura und Risigo handeln – Zur Sprache- und Kulturgeschichte des Risiko-Begriffs, in: Risknews, 2004, 01, S. 61-65

Kluge, Friedrich: Etymologisches Wörterbuch der deutschen Sprache – Bearbeitet von Elmar Seebold, 24. Auflage, Berlin, New York: de Gruyter, 2002

Kremers, Markus: Risikoübernahme in Industrieunternehmen – Der Value-at-Risk als Steuerungsgröße für das industrielle Risikomanagement, dargestellt am Beispiel des Investitionsrisikos, Sternenfels: Verlag Wissenschaft & Praxis, 2002 (zugl. Diss. Kaiserslautern, 2002)

Kromschröder, Prof. Dr. Bernhard; **Lück**, Prof. Dr. Dr. h.c. Wolfgang: Grundsätze risikoorientierter Unternehmensüberwachung, in: Der Betrieb, 51 (1998), Heft 32, S. 1573-1576

Krystek, Ulrich, **Moldenhauer**, Ralf: Handbuch Krisen- und Restrukturierungsmanagement. Generelle Konzepte, Spezialprobleme, Praxisberichte. München 2007

Kupsch, Dr. Peter U.: Das Risiko im Entscheidungsprozess, in: Heinen, Dr. Edmund (Hrsg.): Die Betriebswirtschaft in Forschung und Praxis, Band 14, Wiesbaden: Verlag Dr. Th. Gabler, 1973

Markowitz, Harry: Portfolio Selection, in: The Journal of Finance, 7 (1952), Heft 1, S. 71-91

Martin, Prof. Dr. Thomas A.; **Bär**, Thomas: Grundzüge des Risikomanagements nach KonTraG – Das Risikomanagementsystem zur Krisenfrüherkennung nach §91 Abs. 2 AktG, hrsg. von Dorn, Prof. Dr. Dietmar; Fischbach, Prof. Dr. Rainer, München, Wien: R. Oldenbourg Verlag, 2002

Mensch, Gerhard: Risiko und Unternehmensführung – Eine systemorientierte Konzeption zum Risikomanagment, Frankfurt: Verlag Peter Lang, 1991 (zugl. Diss. Berlin, 1990)

Merbecks, Andreas; **Stegemann**, Uwe; **Frommeyer**, Jesko: Intelligentes Risikomanagement – Das Unvorhersehbare meistern, Frankfurt, Wien: Redline Wirtschaft, 2004

Meyer, Christoph: Value at Risk für Kreditinstitute – Erfassung des aggregierten Marktrisikopotenzials, Wiesbaden: Verlag Dr. Th. Gabler GmbH, 1999

Meyer, Ralf: Die Entwicklung des betriebswirtschaftlichen Risiko- und Chancenmanagements, in: Erben, Roland (Hrsg.): Risikomanagement in der Unternehmensführung – Wertgenerierung durch chancen- und kompetenzorientiertes Management, 1. Auflage, Weinheim: Wiley-Vch Verlag, 2008, S. 23-60

Mikus, Barbara: Risiken und Risikomanagement, in: Götze, Uwe; Henselmann, Klaus; Mikus, Barbara (Hrsg.): Risikomanagement, Heidelberg: Physica Verlag, 2001

Neubeck, Guido: Prüfung von Risikomanagementsystemen, hrsg. von Marten, K.-U.; Quick, R.; Ruhnke, K., Düsseldorf: IDW Verlag, 2003

Neubürger, Klaus W.: Chancen- und Risikobeurteilung im strategischen Management – Die informatorische Lücke, Stuttgart: C.E. Poeschel Verlag, 1989

Nücke, Heinrich; **Feinendegen**, Stefan: Integriertes Risikomanagement, Berlin: KPMG, 1998

Offerhaus, Jan; **Hempel**, Mario: Best practise und Entwicklungswege bei der Aggregation von Risiken in: Deutsche Gesellschaft für Risikomanagement e.V. (Hrsg.): Risikoaggregation in der Praxis, Heidelberg: Springer Verlag Berlin, 2008, S. 215-227

Offerhaus, Jan; **Hempel**, Mario: Vorwort, in: Deutsche Gesellschaft für Risikomanagement e.V. (Hrsg.): Risikoaggregation in der Praxis, Heidelberg: Springer Verlag Berlin, 2008(b), S. VII-VIII

Palisade Corporation: @Risk Benutzerhandbuch, Version: 5.5, New York, 2009

Pauli, Marcus: Risikomanagementinformationssysteme (RMIS) – Basis eines modernen Risikomanagements, in: Erben, Roland (Hrsg.): Risikomanagement in der Unternehmensführung – Wertgenerierung durch chancen- und kompetenzorientiertes Management, 1. Auflage, Weinheim: Wiley-Vch Verlag, 2008, S. 273-299

Pauli, Marcus; u.a.: BARC-Software-Evaluation Risikomanagement-Informationssysteme – 9 Systeme für das Risikomanagement im Vergleich, München: Okygon Verlag GmbH, 2009

Rauh, Stefan; **Berenz**, Stefan; **Heißenhuber**, Alois: Abschätzung des Unternehmerischen Risikos beim Betrieb einer Biogasanlage mit Hilfe der Monte-Carlo-Methode, Freising, 2007

Reichling, Peter; **Bietke**, Daniela; **Henne**, Antje: Praxishandbuch Risikomanagement und Rating – Ein Leitfaden, 2. Auflage, Wiesbaden: Verlag Dr. Th. Gabler/GWV Fachverlage GmbH, 2007

Romeike, Frank (Hrsg.): Modernes Risikomanagement – Die Markt-, Kredit- und operationellen Risiken zukunftsorientiert steuern, 1. Auflage, Weinheim: WILEY-VCH Verlag, 2005

Romeike, Frank: Bewertung und Aggregation von Risiken, in: Finke, Robert B. (Hrsg.): Erfolgsfaktor Risiko-Management – Chancen für Industrie und Handel, 1. Auflage, Wiesbaden: Verlag Dr. Th. Gabler/GWV Fachverlage GmbH, 2003, S. 183-198

Romeike, Frank: Lexikon Risiko-Management – 1000 Begriffe rund ums Risiko-Management nachschlagen, verstehen, anwenden, 1. Auflage, Köln: Bank Verlag GmbH, 2004

Romeike, Frank: Risikoidentifikation und Risikokategorien, in: Finke, Robert B. (Hrsg.): Erfolgsfaktor Risiko-Management – Chancen für Industrie und Handel, 1. Auflage, Wiesbaden: Verlag Dr. Th. Gabler/GWV Fachverlage GmbH, 2003(b), S. 165-182

Romeike, Frank; **Finke**, Robert B. (Hrsg.): Erfolgsfaktor Risikomanagement – Chancen für Industrie und Handel, Methoden, Beispiele, Checklisten, 1. Auflage, Wiesbaden: Verlag Dr. Th. Gabler, 2003

Romeike, Frank; **Hager**, Peter: Erfolgsfaktor Risiko-Management 2.0 – Methoden, Beispiele Checklisten, Praxishandbuch für Industrie und Handel, 2. Auflage, Wiesbaden: Gabler I GWV Fachverlage, 2009

Romeike, Frank; **Müller-Reichart**, Risikomanagement in Versicherungsunternehmen – Grundlagen, Methoden, Checklisten und Implementierung, 2. Auflage, Weinheim: WILEY-VCH Verlag, 2008

Romeike, Frank; **Heinicke**, Frank: Schätzfehler „moderner" Risikomodelle, in: Finance, 02.2008, S. 32-33

Rommelfanger, Heinrich: Stand der Wissenschaft bei der Aggregation von Risiken, in: Deutsche Gesellschaft für Risikomanagement e.V. (Hrsg.): Risikoaggregation in der Praxis – Beispiele und Verfahren aus dem Risikomanagement von Unternehmen, Heidelberg, Berlin: Springer Verlag, 2008, S. 15-47

Rücker, Uwe-Christian: Finanzierung von Umweltrisiken im Kontext eines systematischen Risikomanagements, Sternenfels: Verlag Wissenschaft & Praxis, 1999 (zugl. Diss. Kaiserslautern 1998)

Runzheimer, Bodo: Investitionsentscheidungen unter besonderer Berücksichtigung des Risikos, in: Runzheimer, Bodo; Barkoviv, Drazen (Hrsg.): Investitionsentscheidungen in der Praxis, Wiesbaden, 1998, S. 69-137

Runzheimer, Bodo: Operations Research II – Methoden der Entscheidungsvorbereitung bei Risiko, 2. Auflage, Wiesbaden: Verlag Dr. Th. Gabler GmbH, 1989

Saitz, Bernd; **Braun**, Frank (Hrsg.): Das Kontroll- und Transparenzgesetz – Herausforderungen und Chancen für das Risikomanagement, 1. Auflage, Wiesbaden: Verlag Dr. Th. Gabler, 1999

Salzberger, Wolfgang: Die Überwachung des Risikomanagements durch den Aufsichtsrat - Überwachungspflichten und haftungsrechtliche Konsequenzen, in: Die Betriebswirtschaft, 60 (2000), Heft 6, S. 756-773

Schäfer, Joachim G.: Das Überwachungssystem nach § 91 Abs. 2 AktG unter Berücksichtigung der besonderen Pflichten des Vorstands, Lohmar, Köln: Josef Eul Verlag, 2001

Schelten, Andreas: Testbeurteilung und Testerstellung, 2. Auflage, Stuttgart: Franz Steiner Verlag, 1997

Schierenbeck, Henner: Ertragsorientiertes Bankmanagement, Band 2, 8. Auflage, Wiesbaden: Verlag Dr. Th. Gabler/GWV Fachverlage GmbH, 2003

Schierenbeck, Henner; **Lister**, Michael: Risikomanagement im Rahmen der wertorientierten Unternehmenssteuerung, in: Hölscher, Reinhold; Elfgen, Ralph (Hrsg.): Herausforderung Risikomanagement – Identifikation, Bewertung und Steuerung industrieller Risiken, 1. Auflage, Wiesbaden: Verlag Dr. Th. Gabler, 2002(b), S. 181-204

Schierenbeck, Henner; **Lister**, Michael: Value Controlling – Grundlagen wertorientierter Unternehmensführung, 2. Auflage, München, Wien: R. Oldenbourg Verlag, 2002

Schlienkamp, Christoph: Grundlagen der Asset Allokation, in: Eller, Roland (Hrsg.): Handbuch des Risikomanagements – Analyse, Quantifizierung und Steuerung von Marktrisiken in Banken und Sparkassen, Stuttgart: Schäffer Poeschel Verlag, 1998

Schmitz, Thorsten; **Wehrheim**, Michael: Risikomanagement – Grundlagen, Theorie, Praxis, Stuttgart: Verlag W. Kohlhammer GmbH, 2006

Schneck, Ottmar: Rechtsgrundlagen des Risikomanagements, in: Klein, Andreas (Hrsg.): Risikomanagement und Risikocontrolling, München: Planegg, 2011

Schulte, Dr. Michael: Bank Controlling II – Risikopolitik in Kreditinstituten, 3. Auflage, Frankfurt: Bankakademie Verlag GmbH, 1998

Schulte, Dr. Michael: Bank-Controlling II – Risikopolitik in Kreditinstituten, hrsg. von Bankakademie e.V., Frankfurt: Bankakademie Verlag GmbH, 1998

Schulz, Bettina: Die kriminellen Zocker aus den Handelsräumen, in: FAZ, 18.09.2011, Nr. 37, S. 51

Schuy, Axel: Risiko-Management – Eine theoretische Analyse zum Risiko und Risikowirkungsprozess als Grundlage für ein risikoorientiertes Management unter besonderer Berücksichtigung des Marketing, Frankfurt: Verlag Peter Lang, 1989 (zugl. Diss. Gießen, 1989)

Schwarz, Sybille: Aus Kapital wird Geld – oder nichts, in: FAZ, 02.04.2012, Nr. 79, S. 10

Seidel, Prof. Dr. Uwe M.: Risikomanagement – Erkennen, Bewerten und Steuern von Risiken, Kissing: Weka Media, 2002

Seidel, Prof. Dr. Uwe M.: Risikomanagement – Wie Sie alle potenziellen Gefahren für Ihr Unternehmen aufspüren und entsprechend vorsorgen, Kissing: Weka Media, 2005

Seidel, Prof. Dr. Uwe M.: Organisation des Risikomanagements im Unternehmen, in: Klein, Andreas (Hrsg.): Risikomanagement und Risikocontrolling, München: Planegg, 2011

Siemes, Dr. Andreas; **Dahms** Simon: Werkzeuge im Risikokreislauf – Identifikation, Bewertung, Aggregation, in: Management Circle Verlag (Hrsg.): Risikomanagement kompakt, Lektion 3, 5. Auflage, Eschborn: Management Circle Verlag, 2009

Stiefl, Jürgen: Wirtschaftsstatistik, München: Oldenbourg Wissenschaftsverlag GmbH, 2006

Strohmeier, Georg: Ganzheitliches Risikomanagement in Industriebetrieben – Grundlagen, Gestaltungsmodell und praktische Anwendung, hrsg. von Bauer, Prof. Dr. Ulrich, Biedermann, Prof. Dr. Hubert, Wohinz, Prof. Dr. Josef, 1. Auflage, Wiesbaden: Deutscher Universitäts-Verlag, 2007 (zugl. Diss. Leoben, 2006)

Vogler, Matthias; **Gundert**, Martin: Einführung von Risikomanagementsystemen – Hinweise zur praktischen Ausgestaltung, in: Der Betrieb, 1998, Heft 48, S. 2377-2383

Von Metzler, Dr. Leonhard: Risikoaggregation im industriellen Controlling, Band 106, 1. Auflage, Lohmar: Josef Eul Verlag GmbH, 2004

Weber, J.; **Weißenberger**, B. E.; **Liekweg**, A.: Risk Tracking and Reporting – Unternehmerisches Chancen- und Risikomanagement nach dem KonTraG, Vallendar, 1999

Wencke Schröder, Regina: Risikoaggregation unter Beachtung der Abhängigkeiten zwischen Risiken, 1. Auflage, Baden-Baden: Nomos Verlagsgesellschaft, 2005

Wenninger, Christian: Markt- und Kreditrisiken für Versicherungsunternehmen – Quantifizierung und Management, 1. Auflage, Wiesbaden: Deutscher Universitätsverlag, 2004 (zugl. Diss. Augsburg, 2004)

Wiedemann, Arnd; **Hager**, Peter: Währungsmanagement im Unternehmen mit Cash Flow at Risk, in: Müller, Stefan; Jöhnk, Thorsten; Bruns, Andreas (Hrsg.): Beiträge zum Finanz-, Rechnungs- und Bankwesen – Stand und Perspektiven, Wiesbaden: 2005, S. 1 – 15

Wolf, Klaus: Risikomanagement im Kontext der wertorientierten Unternehmensführung, 1. Auflage, Wiesbaden: Deutscher Universitäts-Verlag / GWV Fachverlage GmbH, 2003 (zugl. Diss. Bayreuth, 2003)

Wolf, Klaus; **Runzheimer**, Bodo: Risikomanagement und KonTraG – Konzeption und Implementierung, 5. Auflage, Wiesbaden: Gabler I GWV Fachverlage, 2009

Wolfrum, Marco: Die Entwicklung von Risikoaggregationsmodellen auf Basis der Unternehmensplanung, in: Euroforum Verlag GmbH (Hrsg.): Risikoorientierte Unternehmensführung, Lektion 10, Düsseldorf: Euroforum Verlag GmbH, 2008

Wolke, Prof. Dr. Thomas: Risikomanagement, 1. Auflage, München: Oldenbourg Wissenschaftsverlag GmbH, 2007

Wolke, Prof. Dr. Thomas: Risikomanagement, 2. Auflage, München: Oldenbourg Wissenschaftsverlag GmbH, 2008

Zellmer, Gernot: Risikomanagement, 1. Auflage, Berlin: Verlag Die Wirtschaft, 1990

Zepp, Marcus: Der Risikobericht von Kreditinstituten – Anforderungen, Normen, Gestaltsempfehlungen, in Küting, Prof. Dr. Karlheinz, Weber, Prof. Dr. Claus-Peter, Kußmaul, Prof. Dr. Heinz (Hrsg.): Bilanz-, Prüfungs- und Steuerwesen, Band 12, Berlin: Erich Schmidt Verlag, 2007

Anhang

1. @Risk-Ausgabebericht für den Umsatz der Brutto-Simulation

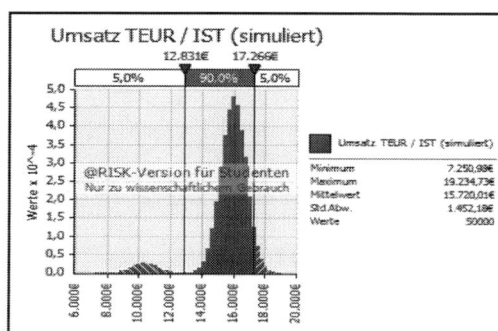

Simulationsübersichtsinformationen	
Arbeitsmappenname	KMAG_Simulation.xls
Anzahl der Simulationen	1
Anzahl der Iterationen	50000
Anzahl der Eingaben	9
Anzahl der Ausgaben	8
Probenerhebungstyp	Latin Hypercube
Simulationsbeginn	9.23.12 16:15:59
Simulationsdauer	00:00:20
Zufallswert-Generator	Mersenne Twister
Ausgangs-Zufallswert	1869609071

Übersichtsstatistik für Umsatz TEUR / IST (simuliert			
Statistiken		Perzentil	
Minimum	7.250,98 €	5%	12.831,35 €
Maximum	19.234,73 €	10%	14.721,93 €
Mittelwert	15.720,01 €	15%	15.013,41 €
Std.Abw.	1.452,18 €	20%	15.209,75 €
Varianz	2108827,996	25%	15.361,75 €
Schiefe	-2,461796288	30%	15.502,04 €
Wölbung	10,55047432	35%	15.624,06 €
Medianwert	15.951,13 €	40%	15.734,16 €
Modus	16.192,28 €	45%	15.845,62 €
Linker X-Wert	12.831,35 €	50%	15.951,13 €
Linker P-Wert	5%	55%	16.054,38 €
Rechter X-Wert	17.265,61 €	60%	16.160,53 €
Rechter P-Wert	95%	65%	16.267,10 €
Diff. X	4.434,26 €	70%	16.380,66 €
Diff. P	90%	75%	16.501,95 €
Fehleranzahl	0	80%	16.638,04 €
Filter-Min.	Aus	85%	16.786,08 €
Filter-Max.	Aus	90%	16.976,61 €
Gefilterte Anzahl	0	95%	17.265,61 €

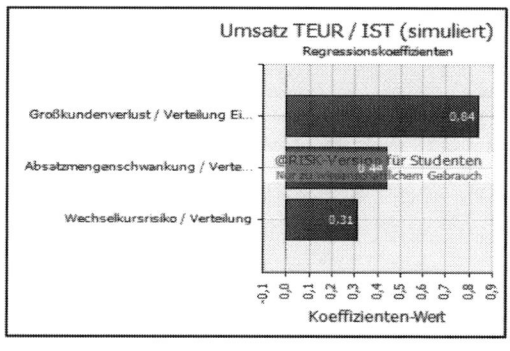

Regressions- und Rangordnungsinfo für Umsatz TEU			
Rang	Name	Regr.	Korr.
1	Großkundenverlust	0,840	0,377
2	Absatzmengenschw	0,441	0,730
3	Wechselkursrisiko	0,310	0,510

2.   @Risk-Ausgabebericht für die Materialkosten der Brutto-Simulation

Ausgabebericht für die Materialkosten (brutto)

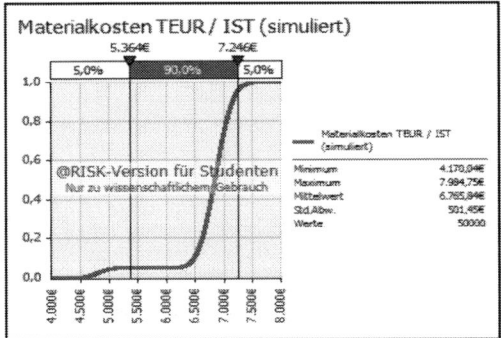

Materialkosten TEUR / IST (simuliert)

Simulationsübersichtsinformationen	
Arbeitsmappenname	KMAG_Simulation.xls
Anzahl der Simulationen	1
Anzahl der Iterationen	50000
Anzahl der Eingaben	9
Anzahl der Ausgaben	8
Probenerhebungstyp	Latin Hypercube
Simulationsbeginn	9.23.12 16:15:59
Simulationsdauer	00:00:20
Zufallswert-Generator	Mersenne Twister
Ausgangs-Zufallswert	1869609071

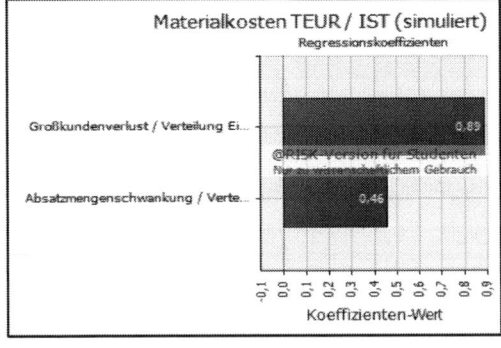

Materialkosten TEUR / IST (simuliert)

Übersichtsstatistik für Materialkosten TEUR / IST (s			
Statistiken		Perzentil	
Minimum	4.170,04 €	5%	5.364,46 €
Maximum	7.984,75 €	10%	6.489,49 €
Mittelwert	6.765,84 €	15%	6.575,24 €
Std.Abw.	501,45 €	20%	6.633,32 €
Varianz	251456,8062	25%	6.679,55 €
Schiefe	-2,827087773	30%	6.719,70 €
Wölbung	11,89093626	35%	6.755,78 €
Medianwert	6.852,67 €	40%	6.789,34 €
Modus	6.861,94 €	45%	6.821,52 €
Linker X-Wert	5.364,46 €	50%	6.852,67 €
Linker P-Wert	5%	55%	6.883,70 €
Rechter X-Wert	7.246,10 €	60%	6.914,94 €
Rechter P-Wert	95%	65%	6.946,79 €
Diff. X	1.881,64 €	70%	6.980,30 €
Diff. P	90%	75%	7.016,33 €
Fehleranzahl	0	80%	7.056,20 €
Filter-Min.	Aus	85%	7.102,59 €
Filter-Max.	Aus	90%	7.160,19 €
Gefilterte Anzal	0	95%	7.246,10 €

Materialkosten TEUR / IST (simuliert)
Regressionskoeffizienten

Großkundenverlust / Verteilung Ei...   0,89

Absatzmengenschwankung / Verte...   0,46

Koeffizienten-Wert

Regressions- und Rangordnungsinfo für Materialko			
Rang	Name	Regr.	Korr.
1	Großkundenverlust	0,888	0,377
2	Absatzmengenschw	0,459	0,906

3. @Risk-Ausgabebericht für die Personalkosten der Brutto-Simulation

Ausgabebericht für die Personalkosten (brutto)

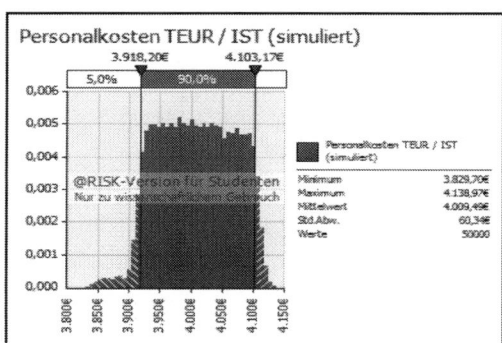

Simulationsübersichtsinformationen	
Arbeitsmappenname	KMAG_Simulation.xls
Anzahl der Simulationen	1
Anzahl der Iterationen	50000
Anzahl der Eingaben	9
Anzahl der Ausgaben	8
Probenerhebungstyp	Latin Hypercube
Simulationsbeginn	9.23.12 16:15:59
Simulationsdauer	00:00:20
Zufallswert-Generator	Mersenne Twister
Ausgangs-Zufallswert	1869609071

Übersichtsstatistik für Personalkosten TEUR / IST (s			
Statistiken		**Perzentil**	
Minimum	3.829,70 €	5%	3.918,20 €
Maximum	4.138,97 €	10%	3.929,12 €
Mittelwert	4.009,49 €	15%	3.939,33 €
Std.Abw.	60,34 €	20%	3.949,35 €
Varianz	3640,334062	25%	3.959,57 €
Schiefe	-0,062346347	30%	3.969,48 €
Wölbung	2,039311997	35%	3.979,57 €
Medianwert	4.009,31 €	40%	3.989,27 €
Modus	3.982,51 €	45%	3.999,46 €
Linker X-Wert	3.918,20 €	50%	4.009,31 €
Linker P-Wert	5%	55%	4.019,40 €
Rechter X-Wert	4.103,17 €	60%	4.029,65 €
Rechter P-Wert	95%	65%	4.039,53 €
Diff. X	184,98 €	70%	4.049,73 €
Diff. P	90%	75%	4.060,56 €
Fehleranzahl	0	80%	4.071,01 €
Filter-Min.	Aus	85%	4.081,53 €
Filter-Max.	Aus	90%	4.092,17 €
Gefilterte Anzal	0	95%	4.103,17 €

Regressions- und Rangordnungsinfo für Personalko			
Rang	**Name**	**Regr.**	**Korr.**
1	Personalkosten / V	0,959	0,965
2	Großkundenverlust	0,254	0,217
3	Absatzmengenschw	0,133	0,120

4.   @Risk-Ausgabebericht für den Zinsaufwand der Brutto-Simulation

Ausgabebericht für den Zinsaufwand (brutto)

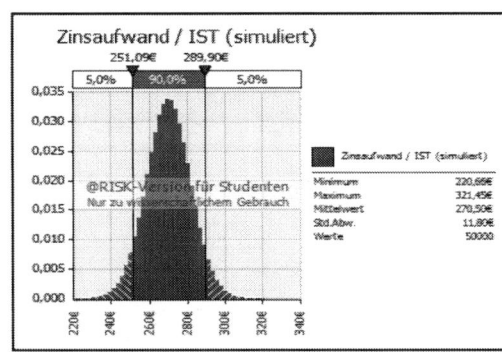

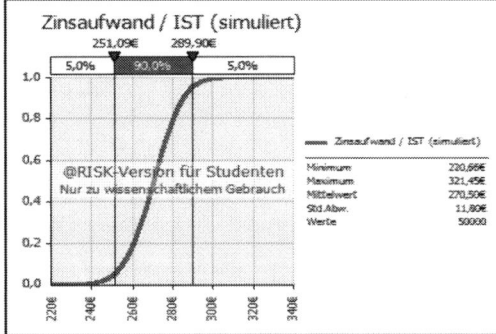

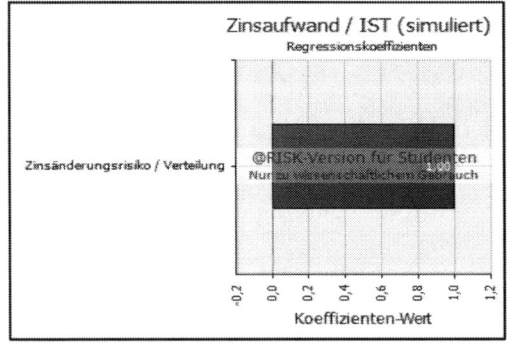

Simulationsübersichtsinformationen

Arbeitsmappenname	KMAG_Simulation.xls
Anzahl der Simulationen	1
Anzahl der Iterationen	50000
Anzahl der Eingaben	9
Anzahl der Ausgaben	8
Probenerhebungstyp	Latin Hypercube
Simulationsbeginn	9.23.12 16:15:59
Simulationsdauer	00:00:20
Zufallswert-Generator	Mersenne Twister
Ausgangs-Zufallswert	1869609071

Übersichtsstatistik für Zinsaufwand / IST (simuliert)

Statistiken		Perzentil	
Minimum	220,66 €	5%	251,09 €
Maximum	321,45 €	10%	255,38 €
Mittelwert	270,50 €	15%	258,27 €
Std.Abw.	11,80 €	20%	260,57 €
Varianz	139,1900109	25%	262,54 €
Schiefe	7,99786E-05	30%	264,31 €
Wölbung	2,999330058	35%	265,95 €
Medianwert	270,50 €	40%	267,51 €
Modus	270.35 €	45%	269,02 €
Linker X-Wert	251,09 €	50%	270,50 €
Linker P-Wert	5%	55%	271,98 €
Rechter X-Wert	289,90 €	60%	273,49 €
Rechter P-Wert	95%	65%	275,05 €
Diff. X	38,81 €	70%	276,69 €
Diff. P	90%	75%	278,46 €
Fehleranzahl	0	80%	280,43 €
Filter-Min.	Aus	85%	282,73 €
Filter-Max.	Aus	90%	285,62 €
Gefilterte Anzal	0	95%	289,90 €

Regressions- und Rangordnungsinfo für Zinsaufwan

Rang	Name	Regr.	Korr.
1	Zinsänderungsrisik	1,000	1,000

5. @Risk-Ausgabebericht für das EBIT der Brutto-Simulation

Ausgabebericht EBIT (brutto)

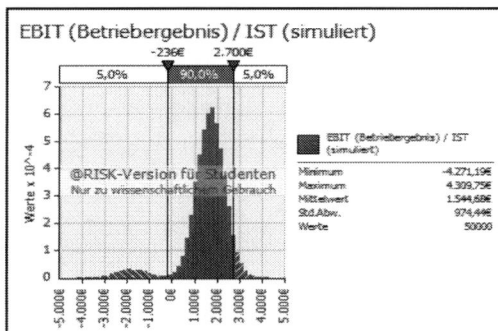

Simulationsübersichtsinformationen	
Arbeitsmappenname	KMAG_Simulation.xls
Anzahl der Simulationen	1
Anzahl der Iterationen	50000
Anzahl der Eingaben	9
Anzahl der Ausgaben	8
Probenerhebungstyp	Latin Hypercube
Simulationsbeginn	9.23.12 16:15:59
Simulationsdauer	00:00:20
Zufallswert-Generator	Mersenne Twister
Ausgangs-Zufallswert	1869609071

Übersichtsstatistik für EBIT (Betriebergebnis) / IST (			
Statistiken		Perzentil	
Minimum	-4.271,19 €	5%	-235,72 €
Maximum	4.309,75 €	10%	739,76 €
Mittelwert	1.544,68 €	15%	961,78 €
Std.Abw.	974,44 €	20%	1.105,74 €
Varianz	949538,3804	25%	1.225,46 €
Schiefe	-2,003569621	30%	1.332,01 €
Wölbung	8,819726413	35%	1.427,88 €
Medianwert	1.680,02 €	40%	1.515,25 €
Modus	1.705,36 €	45%	1.597,78 €
Linker X-Wert	-235,72 €	50%	1.680,02 €
Linker P-Wert	5%	55%	1.761,20 €
Rechter X-Wert	2.700,47 €	60%	1.840,88 €
Rechter P-Wert	95%	65%	1.924,31 €
Diff. X	2.936,19 €	70%	2.010,91 €
Diff. P	90%	75%	2.107,13 €
Fehleranzahl	0	80%	2.211,21 €
Filter-Min.	Aus	85%	2.329,67 €
Filter-Max.	Aus	90%	2.475,19 €
Gefilterte Anzal	0	95%	2.700,47 €

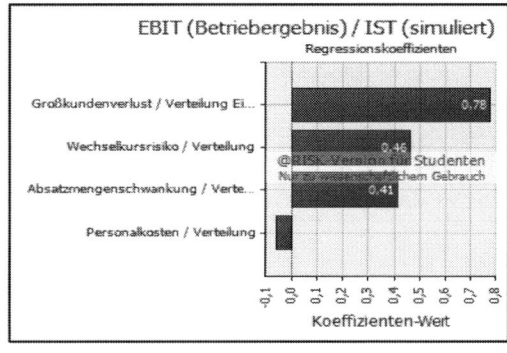

Regressions- und Rangordnungsinfo für EBIT (Betrie			
Rang	Name	Regr.	Korr.
1	Großkundenverlust	0,780	0,377
2	Wechselkursrisiko /	0,462	0,663
3	Absatzmengenschw	0,412	0,585
4	Personalkosten / V	-0,059	-0,085

6. @Risk-Ausgabebericht für den außerordentlichen Aufwand der Brutto-Simulation

Ausgabebericht für den außerordentlichen Aufwand (brutto)

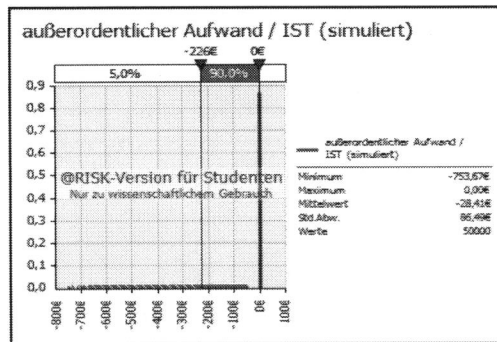

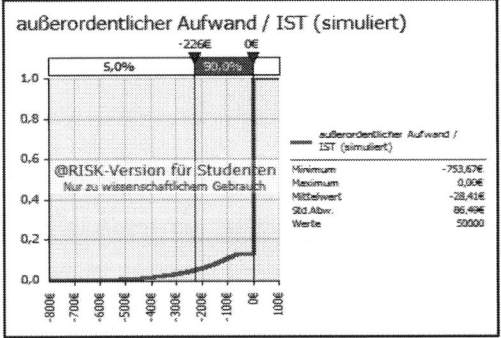

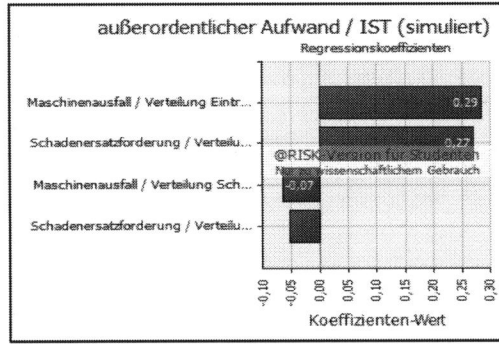

Simulationsübersichtsinformationen

Arbeitsmappenname	KMAG_Simulation.xls
Anzahl der Simulationen	1
Anzahl der Iterationen	50000
Anzahl der Eingaben	9
Anzahl der Ausgaben	8
Probenerhebungstyp	Latin Hypercube
Simulationsbeginn	9.23.12 16:15:59
Simulationsdauer	00:00:20
Zufallswert-Generator	Mersenne Twister
Ausgangs-Zufallswert	1869609071

Übersichtsstatistik für außerordentlicher Aufwand

Statistiken		Perzentil	
Minimum	-753,67 €	5%	-226,36 €
Maximum	0,00 €	10%	-114,15 €
Mittelwert	-28,41 €	15%	0,00 €
Std.Abw.	86,49 €	20%	0,00 €
Varianz	7480,941344	25%	0,00 €
Schiefe	-3,608479958	30%	0,00 €
Wölbung	16,9479334	35%	0,00 €
Medianwert	0,00 €	40%	0,00 €
Modus	0,00 €	45%	0,00 €
Linker X-Wert	-226,36 €	50%	0,00 €
Linker P-Wert	5%	55%	0,00 €
Rechter X-Wert	0,00 €	60%	0,00 €
Rechter P-Wert	95%	65%	0,00 €
Diff. X	226,36 €	70%	0,00 €
Diff. P	90%	75%	0,00 €
Fehleranzahl	0	80%	0,00 €
Filter-Min.	Aus	85%	0,00 €
Filter-Max.	Aus	90%	0,00 €
Gefilterte Anzahl	0	95%	0,00 €

Regressions- und Rangordnungsinfo für außerord...

Rang	Name	Regr.	Korr.
1	Maschinenausfall /	0,286	0,510
2	Schadenersatzforde	0,269	0,409
3	Maschinenausfall /	-0,066	-0,014
4	Schadenersatzforde	-0,053	-0,005

7. @Risk-Ausgabebericht für das EBT der Brutto-Simulation

Ausgabebericht EBT (brutto)

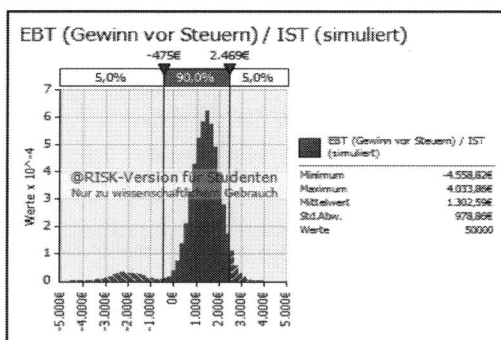

EBT (Gewinn vor Steuern) / IST (simuliert)

-475€   2.469€
5,0%   90,0%   5,0%

@RISK-Version für Studenten
Nur zu wissenschaftlichem Gebrauch

Minimum	-4.558,82€
Maximum	4.033,86€
Mittelwert	1.302,59€
Std.Abw.	978,86€
Werte	50000

EBT (Gewinn vor Steuern) / IST (simuliert)

-475€   2.469€
5,0%   90,0%   5,0%

@RISK-Version für Studenten
Nur zu wissenschaftlichem Gebrauch

Minimum	-4.558,82€
Maximum	4.033,86€
Mittelwert	1.302,59€
Std.Abw.	978,86€
Werte	50000

EBT (Gewinn vor Steuern) / IST (simuliert)
Regressionskoeffizienten

Großkundenverlust / Verteilung Ei...	0,78
Wechselkursrisiko / Verteilung	0,46
Absatzmengenschwankung / Verte...	0,41
Personalkosten / Verteilung	
Maschinenausfall / Verteilung Eintr...	
Schadenersatzforderung / Verteilu...	
Zinsänderungsrisiko / Verteilung	
Maschinenausfall / Verteilung Sch...	0,01
Schadenersatzforderung / Verteilu...	0,00

@RISK-Version für Studenten
Nur zu wissenschaftlichem Gebrauch

Koeffizienten-Wert

Simulationsübersichtsinformationen

Arbeitsmappenname	KMAG_Simulation.xls
Anzahl der Simulationen	1
Anzahl der Iterationen	50000
Anzahl der Eingaben	9
Anzahl der Ausgaben	8
Probenerhebungstyp	Latin Hypercube
Simulationsbeginn	9.23.12 16:15:59
Simulationsdauer	00:00:20
Zufallswert-Generator	Mersenne Twister
Ausgangs-Zufallswert	1869609071

Übersichtsstatistik für EBT (Gewinn vor Steuern) / I

Statistiken		Perzentil	
Minimum	-4.558,82 €	5%	-474,71 €
Maximum	4.033,86 €	10%	484,87 €
Mittelwert	1.302,59 €	15%	714,24 €
Std.Abw.	978,86 €	20%	856,29 €
Varianz	958165,1508	25%	978,00 €
Schiefe	-1,977402626	30%	1.085,07 €
Wölbung	8,726175286	35%	1.180,86 €
Medianwert	1.438,75 €	40%	1.270,63 €
Modus	1.526,53 €	45%	1.353,70 €
Linker X-Wert	-474,71 €	50%	1.438,75 €
Linker P-Wert	5%	55%	1.518,79 €
Rechter X-Wert	2.468,89 €	60%	1.598,88 €
Rechter P-Wert	95%	65%	1.684,45 €
Diff. X	2.943,60 €	70%	1.772,63 €
Diff. P	90%	75%	1.867,37 €
Fehleranzahl	0	80%	1.974,55 €
Filter-Min.	Aus	85%	2.091,93 €
Filter-Max.	Aus	90%	2.243,35 €
Gefilterte Anzal	0	95%	2.468,89 €

Regressions- und Rangordnungsinfo für EBT (Gewin

Rang	Name	Regr.	Korr.
1	Großkundenverlust	0,777	0,377
2	Wechselkursrisiko /	0,461	0,658
3	Absatzmengenschw	0,411	0,578
4	Personalkosten / V	-0,059	-0,084
5	Maschinenausfall /	-0,025	-0,049
6	Schadenersatzforde	-0,024	-0,051
7	Zinsänderungsrisik	-0,012	-0,015
8	Maschinenausfall /	0,006	0,006
9	Schadenersatzforde	0,005	0,003

8. @Risk-Ausgabebericht für den Umsatz der Netto-Simulation

Ausgabebericht für den Umsatz (netto)

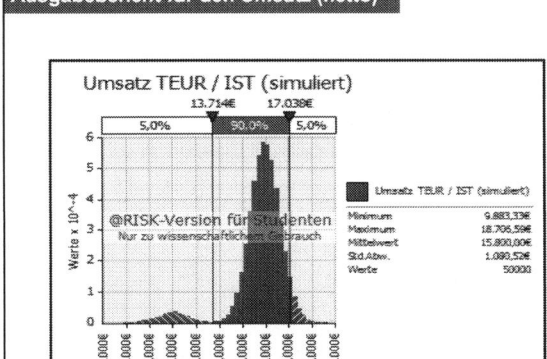

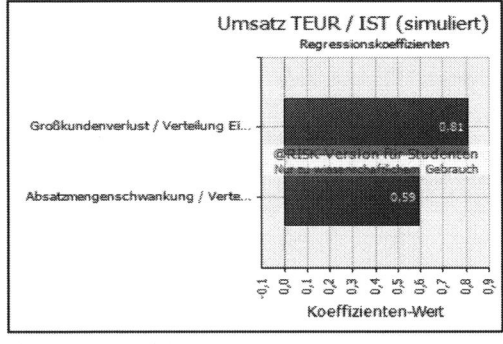

Simulationsübersichtsinformationen	
Arbeitsmappenname	KMAG_Simulation_Netto.xls
Anzahl der Simulationen	1
Anzahl der Iterationen	50000
Anzahl der Eingaben	9
Anzahl der Ausgaben	8
Probenerhebungstyp	Latin Hypercube
Simulationsbeginn	9.23.12 16:50:58
Simulationsdauer	00:00:20
Zufallswert-Generator	Mersenne Twister
Ausgangs-Zufallswert	648704843

Übersichtsstatistik für Umsatz TEUR / IST (simuliert)			
Statistiken		Perzentil	
Minimum	9.883,33 €	5%	13.714,21 €
Maximum	18.706,59 €	10%	14.966,37 €
Mittelwert	15.800,00 €	15%	15.199,53 €
Std.Abw.	1.080,52 €	20%	15.357,65 €
Varianz	1167521,637	25%	15.483,68 €
Schiefe	-2,15881177	30%	15.592,88 €
Wölbung	9,349062761	35%	15.691,87 €
Medianwert	15.956,39 €	40%	15.783,82 €
Modus	16.015,66 €	45%	15.870,92 €
Linker X-Wert	13.714,21 €	50%	15.956,39 €
Linker P-Wert	5%	55%	16.041,09 €
Rechter X-Wert	17.037,78 €	60%	16.127,26 €
Rechter P-Wert	95%	65%	16.215,35 €
Diff. X	3.323,56 €	70%	16.306,77 €
Diff. P	90%	75%	16.405,33 €
Fehleranzahl	0	80%	16.514,26 €
Filter-Min.	Aus	85%	16.641,52 €
Filter-Max.	Aus	90%	16.802,25 €
Gefilterte Anzahl	0	95%	17.037,78 €

Regressions- und Rangordnungsinfo für Umsatz TEU			
Rang	Name	Regr.	Korr.
1	Großkundenverlust	0,807	0,377
2	Absatzmengenschw	0,592	0,904

9. @Risk-Ausgabebericht für die Materialkosten der Netto-Simulation

Ausgabebericht für die Materialkosten (netto)

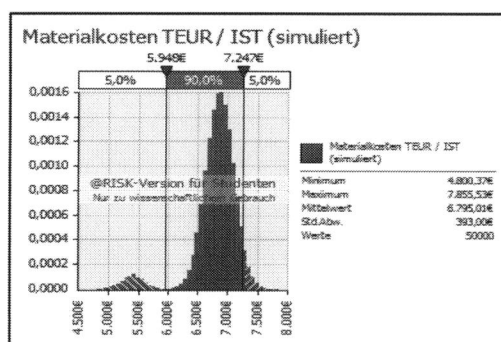

Materialkosten TEUR / IST (simuliert)

Simulationsübersichtsinformationen	
Arbeitsmappenname	KMAG_Simulation_Netto.xls
Anzahl der Simulationen	1
Anzahl der Iterationen	50000
Anzahl der Eingaben	9
Anzahl der Ausgaben	8
Probenerhebungstyp	Latin Hypercube
Simulationsbeginn	9.23.12 16:50:58
Simulationsdauer	00:00:20
Zufallswert-Generator	Mersenne Twister
Ausgangs-Zufallswert	648704843

Übersichtsstatistik für Materialkosten TEUR / IST (s			
Statistiken		Perzentil	
Minimum	4.800,37 €	5%	5.948,34 €
Maximum	7.855,53 €	10%	6.490,87 €
Mittelwert	6.795,01 €	15%	6.575,94 €
Std.Abw.	393,00 €	20%	6.633,63 €
Varianz	154452,7628	25%	6.679,61 €
Schiefe	-2,11016579	30%	6.719,46 €
Wölbung	8,962591063	35%	6.755,58 €
Medianwert	6.852,09 €	40%	6.789,13 €
Modus	6.873,71 €	45%	6.820,90 €
Linker X-Wert	5.948,34 €	50%	6.852,09 €
Linker P-Wert	5%	55%	6.882,99 €
Rechter X-Wert	7.246,65 €	60%	6.914,43 €
Rechter P-Wert	95%	65%	6.946,57 €
Diff. X	1.298,31 €	70%	6.979,93 €
Diff. P	90%	75%	7.015,89 €
Fehleranzahl	0	80%	7.055,63 €
Filter-Min.	Aus	85%	7.102,07 €
Filter-Max.	Aus	90%	7.160,71 €
Gefilterte Anzahl	0	95%	7.246,65 €

Materialkosten TEUR / IST (simuliert)

Materialkosten TEUR / IST (simuliert)
Regressionskoeffizienten

Großkundenverlust / Verteilung Ei...   0.81

Absatzmengenschwankung / Verte...   0.59

Koeffizienten-Wert

Regressions- und Rangordnungsinfo für Materialko			
Rang	Name	Regr.	Korr.
1	Großkundenverlust	0,810	0,377
2	Absatzmengenschw	0,588	0,904

10. @Risk-Ausgabebericht für die Personalkosten der Netto-Simulation

Ausgabebericht für die Personalkosten (netto)

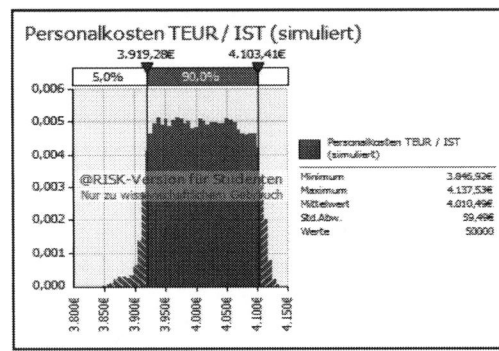

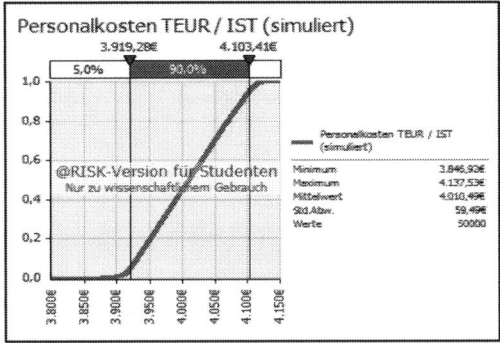

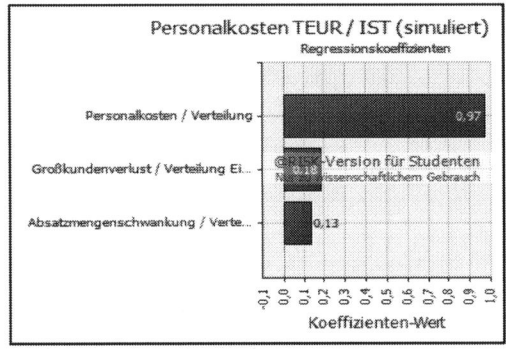

Simulationsübersichtsinformationen

Arbeitsmappenname	KMAG_Simulation_Netto.xls
Anzahl der Simulationen	1
Anzahl der Iterationen	50000
Anzahl der Eingaben	9
Anzahl der Ausgaben	8
Probenerhebungstyp	Latin Hypercube
Simulationsbeginn	9.23.12 16:50:58
Simulationsdauer	00:00:20
Zufallswert-Generator	Mersenne Twister
Ausgangs-Zufallswert	648704843

Übersichtsstatistik für Personalkosten TEUR / IST (s

Statistiken		Perzentil	
Minimum	3.846,92 €	5%	3.919,28 €
Maximum	4.137,53 €	10%	3.930,28 €
Mittelwert	4.010,49 €	15%	3.940,05 €
Std.Abw.	59,49 €	20%	3.950,10 €
Varianz	3539,448477	25%	3.960,35 €
Schiefe	-0,018117143	30%	3.970,23 €
Wölbung	1,929550592	35%	3.980,02 €
Medianwert	4.010,55 €	40%	3.990,12 €
Modus	3.939,17 €	45%	4.000,42 €
Linker X-Wert	3.919,28 €	50%	4.010,55 €
Linker P-Wert	5%	55%	4.020,60 €
Rechter X-Wert	4.103,41 €	60%	4.030,60 €
Rechter P-Wert	95%	65%	4.040,67 €
Diff. X	184,13 €	70%	4.050,79 €
Diff. P	90%	75%	4.060,56 €
Fehleranzahl	0	80%	4.070,78 €
Filter-Min.	Aus	85%	4.081,49 €
Filter-Max.	Aus	90%	4.092,38 €
Gefilterte Anzahl	0	95%	4.103,41 €

Regressions- und Rangordnungsinfo für Personalko

Rang	Name	Regr.	Korr.
1	Personalkosten / Ve	0,973	0,976
2	Großkundenverlust	0,184	0,165
3	Absatzmengenschw	0,135	0,132

11. @Risk-Ausgabebericht für das EBIT der Netto-Simulation

Ausgabebericht EBIT (netto)

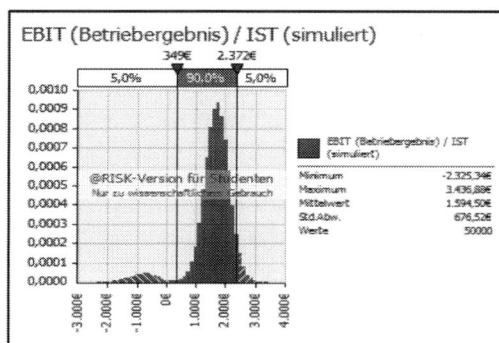

Simulationsübersichtsinformationen	
Arbeitsmappenname	KMAG_Simulation_Netto.xls
Anzahl der Simulationen	1
Anzahl der Iterationen	50000
Anzahl der Eingaben	9
Anzahl der Ausgaben	8
Probenerhebungstyp	Latin Hypercube
Simulationsbeginn	9.23.12 16:50:58
Simulationsdauer	00:00:20
Zufallswert-Generator	Mersenne Twister
Ausgangs-Zufallswert	648704843

Übersichtsstatistik für EBIT (Betriebergebnis) / IST (			
Statistiken		Perzentil	
Minimum	-2.325,34 €	5%	349,34 €
Maximum	3.436,88 €	10%	1.070,03 €
Mittelwert	1.594,50 €	15%	1.218,71 €
Std.Abw.	676,52 €	20%	1.315,14 €
Varianz	457674,6779	25%	1.394,64 €
Schiefe	-2,171630566	30%	1.462,33 €
Wölbung	9,537873203	35%	1.525,17 €
Medianwert	1.691,79 €	40%	1.583,02 €
Modus	1.643,75 €	45%	1.638,85 €
Linker X-Wert	349,34 €	50%	1.691,79 €
Linker P-Wert	5%	55%	1.744,86 €
Rechter X-Wert	2.372,47 €	60%	1.798,84 €
Rechter P-Wert	95%	65%	1.853,45 €
Diff. X	2.023,12 €	70%	1.911,03 €
Diff. P	90%	75%	1.973,77 €
Fehleranzahl	0	80%	2.042,61 €
Filter-Min.	Aus	85%	2.121,70 €
Filter-Max.	Aus	90%	2.222,87 €
Gefilterte Anzahl	0	95%	2.372,47 €

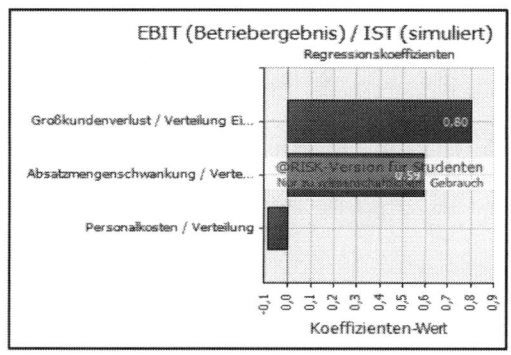

Regressions- und Rangordnungsinfo für EBIT (Betrie			
Rang	Name	Regr.	Korr.
1	Großkundenverlust	0,802	0,377
2	Absatzmengenschw	0,593	0,893
3	Personalkosten / V	-0,086	-0,121

12. @Risk-Ausgabebericht für den außerordentlichen Aufwand der Netto-Simulation

Ausgabebericht für den außerordentlichen Aufwand (netto)

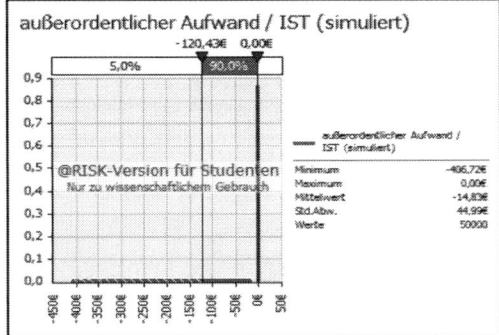

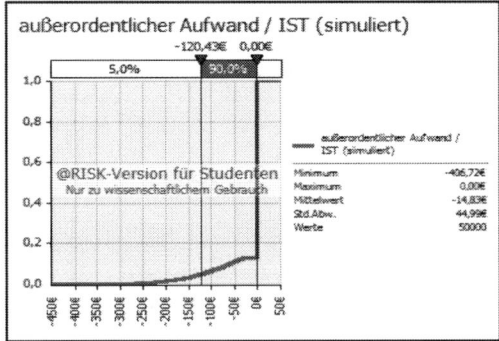

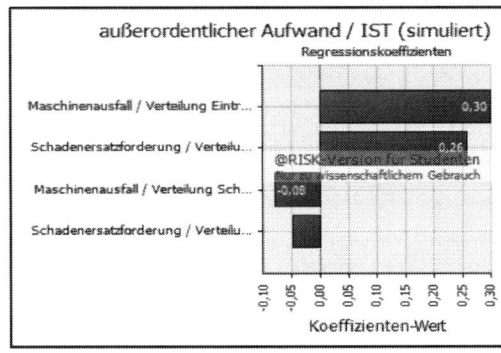

Simulationsübersichtsinformationen	
Arbeitsmappenname	KMAG_Simulation_Netto.xls
Anzahl der Simulationen	1
Anzahl der Iterationen	50000
Anzahl der Eingaben	9
Anzahl der Ausgaben	8
Probenerhebungstyp	Latin Hypercube
Simulationsbeginn	9.23.12 16:50:58
Simulationsdauer	00:00:20
Zufallswert-Generator	Mersenne Twister
Ausgangs-Zufallswert	648704843

Übersichtsstatistik für außerordentlicher Aufwand

Statistiken		Perzentil	
Minimum	-406,72 €	5%	-120,43 €
Maximum	0,00 €	10%	-59,83 €
Mittelwert	-14,83 €	15%	0,00 €
Std.Abw.	44,99 €	20%	0,00 €
Varianz	2024,376917	25%	0,00 €
Schiefe	-3,577651615	30%	0,00 €
Wölbung	16,8326172	35%	0,00 €
Medianwert	0,00 €	40%	0,00 €
Modus	0,00 €	45%	0,00 €
Linker X-Wert	-120,43 €	50%	0,00 €
Linker P-Wert	5%	55%	0,00 €
Rechter X-Wert	0,00 €	60%	0,00 €
Rechter P-Wert	95%	65%	0,00 €
Diff. X	120,43 €	70%	0,00 €
Diff. P	90%	75%	0,00 €
Fehleranzahl	0	80%	0,00 €
Filter-Min.	Aus	85%	0,00 €
Filter-Max.	Aus	90%	0,00 €
Gefilterte Anzahl	0	95%	0,00 €

Regressions- und Rangordnungsinfo für außerorder

Rang	Name	Regr.	Korr.
1	Maschinenausfall /	0,300	0,514
2	Schadenersatzforde	0,259	0,409
3	Maschinenausfall /	-0,080	-0,015
4	Schadenersatzforde	-0,049	-0,003

13. @Risk-Ausgabebericht für das EBT der Netto-Simulation

Ausgabebericht EBT (netto)

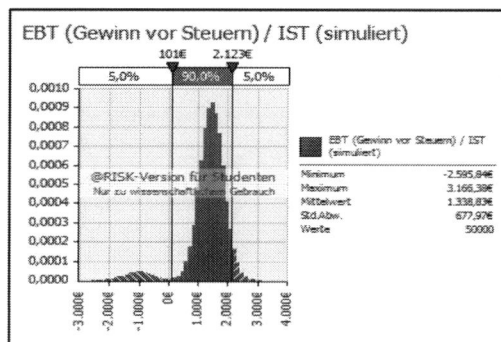

Simulationsübersichtsinformationen

Arbeitsmappenname	KMAG_Simulation_Netto.xls
Anzahl der Simulationen	1
Anzahl der Iterationen	50000
Anzahl der Eingaben	9
Anzahl der Ausgaben	8
Probenerhebungstyp	Latin Hypercube
Simulationsbeginn	9.23.12 16:50:58
Simulationsdauer	00:00:20
Zufallswert-Generator	Mersenne Twister
Ausgangs-Zufallswert	648704843

Übersichtsstatistik für EBT (Gewinn vor Steuern) / I

Statistiken		Perzentil	
Minimum	-2.595,84 €	5%	101,08 €
Maximum	3.166,38 €	10%	809,80 €
Mittelwert	1.338,83 €	15%	958,99 €
Std.Abw.	677,97 €	20%	1.056,28 €
Varianz	459646,7535	25%	1.137,63 €
Schiefe	-2,153603527	30%	1.205,70 €
Wölbung	9,471505573	35%	1.268,24 €
Medianwert	1.434,84 €	40%	1.326,23 €
Modus	1.386,72 €	45%	1.381,75 €
Linker X-Wert	101,08 €	50%	1.434,84 €
Linker P-Wert	5%	55%	1.488,82 €
Rechter X-Wert	2.122,52 €	60%	1.542,76 €
Rechter P-Wert	95%	65%	1.598,74 €
Diff. X	2.021,44 €	70%	1.657,32 €
Diff. P	90%	75%	1.719,42 €
Fehleranzahl	0	80%	1.788,58 €
Filter-Min.	Aus	85%	1.866,90 €
Filter-Max.	Aus	90%	1.970,71 €
Gefilterte Anzahl	0	95%	2.122,52 €

Regressions- und Rangordnungsinfo für EBT (Gewin

Rang	Name	Regr.	Korr.
1	Großkundenverlust	0,800	0,377
2	Absatzmengenschw	0,592	0,887
3	Personalkosten / V	-0,085	-0,121
4	Maschinenausfall /	-0,020	-0,042
5	Schadenersatzforde	-0,017	-0,042
6	Maschinenausfall /	0,005	0,009
7	Schadenersatzforde	0,003	-0,001

14. Berechnung der Monatsvolatilität und Standardabweichung über 3 Monate für den Zinsaufwand auf Basis der MFI-Zinsstatistik der Deutschen Bundesbank ($t_0 = 2011$)

Effektivzinssätze Banken DE

Effektivzinssätze Banken DE Neugeschäft / Kredite an nichtfin. Kapitalges. über 1 Mio EUR, anfängl. Zinsbindung über 5 Jahre		
Datum	**Zinsen in % p.a.**	**logarithmierte Veränderungen**
2009-01	4,69	
2009-02	4,53	-0,034710643
2009-03	4,50	-0,006644543
2009-04	4,47	-0,006688988
2009-05	4,47	0
2009-06	4,69	0,048044174
2009-07	4,52	-0,036920589
2009-08	4,40	-0,026907453
2009-09	4,12	-0,065751378
2009-10	4,29	0,04043357
2009-11	4,20	-0,021202208
2009-12	4,07	-0,031441526
2010-01	4,23	0,038558994
2010-02	4,07	-0,038558994
2010-03	3,81	-0,06601381
2010-04	4,06	0,063553784
2010-05	3,74	-0,082097362
2010-06	3,62	-0,032611586
2010-07	3,25	-0,107819029
2010-08	3,66	0,118808151
2010-09	3,66	0
2010-10	3,47	-0,053308553
2010-11	3,44	-0,008683123
2010-12	3,56	0,034289073
2011-01	3,95	0,103955034
2011-02	3,98	0,00756624
2011-03	3,97	-0,002515725
2011-04	4,70	0,168796414
2011-05	4,10	-0,136575535
2011-06	4,23	0,031215019
2011-07	4,18	-0,011890747
2011-08	3,99	-0,046520016
2011-09	3,69	-0,078164773
2011-10	3,54	-0,041499731
2011-11	3,61	0,019581045
2011-12	3,59	-0,00555557
	Monatsvolatilität	**6,17%**
	Standardabweichung über 3 Monate	**10,69 %**

15. Berechnung der Monatsvolatilität und Standardabweichung über 12 Monate für das Wechselkursrisiko auf Basis des Euro-Referenzkurses der EZB (t_0 = 2011)

Euro / USD Wechselkurs der EZB

	Euro-Referenzkurs der EZB 1 EUR = ... USD / Vereinigte Staaten	
Datum	**Referenzkurs**	**logarithmierte Veränderungen**
2009-01	1,3239	
2009-02	1,2785	-0,03489441
2009-03	1,305	0,020515525
2009-04	1,319	0,010670833
2009-05	1,365	0,034280555
2009-06	1,4016	0,026460013
2009-07	1,4088	0,005123837
2009-08	1,4268	0,012695896
2009-09	1,4562	0,020396128
2009-10	1,4816	0,017292282
2009-11	1,4914	0,006592691
2009-12	1,4614	-0,020320396
2010-01	1,4272	-0,023680398
2010-02	1,3686	-0,041926163
2010-03	1,3569	-0,008585633
2010-04	1,3406	-0,012085411
2010-05	1,2565	-0,064787197
2010-06	1,2209	-0,028741786
2010-07	1,277	0,044925285
2010-08	1,2894	0,009663417
2010-09	1,3067	0,013327881
2010-10	1,3898	0,061654977
2010-11	1,3661	-0,017199887
2010-12	1,322	-0,032814223
2011-01	1,336	0,010534334
2011-02	1,3649	0,021401091
2011-03	1,3999	0,02531964
2011-04	1,4442	0,03115473
2011-05	1,4349	-0,006460375
2011-06	1,4388	0,002714272
2011-07	1,4264	-0,008655645
2011-08	1,4343	0,005523138
2011-09	1,377	-0,040769706
2011-10	1,3706	-0,00465862
2011-11	1,3556	-0,011004439
2011-12	1,3179	-0,0282046
	Monatsvolatilität	**2,71%**
	Standardabweichung über 12 Monate	**9,38 %**

Index